智能物流机器人设计与制作

主　编◎陈　建　周　链　陈建松
副主编◎朱鲁闯　陈寒松　李　锶　李　策

清華大学出版社
北　京

内 容 简 介

本书主要介绍智能物流机器人的设计与制作，以物流机器人为对象详细讲解了机器人运动机构设计、本体制作、控制程序编写和整机调试，就机器人视觉、整机装调进行了进一步的阐述。

本书可作为中国大学生工程实践与创新大赛（原全国大学生工程训练综合能力竞赛）智能物流机器人赛项的指导教材，其中涉及的机器人机构设计与制作、控制系统硬件原理与搭建、机器人控制程序编写也是工程实践与创新大赛重点考查的部分。

图书在版编目（CIP）数据

智能物流机器人设计与制作/陈建，周链，陈建松主编. —北京：清华大学出版社，2022.5(2024.5 重印)
ISBN 978-7-302-60700-7

Ⅰ. ①智… Ⅱ. ①陈… ②周… ③陈… Ⅲ. ①物流—智能机器人 Ⅳ. ①TP242.6

中国版本图书馆 CIP 数据核字(2022)第 070174 号

责任编辑：赵从棉　苗庆波
封面设计：秦志宏
责任校对：欧　洋
责任印制：沈　露

出版发行：清华大学出版社
网　　址：https://www.tup.com.cn，https://www.wqxuetang.com
地　　址：北京清华大学学研大厦 A 座　　**邮　　编：**100084
社 总 机：010-83470000　　**邮　　购：**010-62786544
投稿与读者服务：010-62776969，c-service@tup.tsinghua.edu.cn
质量反馈：010-62772015，zhiliang@tup.tsinghua.edu.cn
印 装 者：三河市龙大印装有限公司
经　　销：全国新华书店
开　　本：185mm×260mm　　**印　　张：**15　　**字　　数：**364 千字
版　　次：2022 年 7 月第 1 版　　**印　　次：**2024 年 5 月第 3 次印刷
定　　价：48.00 元

产品编号：094898-01

前言

FOREWORD

机器人技术融合了计算机、控制论、机构学、信息和传感技术、人工智能、仿生学等多学科知识，涉及当今诸多前沿技术，是高端智能装备和高新技术的突出代表。机器人工程专业是顺应国家建设需求和国际发展趋势而设立的专业，其目标是在自动化、机电工程、通信工程等专业基础上深化机器人科学与工程学科特色，培养精通机器人基础理论和专业知识，具有创新精神和实践能力的高素质、国际化、复合型研发应用人才。

在新工科背景下，对于机器人专业本科生的培养不只是机器人相关技术教学，还需要培养学生解决问题的能力。学生需要具备一定的工程知识素养，会使用现代工具分析问题，并给出解决方案等方面的能力。

"新工科"专业建设的重要目标之一是要求培养学生解决复杂工程问题的能力，而设计基于综合项目的特色课程是达成新工科背景下人才培养目标的重要抓手。本书可支撑开设的智能物流机器人课程是一门综合性、引导性的课程，简要但全面介绍了智能机器人技术所涉及的关键专业知识。本书的目标是让初学者明确设计并制作一个机器人需要哪些专业知识，让学生在学习过程中明晰各个专业课程之间的关联，从而降低机器人相关专业知识的学习难度。

全国大学生工程实践与创新大赛(原工程训练综合能力竞赛)是面向在校本科大学生的一项综合性工程能力竞赛，竞赛的目的在于激发大学生的学习与研究热情，激发学生创新潜能，培养学生的动手能力和实际操作技能。此项比赛中设有专门的物流机器人赛项，以赛促教、以赛促学是大赛的意义所在。现在很多学校进行了赛课结合的有益尝试，智能物流机器人作为一门特色课程被越来越多的工程训练中心采用，他们把创新性融入教学过程中，改变传统的教学模式，将项目式教学方法融入教学过程中。以机器人创新训练设备为主要载体，进行机器人基础创新实践教育，让全校理工类专业学生在认识和学习电控基础原理知识的过程中形成对机器人创新开发的系统化认识，采用"情景引入—理论学习—模仿实践—赋能拓展—成果记录"的闭环学习法，学习内容包含机器人本体结构设计、电路设计、主流控制系统(STM32、ROS)及相关编程的学习。

依托智能物流机器人对学生的设计、编程和控制能力进行培养，既能为老师与学生提供一个交流学习的空间，又能提供给学生一个从学习到比赛再到研发的开放平台。通过项目合作的过程，培养学生的创新思维、设计能力，从而达到工程实践人才培养目标。

在此大背景下，北京启创远景科技有限公司采用校企合作方式，基于教育部校企合作协同育人项目，充分利用四川大学、东南大学、江苏大学、东华大学、湖南理工学院等在机器人教学和智能物流机器人竞赛方面的经验，开展了智能物流机器人设计与制作教材的编写工作。通过教材的层次讲解、步步引导，增强学生的设计、编程和动手实践能力，并培养其解决复杂工程问题的能力。

本书由北京启创远景科技有限公司联合四川大学、东南大学、江苏大学、东华大学、湖南理工学院等进行编写，共分 7 章，其中第 1、2 章由四川大学陈建和朱鲁闯编写，第 3 章由湖南理工学院李锶编写，第 4、5 章由江苏大学周链编写，第 6 章由东南大学陈建松和江苏大学陈寒松编写，第 7 章由东华大学李策编写。全书由陈建拟定编写大纲，陈建和周链统稿。

特别感谢北京启创远景科技有限公司技术工程师的大力协助，他们对书中物流机器人结构图纸和控制程序进行了处理和校对。

限于编者的水平，书中难免存在不妥甚至错误之处，敬请读者批评指正。

编　者
2022 年 4 月

目录

CONTENTS

第 1 章

移动机器人概述

本章主要介绍移动机器人的发展历程，按照工作环境、移动机构、控制体系结构、功能和用途，以及作用空间分别对移动机器人进行分类；重点阐述轮式移动机器人和步行移动机器人的工作方式。移动机器人在工厂自动化制造、工厂物流、建筑、采矿、排险、军事、服务、农业等方面有广泛的应用和发展前景，本章分别从制造领域、物流领域、服务领域、农业领域四方面详细介绍。

机器人(robot)是自动执行工作命令的机器装置。它既可以接受人类指挥，又可以运行预先编排的程序，也可以根据以人工智能技术制定的原则纲领行动。国际上对于机器人的分类标准不统一，根据应用环境不同机器人可以分为两类：制造环境下的工业机器人和非制造环境下的服务与仿人型机器人。

而众多应用机器人中，移动机器人涉及的关键技术最多、应用最为广泛。移动机器人是一个集环境感知、动态决策与规划、行为控制与执行等多功能于一体的综合系统，可在复杂环境下进行自行组织、自主运行、自主规划等工作。常见的移动机器人如图 1-1 所示。

图 1-1　移动机器人

1.1 移动机器人的发展历程及关键技术

1.1.1 移动机器人发展现状

移动机器人的发展已有几十年历史，“移动”是机器人的重要标志。世界上第一台能实现移动的机器人叫 Shakey，由查理·罗森(Charlie Rosen)领导的美国斯坦福研究所(现在称为 SRI 国际)于 1956—1972 年研制而成，Rosen 于 1963 年 11 月提出移动机器人构想，其团队在 1965 年向 DARPA(美国国防部高级研究计划局)撰写了一份研究计划，详细叙述了能够执行侦查任务的智能移动机器人。之后，计算机的发现与发展，使得移动机器人的进展更加迅速。尤其是传感器、定位系统等技术的成熟都促进了移动机器人的研究发展。

1）美国移动机器人的发展

美国早在 1989 年就已经出台了关于联合机器人研究计划，并持续地针对机器人制定相关的规划和任务；美国在移动机器人领域一直处于领先地位。特别是美国明尼苏达大学计算机科学与工程系协作系统实验室研制的用于搜救及行星探测等任务的肢体机器人 TerminatorBot，性能突出。该机器人手臂具有 2 个 3 自由度，同时有移动和操作功能。在运送时，机器人手臂可完全放入躯干内部。再加上尺寸小、重量轻、可在崎岖的地形中采用游泳步态、穿越步态及轮式步态移动等功能，提高了其通过狭窄空间的能力，且制造成本低廉。

2）日本移动机器人的发展

日本将机器人作为一个战略产业，给予了大力支持，而且日本根据目前机器人产业面临的问题，提出了加强机器人研究和推动机器人产业化的具体措施。在日本，由于人口不多，而且老龄化趋势严重，他们需要机器人来承担劳力的工作，因此培养起浓厚的机器人文化；日本为了攻克服务机器人的关键技术，在 2006—2010 年，每年投入 1000 万美元用于研发服务机器人。

日本的移动机器人，现阶段处于世界领先水平。比较突出的研究成果有：日本 KIMURA 实验室研制的六腿爬行机器人 T-Hexs，既有移动功能，又可夹持磁碟盒。Noriho Koyachi 教授研制的 MELMANTIS 第二代产品，具有很高的运动和夹持物体的能力。大阪大学工程科技研究所研制的 ASTERISK 机器人，可使用每个腿移动及搬运物品或进行操作作业。日本东京工业大学的 Shigeo Hirose 教授，研制开发了可以用来探雷、排雷的四腿肢体机器人 TITAN-IX。

3）欧洲移动机器人的发展

欧洲对于机器人的研究主要体现为制定了欧洲第七框架计划，这一计划的成功可以为机器人模块功能以及危险作业这一比较空白的领域进行填补。

4）韩国移动机器人的发展

韩国将服务型机器人技术列为未来国家发展的十大“发动机”产业，他们已经把服务型机器人作为国家的一个新的经济增长点进行着重发展，对机器人技术给予了重点扶持。通过不断努力，近几年来韩国机器人相关技术也是飞速发展。韩国信息通信部官员表示，虽然韩国的机器人技术起步比美国、日本和欧洲的竞争者要晚，但是有望在未来 5～10 年内迎头赶上。

5）中国移动机器人的发展

中国对服务机器人的研究起步很晚，1986 年 3 月才开始把研究、开发智能机器人的内容列入国家“863”高科技发展规划中，从 1986—2009 年的 20 多年中，团结了几千人的研究开发队伍，圆满完成各项任务，建成了一批高水平的研究开发基地，造就了一支跨世纪的研究开发队伍，为我国 21 世纪机器人技术的持续创新发展奠定了基础。

近年来我国在智能机器人领域也取得了良好的发展成果，尤其是机器人定位导航技术在很多企业的参与下也取得了良好的效果，思岚科技、小笨智能等企业在移动智能机器人方面均取得了突破性的发展，拥有相对成熟的定位导航技术，其中思岚科技以 RPLIDAR 系列激光雷达作为核心传感器，配合自主研发的高性能模块化定位导航系统 SLAMWARE，提升了机器人的智能程度，可以按照作业要求完成自主定位、路径规划、自动避障、自动建图，从而提升了智能机器人的行走能力。

华中科技大学机械学院的陈学东研制出的模块化多足爬行机器人，实现了腿臂功能融合。该机器人机构设计简单但传动精度较低。其机构主要是：运用行星轮机构，加快了腿臂机构转换速度；把驱动电机、减速器等传动部件设置在机身上，有效地减轻了腿部重量，使得结构简单紧凑，并且整个机器人重量比较集中；肢体在机体躯干的上、下部有了较大运动空间。但由于把行星轮环节引入到了传动路线，使得啮合齿存在一定的齿侧间隙，这一无法克服的缺陷限制了机器人的传动精度。

每一个国家都在致力于移动机器人的开发制造，尤其是现代科学、经济、社会的全面发展，都要求能够有移动机器人来替代和分担人类的某一部分工作，一些智能化移动机器人纷纷被研究制造出来。

1.1.2　移动机器人关键技术

1. 计算机控制系统

计算机控制系统控制着移动机器人的某些“智能”，比如如何才能知道机器人本身所处的环境，如何面对一个指令进行分析推理，如何才能实施一个正确的行为都是计算机需要控制的，这就依赖于其强大的传感器功能。

2. 导航技术

移动智能机器人在导航技术下可以根据传感器提供的信息，感知其所在的环境状况，按照预先设定的程序完成躲避障碍等操作，导航技术是移动机器人可以正常运行的重要技术。

虽然导航技术在生活中应用范围广，但是为了提升移动智能机器人行走的灵活性，还需要加强导航技术在机器人领域的研究力度，常见的导航方式有电磁导航、超声波导航、激光导航和视觉导航等。

1）电磁导航

其原理是在地下埋下导线，通过导线中不同频率电流产生的磁场从而“引导”机器人的行动，属于典型的非主动导航模式。该方式的优点是结构简单，便于操作，并且受外界环境的影响小；然而，由于其路线是提前固定的，因此应变能力较差。

2）超声波导航

超声波导航是移动机器人导航方式中应用最广泛的一种，其实质为通过超声波传感器实现距离测量。超声波发射器发出超声波,超声波在遇到障碍物后返回超声波接收器,通过计算两者的时间差即可得出机器人与障碍物之间的距离。

3）激光导航

其原理是在行驶路径周围安装位置精确的反射板,移动机器人通过发射激光束,同时采集由反射板反射的激光束,即可确定其当前的位姿。激光导航可实现较高的精度,然而由于其需要依靠激光束进行测距,因此容易受外界环境因素(如天气、光线等)的干扰。

同步定位与地图构建导航(simultaneous localization and mapping,SLAM)作为机器人自主移动的关键技术,最早由 HughDurrant-Whyte 和 John J. Leonard 提出,它被定义为解决机器人从未知环境的未知地点出发,在运动过程中通过重复观测到的地图特征(比如,墙角、柱子等)定位自身位置和姿态,再根据自身位置增量式的构建地图,从而达到同时定位和地图构建的目的,如图 1-2 所示。我国思岚科技研究的移动机器人以 RPLIDAR 系列激光雷达作为核心传感器,并配合自主研发的高性能模块化定位导航系统 SLAMWARE,可使机器人实现自主定位、自动建图、路径规划与自动避障,帮助解决机器人自主行走难题。

图 1-2　移动机器人地图构建

最新一代 TOF 激光雷达传感器 RPLIDAR S1 可完成 40m 的测量半径,在远距离物体条件下,测量精度依旧精准、稳定,并可有效避免环境光与强日光的干扰,实现室外场景的稳定测距与高精度建图。为了帮助机器人适应多种应用环境,构建了全新的 SLAM 3.0 系统,可使机器人在复杂的大场景下也能轻松完成定位导航任务,能实现百万平方米级别的地图构建能力,同时拥有主动式回环闭合纠正能力,能很好消除长时间运行导致的里程累计误差,成为目前行业中最受欢迎的定位导航方式。

4）视觉导航

视觉导航是最先进的导航技术之一,其原理是在地面上涂上与周围颜色反差较大的涂料或油漆,根据机器人中安装的摄图传感器不断拍摄的图片与存储图片进行对比,偏移量信号输出给驱动控制系统,控制系统经过计算纠正机器人的行走方向,实现对其的导航。

除以上 4 种导航方式以外,还有 GPS 导航、红外导航等导航方式。

3. 多传感器信息融合技术

多传感器信息融合技术是移动智能机器人的核心技术,从多个传感器获得环境信息,并对环境信息进行融合、分析、处理,统一信息的实时性、互补性、冗余性,从而可以发挥环境信息的价值,让机器人通过分析的信息,掌握所处环境的特点,并根据系统内部植入的算法进行判断,保障机器人可以按照工作需要移动。

4. 路径规划技术

路径规划技术根据机器人的移动要求,确定性能指标,规划无碰撞的行进路线,分析传感器收集的环境信息，凭借环境信息控制程度将机器人行进路径分为局部与全局两种类型，收集足够丰富的环境信息，是移动机器人路径规划技术得以发挥的前提。

1.1.3　移动机器人的发展方向

移动机器人的出现间接表明了技术的发展历程，从一开始的机械行动逐步提升至机器人行为的智能程度，在当下人机共存的社会中，需要了解移动机器人对我们生活工作起到的重要作用，同时还应该加强对移动机器人技术的研发，通过多机器人协调与控制导航与定位、多传感器信息融合，从而使其可以完成各项活动。但是为了进一步提升机器人的行为能力，使其向高智能情感机器人发展，需要进一步提升相关技术，让移动机器人具备情感是未来机器人的发展主潮流。

1）微小型移动机器人的发展

目前，移动机器人由于内部需安装传感器等必要软件，所以体积和质量一般较大，而一般科学探索往往要求体积小、质量轻，这样有利于节省能源、降低不必要的能耗，延长机器人的服役时间。因此微小型是移动机器人发展的一个必然趋势。

2）仿生移动机器人的发展

仿生学主要从结构仿生、材料仿生、控制仿生等方面来研究移动机器人。虽然目前人类已经研究出部分仿生机器人，但其行走速度与准确性与人类相比还有很大的距离。

3）高可靠性移动机器人的发展

根据前文所述，机器人种类多样，其面临的环境也十分复杂，可能是海洋、沙漠乃至外星，因此必须对机器人的针对性、适应性、可靠性等进行设计与规划。

4）智能控制移动机器人的发展

移动机器人面对的是动态的外部环境，实时感知外部环境中环境信息的变化，自主控制避开障碍和危险，安全完成任务是人类制造移动机器人的初衷，因此控制技术应向更智能控制发展。此外，控制技术还将与脑科学、神经科学等学科相结合，以此提高机器人的智能化水平。

1.2　移动机器人的种类

移动机器人按照不同方式，种类各有不同，主要种类见表 1-1。

表 1-1　移动机器人的分类

序号	分类方式	移动机器人
1	工作环境	室内移动机器人
		室外移动机器人
2	移动方式	轮式移动机器人
		步行移动机器人
		蛇形机器人
		履带式移动机器人
		爬行机器人

续表

序号	分类方式	移动机器人
3	控制体系结构	功能式(水平式)结构机器人
		行为式(垂直式)结构机器人
		混合式机器人
4	功能和用途	医疗机器人
		军用机器人
		助残机器人
		清洁机器人
5	作用空间	陆地移动机器人
		水下机器人
		无人飞机
		空间机器人

根据机器人的工作特征、应用范围,重点介绍以下移动机器人。

1.2.1 室内和室外移动机器人

室内移动机器人对定位精度要求高,GPS 等卫星导航方式一般达不到机器人定位精度要求,定位是室内移动机器人的一个难点。但随着目前人工智能的兴起,机器视觉也在机器人上大放异彩,室内定位难题也正在逐渐解决。和室内机器人相反,室外机器人环境空间大,定位精度要求相对室内没那么高,但难点是室外环境的多变和不确定。

1.2.2 轮式和步行移动机器人

移动机器人的移动机构主要有轮式移动机构、履带式移动机构及步行移动机构,此外还有步进式移动机构、蠕动式移动机构、蛇行式移动机构和混合式移动机构,以适应不同的工作环境和场合。一般室内移动机器人通常采用轮式移动机构,室外移动机器人为了适应野外环境的需要,多采用履带式移动机构。一些仿生机器人,通常模仿某种生物运动方式而采用相应的移动机构,如机器蛇采用蛇行式移动机构,机器鱼则采用尾鳍推进式移动机构。其中轮式的效率最高,但适应性能力相对较差;而步行的移动适应能力最强,但其效率最低。下面主要介绍轮式移动机器人和步行移动机器人。

1. 轮式移动机器人

轮式移动机器人是移动机器人中应用最多的一种机器人,在相对平坦的地面上,用轮式移动方式是相当优越的。轮式移动机器人根据车轮的多少来分类,有 1 轮、2 轮、3 轮、4 轮及多轮机器人。1 轮及 2 轮移动机构在实现上的障碍主要是稳定性问题,实际应用的轮式移动机器人多采用 3 轮和 4 轮。3 轮移动机构一般是一个前轮,两个后轮。其中,两个后轮独立动,前轮是万向轮,只起支撑作用,靠后轮的转速差实现转向。

4 轮移动机器人应用最为广泛,4 轮机构可采用不同的方式实现驱动和转向,既可以使用后轮分散驱动,也可以用连杆机构实现 4 轮同步转向,这种方式比起仅有前轮转向的车辆可实现更小的转弯半径，如图 1-3 所示。

2. 步行移动机器人

轮式移动机器人虽可以在高低不平的地面上运动，但是它的适应性不够好，行走时晃动较大，在软地面上行驶时效率低。根据调查，地球上近一半的地面不适合传统的轮式或履带式车辆行走，但是一般的多足动物却能在这些地方行动自如，显然，步行移动机构在这样的环境下有独特的优势。

步行移动机器人对崎岖路面具有很好的适应能力，步行运动方式的立足点是离散的点，可以在可能到达的地面上选择最优的支撑点，而轮式和履带式移动机构必须接触最坏地形上的几乎所有点。步行运动方式还具有主动隔振能力，尽管地面高低不平，机身的运动仍然可以相当平稳。步行行走机构在不平地面和松软地面上的运动速度较高，能耗较少。

现有的步行移动机器人的足数分别为单足、双足、三足、四足、六足、八足，甚至更多，如图 1-4 所示。足的数目多，适合于重载和慢速运动。在实际中，由于双足和四足具有最好的适应性和灵活性，也最接近人类和动物，所以用得最多。

图 1-3　轮式移动机器人

图 1-4　步行移动机器人

1.2.3　其他种类的移动机器人

1. 管道移动机器人

目前，管道的检测和维护多采用管道移动机器人来进行。管道移动机器人是一种可沿管道内壁行走的机械，它可以携带一种或多种传感器及操作装置，如 CCD 摄像机、位置和姿态传感器、超声传感器、涡流传感器、管道清理装置、管道焊接装置、简单的操作机械手等，在操作人员的控制下进行管道检测维修作业，如图 1-5 所示。

图 1-5　管道移动机器人

2. 水下移动机器人

21 世纪是人类开发海洋的新世纪，进行海洋科学研究、海上石油开发、海底矿藏勘测、海底打捞救生等，都需要开发海底载人潜水器和水下移动机器人技术。因此，发展水下机器人意义重大。水下机器人的种类很多，如载人潜水器、遥控有缆水下机器人、自主无缆水下机器人等，如图 1-6 所示。

图 1-6 水下移动机器人

3. 空中移动机器人

空中移动机器人在通信、气象、灾害检测、农业、地质、交通、广播电视等方面都有广泛的应用。目前其技术已趋成熟，性能日益完善，逐步向小型化、智能化、隐身化方向发展，同时与空中移动机器人相关的雷达、探测、测控、传输、材料等方面也正处于飞速发展的阶段。空中移动机器人主要分为仿昆虫飞行移动机器人、四轴飞行器、微型飞行器等，如图 1-7 所示。

微型飞行器的研制是一项包含了多种交叉学科的高、精、尖技术，其研究水平在一定程度上可以反映一个国家在微电机系统技术领域内的实力，它的研制不仅是对其自身问题的解决，更重要的是，还能对其他许多相关技术领域的发展起推动作用，所以研制微型飞行器不管是从使用价值方面考虑，还是从推动技术发展考虑，对于我国来说都是迫切需要发展的一项研究工作。

图 1-7 空中移动机器人

4. 军事移动机器人

军事是目前机器人使用较广泛的一个领域，随着现代战争逐渐向高新技术方向发展，机器人的使用将大大减少战场上人员的伤亡。军用移动机器人有侦察机器人、爆炸物处理移动机器人、救援机器人、步兵支援机器人和无人机等，如图 1-8 所示。

5. 服务移动机器人

服务移动机器人是一种半自主或全自主工作、为人类提供服务的机器人，目前主要有医用机器人、家用机器人、娱乐机器人、导游机器人、智能轮椅等，如图 1-9 所示。智能轮椅是将智能移动机器人技术应用于电动轮椅，融合多个领域的研究，包括移动机器人视觉、移动机器人导航和定位、模式识别、多种传感器融合及用户接口等，涉及机械、控制、传感器、人工智能等技术。

6. 仿生移动机器人

仿生移动机器人是指模仿生物、从事生物特点进行工作的移动机器人。有一些蛇形移动机器人、蜘蛛移动机器人、壁虎移动机器人、机器蛙等仿生移动机器人，在搜救、侦察方面都有很好的应用价值，如图 1-10 所示。

图 1-8 军事移动机器人

图 1-9 服务移动机器人

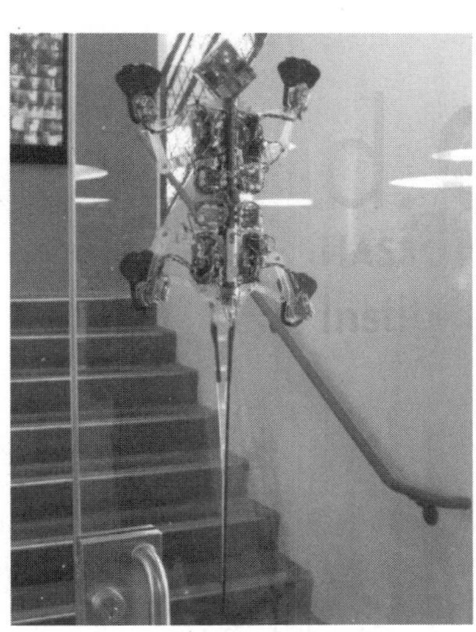

图 1-10 仿生移动机器人

1.3 移动机器人的应用领域

移动机器人在工厂自动化制造、工厂物流、建筑、采矿、排险、军事、服务、农业等方面有广泛的应用和发展前景。下面从制造领域、物流领域、服务领域、农业领域 4 方面展开详细介绍。

1.3.1 制造领域

移动机器人(automated guided vehicle，AGV)在制造业领域主要应用于生产线上、下料的搬运，车间与仓库间的转运出入库以及作为生产线上的移动平台进行装配工作，如图 1-11 所示。

AGV 能在制造领域成为最受欢迎的"员工"，除了其他外界因素外，主要是因其能高效、准确、灵活并且没有任何情绪地完成每项任务。由 AGV 组成柔性的物流搬运系统，搬运路线可以随着生产工艺流程的调整而及时调整，使一条生产线上能够制造出十几种产品，大大提高了生产的柔性和企业的竞争力。AGV 在汽车制造厂，如本田、丰田、神龙、大众等汽车厂的制造和装配线上得到了普遍应用。AGV 的应用深入到电子电器、医药、化工、机械加工、卷烟、纺织、造纸等多个行业，生产加工领域成为 AGV 应用最广泛的领域。

图 1-11 移动机器人

1.3.2 物流领域

移动机器人在仓储物流领域主要应用于仓储中心货物的智能拣选、位移,立体车库的小车出入库以及港口码头机场的货柜转运。其中,仓储物流机器人中最被熟知的是亚马逊公司的 Kiva 机器人,目前有超过 15000 台 Kiva 机器人在亚马逊的物流中心工作。它们增加了仓库空间的容纳量,在中心使用 Kiva 系统能处理 50%以上的库存。

1. 码垛作业

码垛作业是由码垛机器人将封箱机封装好的成品完成在托盘上的码垛。一台封箱机对应一台码垛机器人,封箱机出来的成品可直接进行码垛,无须进行品牌识别,但机器人利用率低;采用一台机器人码垛两种品牌的成品,同时对两种品牌的成品进行码垛作业,需要通过条码识别器辨认品牌后,机器人再把不同品牌的成品自动码垛到相应托盘上;此外,在品种多、流量小的情况下,一台机器人还可完成多种品牌的码垛作业,关键是在机器人作业范围内布置多个托盘用来码垛。

2. 拣选作业

拣选作业是由移动式机器人来进行品种拣选,如果品种多,形状各异,机器人需要带有图像识别系统和多功能机械手,每到一种物品托盘,机器人就可根据图像识别系统"看到"的物品形状,采用与之相应的机械手抓取,然后放到搭配托盘上。

3. 机器人技术在装卸搬运中的应用

装卸搬运是物流系统中最基本的功能要素之一,存在于货物运输、储存、包装、流通加工和配送等过程中,贯穿于物流作业的始末。当前,机器人技术越来越多地应用于物流的装卸搬运作业,从而直接提高了物流系统的效率和效益。搬运机器人可安装不同的末端执行器来完成各种不同形状和状态的工件搬运工作,大大减轻了人类繁重的体力劳动。目前已被广泛应用到工厂内部工序间的搬运、制造系统和物流系统连续的运转以及国际化大型港口的集装箱自动搬运。搬运机器人出现后,不仅可以充分利用工作环境的空间,而且提高了物料的搬运能力,大大节约了装卸搬运过程中的作业时间,提高了装卸效率。部分发达国家已实现物流系统的物联网作业,智能运作,实现智慧物流。相信随着物联网技术发展和智能化技术的应用,AGV 一定会面临一个更广阔的发展。

4. 机器人在其他物流的应用

目前，世界各国都在致力于机器人的研发，新型机器人不断涌现，并在冷链物流、医药物流及仓储作业中开始应用。德国KUKA公司专门为冷冻食品行业的物流开发了一款能在－30℃环境下工作的机器人，开创了机器人技术在冷链物流中应用的先河。

在医药物流方面，由德国ROWA公司研发的“机械手式自动化药房”是典型代表，这种自动化药房由一个机械手进行药盒搬运，实现药品的进库与出库，并且能实现药盒的密集存储和数量管理。我国的自动化药房的研究还处在初级阶段，但为了适应中国医院的自动化药房的要求，实现药品的快速配送和高效率的管理，自动化药房的研究还要一直进行下去。

Kiva system公司仿照计算机内存随机存取的原理，开发出一种能加快处理网上订单的机器人应用系统，商品仓库被安排成像内存芯片一样，由纵横交错的独立式货架组成网格，这些网格使得机器人可在任意时间接触到仓库中的任何物品，一个客户下完订单后，机器人在1min之内就可将订单上的货物交给工人进行包装，如果一个订单内包含多种物品，机器人能尽快地为工人整理好以便工人进行包装，一旦货物包装完成，机器人能拿起这些箱子，将它们临时存放起来或交付给适当的送货车。虽然在冷链物流、医药物流及仓储作业中出现了机器人的应用案例，但目前由于该方面机器人技术尚未成熟，因此暂未形成规模。

随着机器人技术的进步，新型的物流用机器人不断出现，未来机器人可以更好地替代人类，出现在物流的各个作业环节，为物流的快速发展做出贡献。

1.3.3 服务领域

目前活跃在服务领域的移动机器人主要有清洁机器人、餐饮机器人、家用机器人、迎宾机器人、导购机器人、医疗机器人等。

服务机器人一般具有人脸识别、语音识别等人机交互功能，通过装载摄像头、托餐盘、智能触屏界面等可实现迎宾取号、咨询接待、信息查询、业务引导、物品运送等业务，目前广泛应用于餐厅、银行、医疗、政务部门、酒店、商场等相关行业，代替或部分代替员工进行相应服务。

1. 清洁机器人

移动机器人在服务行业的一个重要领域是维护和清洁。美国零售商店和商业建筑中已经有超过5000个自动地板洗涤器。随着软银在亚洲和美国部署用于办公室的移动清洁器，清洁机器人将成为服务经济中的常见现象。扫地机器人，又称自动打扫机、智能吸尘器、机器人吸尘器等，是智能家用电器的一种，能凭借一定的人工智能，自动在房间内完成地板清理工作。扫地机器人一般采用刷扫和真空方式，将地面杂物先吸纳进入自身的垃圾收纳盒，从而完成地面清理的功能。完成清扫、吸尘、擦地工作的机器人，也统一归为扫地机器人。

2. 餐饮机器人

机器人送餐带来的智能化全新就餐体验备受欢迎，无人餐厅、送餐机器人等本身具有的“黑科技”属性，成为吸引顾客的“招牌”。

上海擎朗智能科技有限公司的机器人产品，封闭式的餐盘结构，餐盘四周由玻璃封闭，双侧开门拿取，配送过程零接触、零污染，隔绝飞沫，让顾客吃得放心，如图1-12所示。此外，该款送餐机器人还可以帮助餐厅回收餐具，提升翻台率，增加门店营收。收餐模式下，餐

图 1-12　餐饮机器人

厅服务员只需屏幕单击或者手表远程呼叫机器人，控制方便、上手简单；此外，机器人还具备智能避障功能，实现全程智慧化配送服务，自主适应多种复杂地面环境，平稳安全运行，实时环境自主预判，双侧行走更灵活。

3. 导购机器人

随着家用电器的接续智能化，人类对导购机器人提出了更为智能、更高的需求；导购机器人让人眼前一亮，导购机器人不仅能轻松完成对话、问好，还能记取顾客的喜好，使用户人群体验到了别样的方便和兴趣。

导购机器人的应用场景易拓展、适用于各种场合，主要通过视觉系统来智能识别人物表情，通过语音智能辨识人物语调及情绪，并根据自身智能情感引擎系统输出语音与顾客交流。

4. 医用机器人

医用机器人是一种智能型服务机器人，用于医院、诊所的医疗或辅助医疗。它能独自编制操作计划，依据实际情况确定动作程序，然后把动作变为操作机构的运动，可用于移动病人、医用教学、临床医疗等。

医用机器人种类很多，按照其用途不同，有临床医疗用机器人、护理机器人、医用教学机器人和为残疾人服务的机器人等。

运送药品机器人可代替护士送饭、送病例和化验单等，较为著名的有美国 TRC 公司的 Help Mate 机器人。

移动病人机器人主要帮助护士移动或运送瘫痪和行动不便的病人，如英国的 PAM 机器人。

临床医用机器人包括外科手术机器人和诊断与治疗机器人，可以进行精确的外科手术或诊断，如日本的 WAPRU－4 胸部肿瘤诊断机器人；美国科学家正在研发一种手术机器人“达・芬奇系统”，这种手术机器人得到了美国食品和药物管理局认证。它拥有 4 只机械触手。在医生操纵下，“达・芬奇系统”能精确完成心脏瓣膜修复手术和癌变组织切除手术。美国国家航空和航天局计划在其水下实验室和航天飞机上进行医用机器人操作实验。届时，医生在地面上的计算机前就可以操纵水下和天外的手术。

1.3.4 农业领域

移动机器人在农业领域一个主要的应用就是巡检和监测，这类移动机器人的结构一般是在底盘的基础上搭载系列传感器对农作物的生长情况经行检测，采集信息。例如，极飞 R150 农业无人移动机器人，可以做到智能精准控制与自主行驶，多种作业模式和强大扩展潜力让它可根据不同农事需求，实现精准植保、农资运输、防疫消杀等多种无人化精准作业。

1. 巡检检测

1）智能监测、分析、管理农作物

日本企业开发的搭载了机械臂的移动机器人 SMASH 作为一个移动的农业“生态系

统”,除了可以用来监测、分析外,还可以管理农作物。它采用最新的信息通信技术来监测和检查农作物及土壤,分析收集到的信息,并向农民提供清晰、可行的信息,以支持作物管理。例如它可以智能采集土壤样本进行分析,监测出作物的生长状态,然后精确定位并施用农化药品。

2)农业园区监测采集

福建首家5G示范农业园区内,就使用了移动机器人来进行智能巡检。机器人的“脚”可以360°旋转和移动,能够支持它在农业园区内任意走动,如果遇到障碍物可以自动绕行,支持自动巡检、定点采集、自动转弯、自动返航、自动充电。

3)玉米地智能化数据采集

移动机器人搭载激光雷达、摄像头、气象传感器等,还可进入玉米地里进行智能化数据采集、自动获得植株生长周期指标以及环境指标信息,无须人工采集干预,通过信息管理系统直观监测植株发育情况,节约劳动力成本,提高采集时效。

2. 采摘及搬运

1)采摘的无人化

国内某蔬菜种植基地率先导入无人驾驶移动搬运机器人,实现蔬菜采摘及搬运的无人化操作,实现了规模化种植,未来将有更多相关农业走向规模化种植,农业机械自动化行业将得益。

2)大棚培植蔬菜顶升式AGV自动化搬运

在某大棚种植基地,经过特殊定制的顶升式AGV不仅要在露天的环境下搬运培植中的蔬菜出去“晒太阳”,还需要“穿越”田埂去到指定的自动充电区域,面对大棚内部地面崎岖不平、土壤培育落灰严重、栽培槽中有水等情况都能出色地完成任务。

3. 喷药

山东(禹城)向阳坡生态农业科技示范园测试用“果园喷药机器人”采用履带式设计,可以在田间平稳驾驶,该机器人采用自主导航,能实现精准喷药等功能。与传统手工打药或机械辅助打药相比,此款机器人可降低90%以上劳动强度,24小时工作,劳动效率得到大幅提升,同时人机分离、人药分离的状态,也让农户免受农药的毒害。

在农业应用的多种场景,机器人厂商们正逐渐展开探索,但目前来说,移动机器人在农业领域的应用还处于起步阶段,从技术的角度而言,室外自主导航、复杂且不平整的地面环境以及底盘与搭载的各类设施之间的协同合作等都使得开发厂商们面临着更多的技术难点,而产品成熟应用也还需要一段时间的验证。

伴随着技术的不断成熟和市场认知度提高,移动机器人会在包括制造领域、物流领域、服务领域和农业领域等工业生产和生活中得到规模化应用。

第 2 章 移动机器人主要部件

本章介绍移动机器人的基本结构和组成部件，移动机器人主要由机械结构件、微控制器、执行器、驱动器和传感器等核心部件组成。本章以多级串联式机器人为例，详细介绍移动机器人的机械结构件、移动机器人常用的微控制器的发展历程和工作原理。移动机器人的执行器主要有各类电机、气缸、液压油缸等，本章以最为常见的电机为核心重点介绍，分别介绍常见驱动器的工作原理，包括直流有刷电机驱动器、步进电机驱动器和舵机驱动器。传感器按照工作原理可分为电感式、电容式、光电式和磁感式等。

2.1 机械结构件

实际上，移动机器人是利用机械传动、现代微电子技术组合而成的一种能模仿人某些技能的机械电子设备，它是在电子、机械及信息技术的基础上发展而来的。

然而移动机器人的机械结构没有得到足够的重视，但对机器人设计而言，这是非常重要的一方面。机器人如何运动、有多重，以及重量是如何分布在整个机械结构上的，解决这些物理上的问题对于一个机器人设计是否成功至关重要。所以在设计移动机器人时要充分考虑这些方面，在解决这些问题时，还要满足强度设计准则、刚度设计准则以及要考虑装配的设计准则。在考虑装配设计准则时，构成整个装配体的各个机械结构件的设计就尤显重要了。所以在本节中就引用多级串联式机器人的机械结构件进行简要的介绍。图 2-1 为多级串联式机器人的整体图。

多级串联式机器人的主要机械结构件一般包括以下 13 部分。

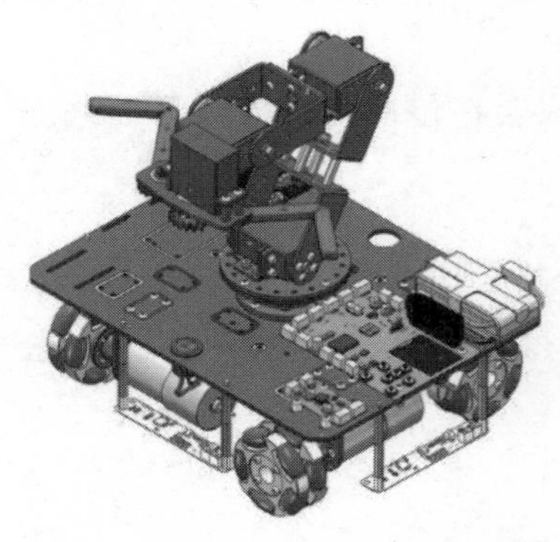

图 2-1　多级串联式机器人的整体图

1. 底板

材料：材质一般为亚克力板，少数用薄型铝板。

用途：底板(图 2-2)上设计了小孔或者过道，用来固定机器人的其他零件，使机器人能够装配起来成为一个整体。

注意：在设计底板时，要有全局观念，合理分布各个零件的位置。在确定孔的大小时，要设置稍微大一点，便于安装。

2. 电机架

材料：材质一般为 ABS 或 PLA。

用途：电机架(图 2-3)用来连接底板和直流电机。

注意：电机架是连接底板和电机的重要构件，它要承受底板之上所有的重力，所以设计时要考虑它的结构是否满足强度和刚度的要求。

3. 电机联轴器

材料：材质一般为ABS或PLA。

用途：电机联轴器(图2-4)用来连接电机和全向轮。

注意：设计时要考虑公差，孔的尺寸要略大于相配合轴的尺寸，达到便于拆卸的目的。

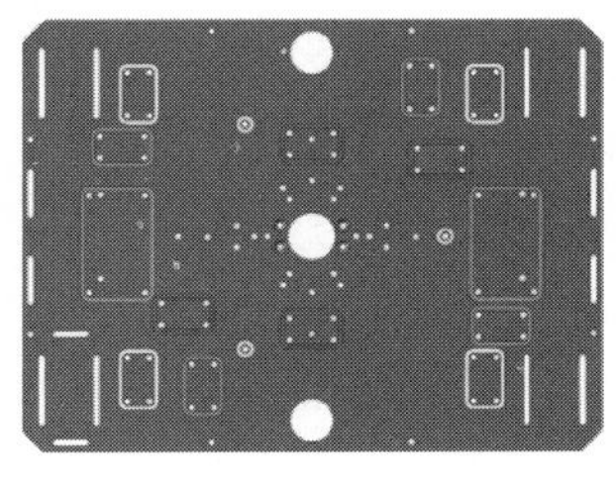

图2-2 底板

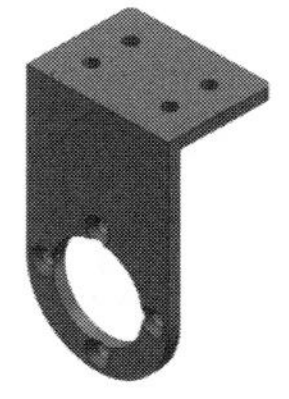

图2-3 电机架

图2-4 电机联轴器

4. 全向轮

全向轮(图2-5)包括轮毂和从动轮，轮毂的外圆周处均匀开设有3个或3个以上的轮毂齿，每两个轮毂齿之间装设一个从动轮，该从动轮的径向与轮毂外圆周的切线方向垂直，设计制作起来比较困难，推荐直接购买成品。

5. 长U舵机架

材料：材质一般为ABS或PLA，也可使用薄型铁片。

用途：长U舵机架(图2-6)作为机械臂的重要部分，相当于人手的骨骼，起到延伸臂长的作用。

注意：设计时，要考虑与舵机连接的部分形状和连接孔的高度，不能在转动时存在干涉。

6. 多功能舵机支架

材料：材质一般为ABS或PLA。

用途：多功能舵机支架(图2-7)用来连接长U舵机架和舵机，固定舵机的位置。

图2-5 全向轮

图2-6 长U舵机架

图2-7 多功能舵机支架

7. 舵盘

材料：材质一般为ABS或PLA。

用途：舵盘(图2-8)一端与舵机的齿轮啮合，一端与长U舵机架连接，实现长U舵机架的转动。

8. 机械爪齿轮

材料：可以用亚克力进行激光切割得到，也可以用ABS或PLA通过3D打印得到。

用途：机械爪齿轮（图 2-9）与舵机相连，与从动机械爪板啮合，实现从动机械爪板的传动。

注意：设计时要保证机械爪齿轮与从动机械爪板的传动比为 1。

9. 机械爪板

材料：材质一般为 ABS 或 PLA。

用途：机械爪板（图 2-10）用来夹持物体。

注意：机械爪板的设计是整个机器人设计的重点和难点，本节中的机械爪板只是一个例子，实际设计中要根据夹持的物体来设计机械爪板的形状，还要保证在受到突然的振动时，夹持的物体不能松动。

10. 电池架

材料：材质一般为 ABS 或 PLA。

用途：电池架（图 2-11）用来固定电池的位置。

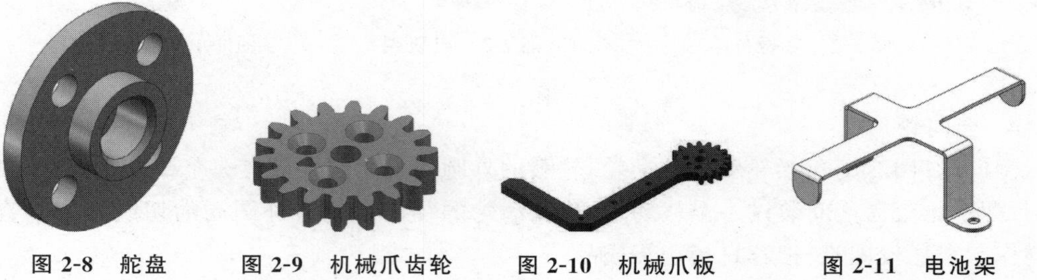

图 2-8 舵盘　　图 2-9 机械爪齿轮　　图 2-10 机械爪板　　图 2-11 电池架

11. 轴承

轴承的主要功能是支撑机械旋转体，降低其运动过程中的摩擦系数，并保证其回转精度。轴承为标准件，根据自己需要的尺寸选用即可。图 2-12 为 6805 轴承。

12. 螺钉

螺钉是一种常见的紧固件，在机械、电器及建筑物上广泛使用。一般材质为金属或塑胶，呈圆柱形，表面刻有凹凸的沟称为螺纹。螺钉为标准件，根据需要选用即可。图 2-13 为 M3 圆头螺钉。

13. 防松螺母

防松螺母是一种常见的紧固防松螺母，它具有极大的防松抗震能力，为标准件，根据需要选用即可。图 2-14 为 M3 圆头螺母。

图 2-12 6805 轴承

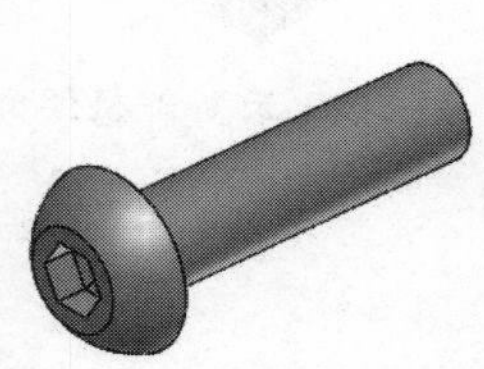

图 2-13 M3 圆头螺钉

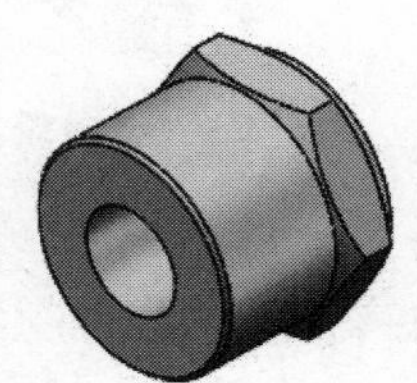

图 2-14 M3 圆头螺母

2.2 微控制器

2.2.1 微控制器的概念

微控制器(micro control unit,MCU)又叫单片机,是指随着大规模集成电路的出现及其发展,将计算机的CPU、RAM、ROM、定时计数器和多种I/O接口集成在一片芯片上,形成芯片级的计算机。

MCU的概念比较容易理解,但是与微控制器对应的还有中央处理器(CPU)、微处理器(MPU),而这三者的概念较为容易混淆。

其中CPU是central processing unit的缩写,计算机的运算控制核心就是CPU。CPU由运算器、控制器和寄存器及相应的总线构成。MPU是micro processor unit的缩写,MPU就是微型化、性能增强化的CPU,这种芯片往往是计算机和高端系统的核心CPU。需要注意的是,现代计算机的CPU实际上都是MPU。

MPU和MCU的区别本质上是因为应用定位不同,是为了满足不同的应用场景而按不同方式优化出来的两类器件。MPU注重通过较为强大的运算/处理能力,执行复杂多样的大型程序,通常需要外挂大容量的存储器。而MCU通常运行较为单一的任务,执行对于硬件设备的管理/控制功能,通常不需要很强的运算/处理能力,因此也不需要有大容量的存储器来支撑运行大程序,通常以单片集成的方式在单个芯片内部集成小容量的存储器实现系统的"单片化"。

但随着技术的不断进步,MPU与MCU的产品形态也发生了一系列变化。现在恩智浦半导体公司(NXP)已经开始推出主频在1GHz,带强大运算能力的MCU。而随着3D封装、Chiplet技术的进步,把大容量存储器以先进封装的方式实现"单片集成"也正在实现。所以这注定了未来MPU与MCU在硬件构成上的区别会越来越小。

2.2.2 MCU的分类

MCU按其存储器类型可分为MASK(掩膜)ROM、OTP(一次性可编程)ROM、FLASH ROM等类型。MASK ROM的MCU价格极其便宜,但程序在出厂时已经固化,适合程序固定不变且产品数量需求极大的应用场合;FALSH ROM的MCU程序可以反复擦写,灵活性很强,但价格较高,适合对价格敏感度较低的应用场合或做开发用途;OTP ROM的MCU价格介于前两者之间,同时又拥有一次性可编程能力,适合既要求一定灵活性,又要求低成本的应用场合。对于产品开发者而言,使用FALSH ROM与OTP ROM的MCU占绝大多数,而对于初学人员而言,FALSH ROM则更为合适。

OTP芯片优点非常明显:单价低,部分芯片含税价低于0.2元/片,并且随着技术发展OTP芯片性能并不低;但是其缺点也一样明显:芯片外设及内部资源往往比较有限,同时由于各个厂家的开发软件、仿真器，甚至编程语言一般都并不通用，因此芯片品牌的更换成本较高。

OTP 芯片的特点决定了其往往用于对成本敏感，出货量大，但是又有较大概率做功能升级的产品上(指新产品，而不是指对老产品进行程序升级，OTP 芯片无法做程序的二次升级)。

OTP 芯片厂家中，国产厂家占绝对的主力地位，国内常见的生产厂家如下：

台湾系列：义隆、九齐、应广、合泰、笙泉、智成、远翔、十速。

大陆系列：上海晟矽微、深圳富满、深圳德普微、深圳芯海、杭州士兰微、华润微、上海东软载波微、深圳汇春、无锡华润矽科、中颖、南京微盟、无锡力芯微、杭州正芯、苏州锐控微。

而 FLASH ROM 的 MCU 种类众多，其中较为经典的有 51 单片机、AVR 单片机、PIC 单片机、瑞萨单片机等，当然最为经典的要数 51 单片机。同时由于国内宏晶科技(STC)的存在，让 51 芯片的价格大幅度降低，大量的学生群体有经济能力购买单片机进行学习，从而让单片机从业人员的数量实现了快速增长。

而随着意法(ST)公司推出 STM32 系列单片机，高级单片机时代快速来临。STM32 系列单片机采用 ARM 公司的 Cortex-MX(M0、M0+、M3、M4、M7)系列内核，从而赋予了 STM32 系列芯片高性能、低成本、低功耗的特点，再加上丰富的内部资源与外设资源，STM32 系列芯片一度戴上了“性价比之王”的桂冠。

且意法公司为了进一步降低芯片开发难度而推出多种程序库，配合意法公司自研的 STM32CubeMX 图形化配置软件，更是将 STM32 系列单片机的开发难度进一步降低。再加上部分国内公司通过购买 ARM 公司的内核使用授权，研发生产的各种与 STM32 芯片 PIN to PIN 兼容的芯片，大大拓展了 STM32 系列芯片的规格型号，并且价格也进一步降低，从而使 STM32 芯片的使用范围进一步扩展，因此掌握 STM32 芯片的使用已经成为许多公司对工程师的必备技能要求。

2.3 执 行 器

移动机器人的执行器主要有各类电机、气缸、液压油缸等，但是最为常见的还是各类电机。而电机分类方式有很多种，如果按照工作电源种类划分，可分为直流电机与交流电机两大类。直流电机按照结构及工作原理可分为无刷直流电机与有刷直流电机，有刷直流电机可分为永磁直流电机与电磁直流电机。交流电机可分为同步电机与异步电机，异步电机又可划分为交流换向器电机与感应电机。以电源种类与结构为依据，电机更加详细的分类如图 2-15 所示。

如果根据电机的用途进行分类，最有代表性、最常用、最基本的电机可分为控制电机、功率电机以及信号电机，其大致的分类如图 2-16 所示。

而移动机器人常用电机主要包括直流有刷电机、步进电机、舵机、直流无刷电机、伺服电机。

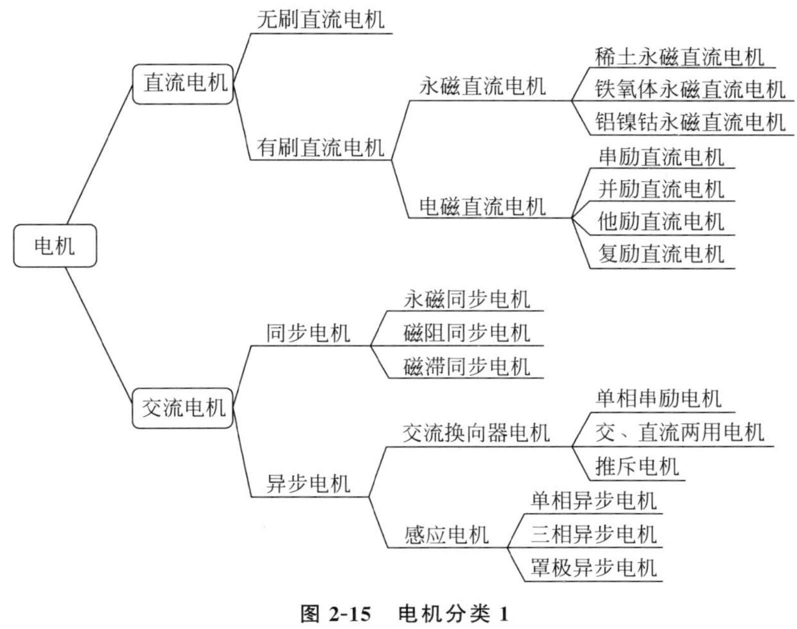

图 2-15 电机分类 1

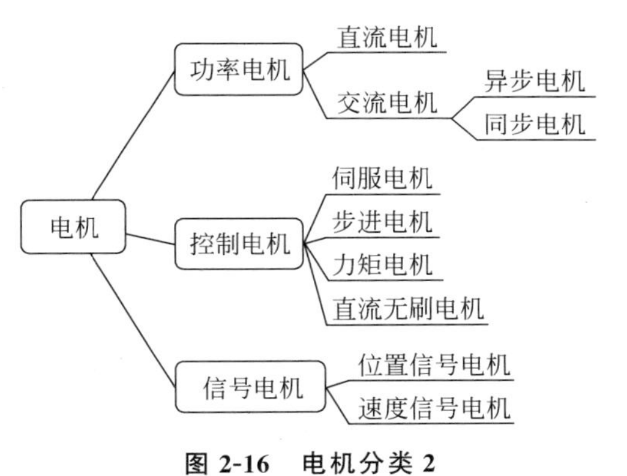

图 2-16 电机分类 2

2.3.1 直流有刷电机

直流有刷电机(brushed DC motor,BDC),由于其结构简单,操控方便,成本低廉,具有良好的扁动和调速性能等优势,被广泛应用于各种动力器件中,小到玩具、按钮调节式汽车座椅,大到印刷机械等生产机械中都能看到它的身影。

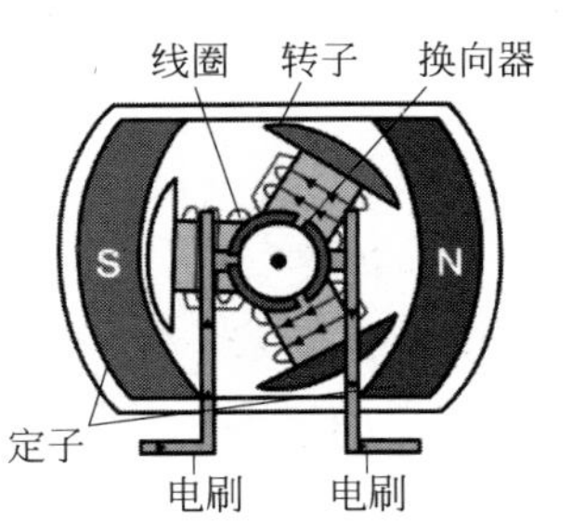

图 2-17 直流有刷电机内部构成

直流有刷电机内部构成如图 2-17 所示。直流电源的电能通过电刷和换向器进入电枢绕组,产生电枢电流,电枢电流产生的磁场与主磁场相互作用产生电磁转矩,使电机旋转带动负载。

有刷电机的控制十分简单,连接直流电源,电机自启动然后旋转。由于小接触角度形成一个“死区”，所以有刷直流电机有着潜在的启动问题，但这可以通过一些机械设计调整来解决。

如要实现反向旋转只需将直流电源线对调，而要调整运动速度（在有限的范围内），只需要升高或降低供电电压。一般来说，BDC 的转速与其励磁线圈的电动势（EMF）成正比（EMF 是施加于其上的电压减去由于电阻损失的电压），而转矩与电流成比例。

电刷和换向器的存在，导致有刷电机可靠性差，故障多，寿命短，换向火花易产生电磁干扰等各种缺点，但有刷电机具备价格低廉、生产容易、控制简单、维修方便等特点，这几个优点使有刷电机依旧活跃在各种应用场合中。

直流有刷电机在使用时需要注意以下几点：

（1）由于电机转动时换向火花容易产生电磁干扰，因此电机的控制系统需注意抗干扰保护；

（2）电机选型时需注意功率与扭矩的需求，以防出现负载过大电机堵转，从而导致电机与驱动电路烧毁。

2.3.2 步进电机

步进电机（step motor）是一种将数字脉冲信号转化为角位移的执行机构。也就是说，当步进驱动器接收到一个脉冲信号，它就驱动步进电机按设定的方向转动一个固定的角度（即步进角、步距角）。可以通过控制脉冲个数来控制角位移量，从而达到准确定位的目的；同时可以通过控制脉冲频率来控制电机转动的速度和加速度，从而达到调速的目的。一般步进电机的精度为步进角的 3%～5%，且不累积。

步进电机分 3 种：永磁式（PM）、反应式（VR）和混合式（HB）。

三者的特点如表 2-1 所示。

表 2-1 步进电机类型

永磁式步进电机	一般为两相，转矩和体积较小，步进角一般为 7.5°或 15°
反应式步进电机	一般为三相，可实现大转矩输出，步进角一般为 0.75°。输出转矩较大，转速也比较高。这种电机在机床上使用较多
混合式步进电机	混合了永磁式和反应式的优点。它又分为两相、三相、四相和五相：两相（四相）步距角一般为 1.8°，三相步距角通常为 1.2°，而五相步进角多为 0.72°。目前，混合式步进电机的应用最为广泛

混合式步进电机内部结构如图 2-18 所示。

另外，步进电机还需要关注如下几点：

（1）温度。步进电机温度过高首先会使电机的磁性材料退磁，从而导致力矩下降乃至失步，因此电机外表允许的最高温度应取决于不同电机磁性材料的退磁点。一般来讲，磁性材料的退磁点都在 130℃以上，有的甚至高达 200℃以上，所以步进电机外表温度即使达到 80℃都可以正常工作，虽然此时手感温度非常高。

（2）转速与力矩。当步进电机转动时，电机各相绕组的电感将形成一个反向电动势；频率越高，反向电动势越大。在它的作用下，随频率（或速度）的增大电机相电流减小，从而导致力矩下降。

(3) 丢步。步进电机有一个技术参数：空载启动频率，即步进电机在空载情况下能够正常启动的脉冲频率，如果脉冲频率高于该值，电机不能正常启动，可能发生丢步或堵转。在有负载的情况下，启动频率应更低。如果要使电机达到高速转动，脉冲频率应该有加速过程，即启动频率较低，然后按一定加速度升到所希望的高频(电机转速从低速升到高速)，减速也一样需要逐步减速过程，加减速有梯形和 S 曲线两种方式。

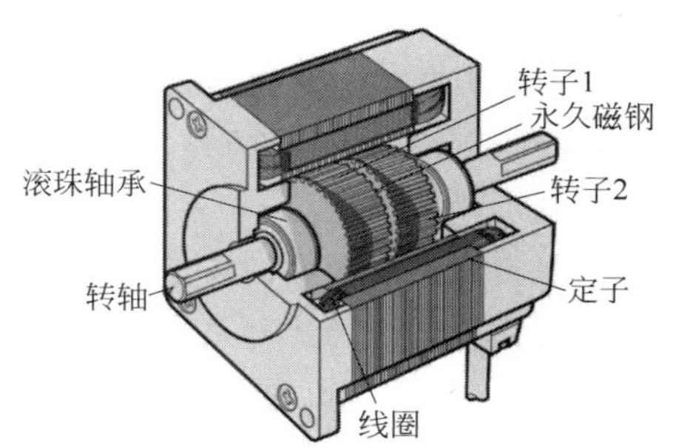

图 2-18　步进电机内部结构

(4) 接线方式。最常见的二相混合式步进电机为二相 4 线与二相 6 线两种，接线方式如图 2-19 所示。

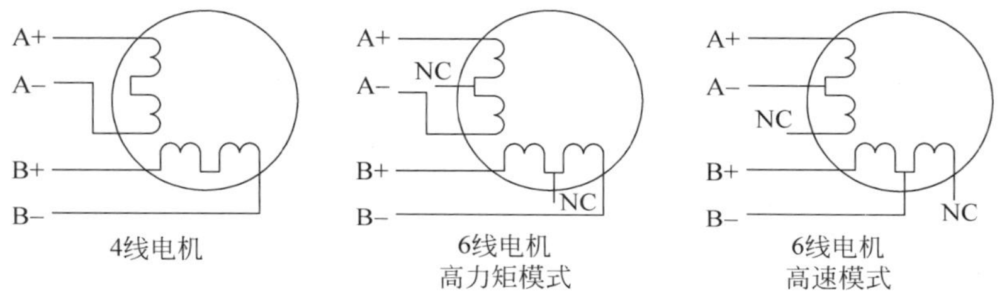

图 2-19　步进电机接线方式

2.3.3　舵机

舵机(servo)是一种位置(角度)伺服驱动器，适用于那些需要角度不断变化并可以保持的控制系统。舵机主要由控制驱动电路、直流电机、电位计、齿轮组、动力输出轴组成(图 2-20)。

关于舵机的精准位置控制，存在图 2-21 所示的闭环控制机制，即位置检测器(电位计)是它的输入传感器，舵机转动位置变化，位置检测器的电阻值就会跟着变化。通过控制电路读取该电阻值的大小，就能根据阻值适当调整电机的速度和方向，使电机向指定角度旋转，从而实现了舵机的精确转动角度的控制。

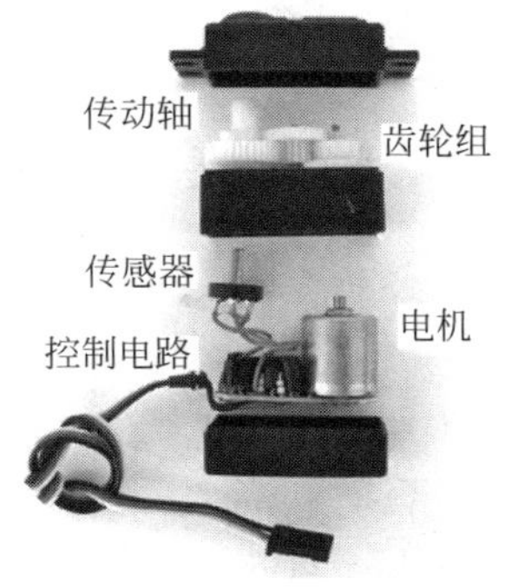

图 2-20　舵机构成

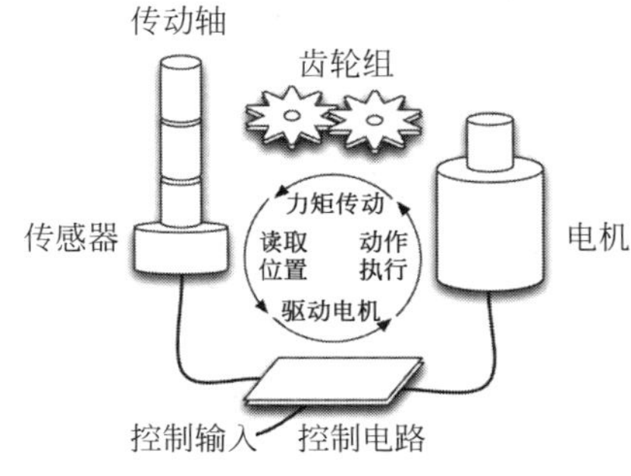

图 2-21　舵机控制系统

从舵机的概念可以发现，舵机是可以控制输出轴的转动角度的，而一般的角度舵机是指180°舵机。所谓180°舵机是指，舵机输出轴的转动角度只能是0°～180°，不能360°连续旋转，并且大部分厂家会做机械限位，例如180°舵机加机械限位后从机械机构上就决定了输出轴的转动角度只能是0°～180°。

但是由于实际应用的需求，市面上角度舵机存在180°舵机、270°舵机、300°舵机等，但是它们的控制方式与构成都是大同小异的。

除了角度舵机，市面上还存在一种可360°旋转的"伪舵机"，360°舵机不可控制转动角度，它是连续转动的，但是其可以控制转动速度与方向。

因此如果我们进行简单粗暴的分类，可以将舵机分为角度舵机与360°舵机。

2.3.4 无刷电机

无刷电机(brushless motor)是在有刷电机的基础上发展来的，无刷电机取消了有刷电机的换向器与电刷，通过控制电路实现了换向器与电刷的功能。正是由于取消了换向器与电刷从而使无刷电机的使用寿命大大延长。

无刷电机的驱动电流有两种，一种是梯形波(方波)，另一种是正弦波。一般把方波驱动的叫作无刷电机；把正弦波驱动的叫作永磁同步电机，实际上就是伺服电机。无刷电机与伺服电机有类似的优缺点。无刷电机比永磁同步电机造价便宜一些，驱动控制方法简单一些。

同时无刷电机根据构成上是否集成编码器，可区分为无刷无感电机与无刷有感电机，无刷有感电机与无刷无感电机无法从外形上判断，但是可以从电机线束上判断，无刷无感电机一般只有3根导线，而无刷有感电机则多了编码器的导线。

而根据其转子类型又可分为外转子无刷电机与内转子无刷电机。外转子无刷电机如图2-22所示，内转子无刷电机如图2-23所示。

图2-22 外转子无刷电机

图2-23 内转子无刷电机

2.3.5 伺服电机

伺服电机(servo motor)能将输入的电压信号(或者脉冲数)转换为电机轴上的机械输出量，拖动被控制元件，从而达到控制目的。一般要求转矩能通过控制器输出的电流进行控制；电机的反应快、体积小、控制功率小。伺服电机主要应用在各种运动控制系统中，尤其是随动系统。伺服电机有直流和交流之分，最早的伺服电机是一般的直流有刷电机，在控制精度不高的情况下，才采用一般的直流电机做伺服电机。当前随着永磁同步电机技术的飞速发展，绝大部分伺服电机是指交流永磁同步伺服电机或者直流无刷电机。

伺服电机具备控制速度、位置精度非常准确，效率高，寿命长的优点，但是其也存在控制复杂、价格昂贵的缺点，并且伺服电机控制系统的成本有时甚至超过电机本身。伺服电机及其控制系统如图 2-24 所示。

图 2-24　伺服电机及其控制系统

2.4　驱　动　器

2.4.1　直流有刷电机驱动器

直流有刷电机如果需要实现转速控制而不需要正反转控制，其控制电路中使用单个 MOS 管便可实现，具体电路如图 2-25 所示。

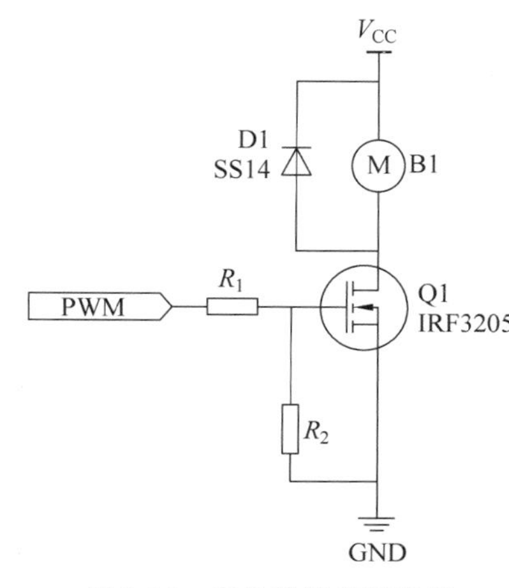

图 2-25　电机转速控制电路

当 MOS 管 Q1 导通时，电机得电开始转动；当 MOS 管 Q1 断开时，电机电路断开停止转动。但是当我们需要控制电机转速时，一般采用 PWM 信号控制。

PWM 是脉冲宽度调制(pulse width modulation)的缩写，是利用微处理器的数字输出来对模拟电路进行控制的一种非常有效的技术，广泛应用于从测量、通信到功率控制与变换的许多领域中。

PWM 信号的核心参数为周期(或频率)与占空比，占空比就是指在一个周期内，信号处于高电平的时间占据整个信号周期的百分比，例如方波的占空比就是 50%。它通过对一系列脉冲的宽度进行调制，等效出所需要的波形(包含形状以及幅值)，对模拟信号电平进行数字编码，也就是说通过调节占空比来调节信号、能量等。PWM 信号具体如图 2-26 所示。

对于图 2-25 中的直流电机来讲，MOS 管导通电机就可以转动，但是当 MOS 管截止，电机由于惯性是不会立刻停止的而是慢慢减速，但是当电机还未停转 MOS 管又再次导通，如此往复，电机的转速就是周期内输出的平均电压值，那么在一个周期的平均速度就是 PWM 信号占空比调制出来的速度了。因此理论上来讲 PWM 信号的周期越短，电机转速控制就越平稳，但是由于 MOS 管的开关频率存在诸多限制，因此一般情况下我们选择 PWM 信号的频率为 20kHz。

但是对于机器人上的直流电机而言，不但需要对电机的转速进行控制，同时也需要对电机的正反转进行控制，而电机正反转的控制电路原理如图 2-27 所示。

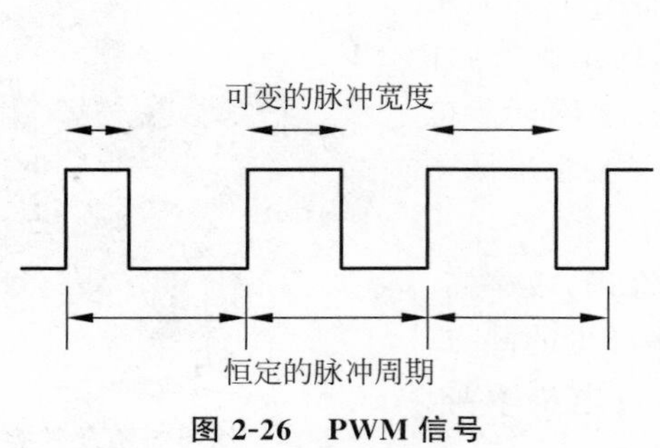

图 2-26 PWM 信号

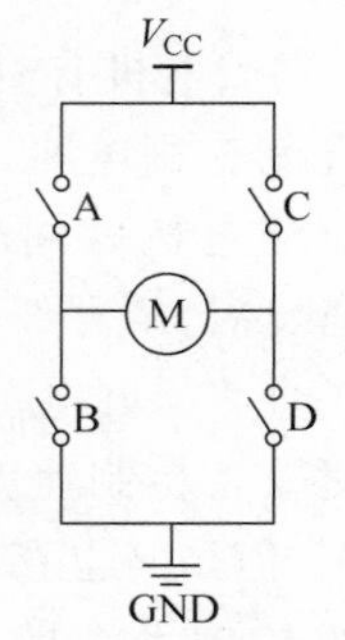

图 2-27 电机正反转原理

通过图 2-27 可以发现：

(1) 当开关 A 和 D 闭合，B 和 C 断开时直流电机正常旋转，记该旋转方向为正方向。

(2) 当开关 B 和 C 闭合，A 和 D 断开时直流电机正常旋转，记该旋转方向为反方向。

(3) 当开关 A 和 C 闭合，B 和 D 断开或者当开关 B 和 D 闭合，A 和 C 断开时直流电机不旋转。此时可以认为电机处于“刹车”状态，电机惯性转动产生的电势将被短路，形成阻碍运动的反电势，形成“刹车”作用。

(4) 当开关 A 和 B 闭合或者当开关 C 和 D 闭合时直接电源短路，会烧毁电源，这种情况严禁出现。

(5) 当开关 A、B、C 和 D 四个开关都断开时，认为电机处于“惰行”状态，电机惯性所产生的电势将无法形成电路，从而也就不会产生阻碍运动的反电势，电机将惯性转动较长时间。

为此我们将图 2-27 中的开关用 MOS 管代替，具体电路如图 2-28 所示。

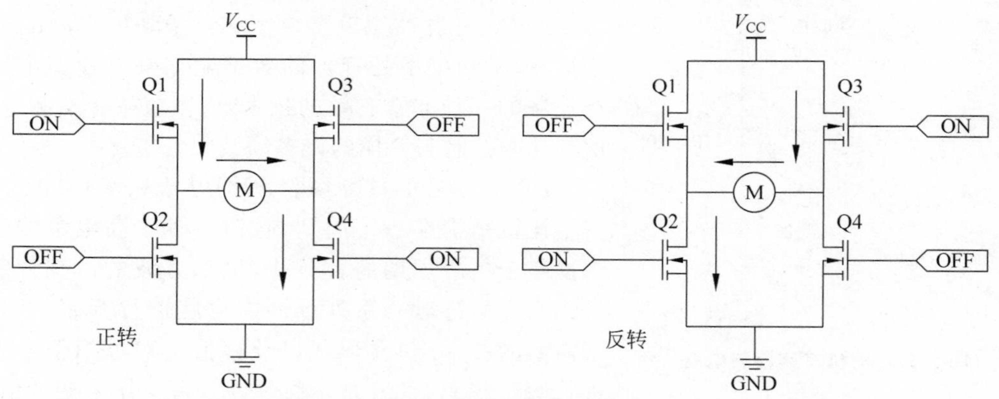

图 2-28 基于 MOS 管的正反转电路

图 2-28 中的正反转电路为经典的 H 桥电机控制电路，采用 4 个 N-MOS 管实现。从图中可以发现如果直接采用这个电路，Q2 与 Q4 两个 MOS 管的控制容易实现，因为 N－MOS 管的导通条件为 V_{gs} 超过一定电压即可，而这两个 MOS 管的 S 端直接接地，因此 G 端的控制信号只需要较小的电压便可实现这两个 MOS 管的导通控制。但是 Q1 与 Q3 两个 MOS 管由于 S 端连接了电机，其导通控制则较为困难。以正转状态为例，Q1 导通时其 S 端的电压接近电源电压 V_{CC}，为此其 G 端的电压必须保持 $V_{CC}+V_{gs}$ 方能保证 Q1 的持续导通，反转状态时的 Q3 亦是如此。为此需要对 H 桥电路进行改进，具体的改进电路如图 2-29 所示。

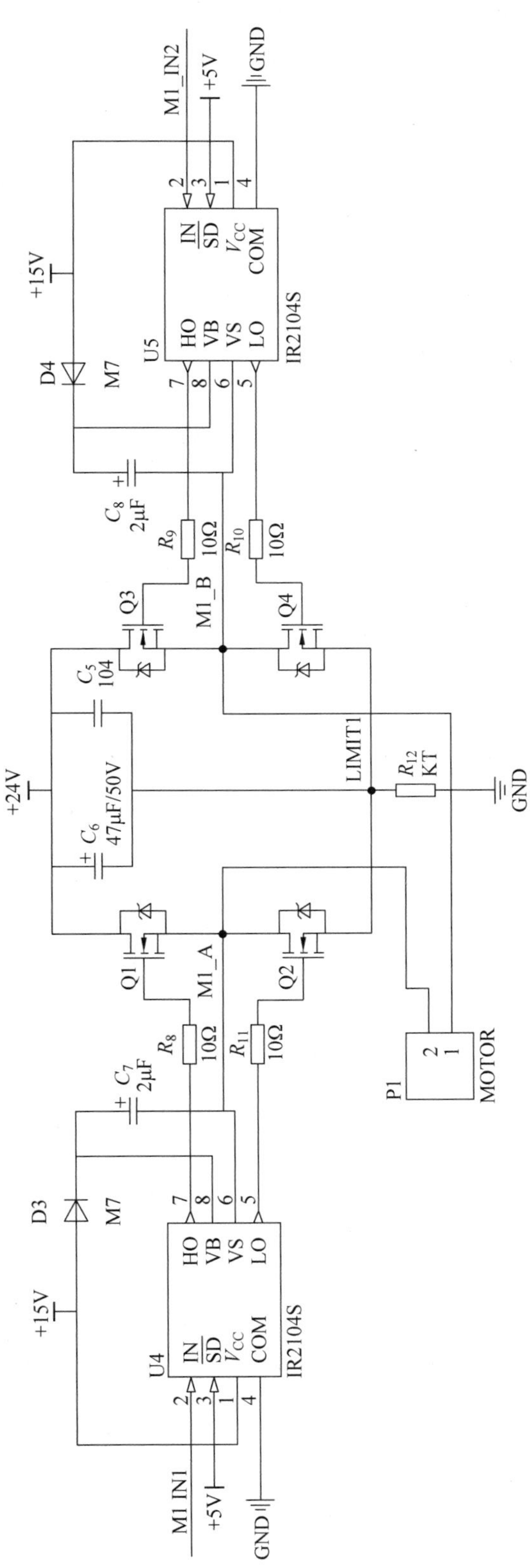

图 2-29 实用 H 桥电机驱动电路

在 MOS 管的前级增加 MOS 管驱动芯片 IR2104S，并通过 C_7、C_8 这两个自举电容将 Q1 与 Q3 两个 MOS 管 G 端的控制电压提升至满足 $V_{CC}+V_{gs}$ 的导通条件。

2.4.2 步进电机驱动器

市面上常见的步进电机驱动器主要分为两类，第一类为各大公司出品的集成芯片，而集成芯片又可分为内置 MOS 管与外置 MOS 管，其中内置 MOS 管的集成芯片只需要简单的外围电路便可实现步进电机的控制；第二类也是直接使用单片机、DSP 等可编程芯片配合 MOS 管等外围芯片实现步进电机的控制。

步进电机集成类的驱动芯片较多，常见的如表 2-2 所示。

表 2-2 步进电机驱动芯片

型号	品牌	电压	电流	细分	封装	温度范围
A4988	Allegro	8～35V	2A	full,1/2,1/4,1/8,1/16	QFN(28)-0.50	－20～85℃
A3977SLPT-T	Allegro	8～35V	2.5A	full,1/2,1/4,1/8	TSSOP (28)-0.65	－20～85℃
A3979SLPT-T	Allegro	8～35V	2.5A	full,1/2,1/4,1/8,1/16	TSSOP (28)-0.65	－20～85℃
DRV8824	TI	8.2～45V	1.6A	full, 1/2, 1/4, 1/8, 1/16, 1/32	HTSSOP(28) QFN(28)-0.50	－40～85℃
DRV8825	TI	8.2～45V	2.5A	full, 1/2, 1/4, 1/8, 1/16, 1/32	HTSSOP(28)-0.65	－40～85℃
TB67S109AFTG	TOSHIBA	10～50V	4A	full, 1/2, 1/4, 1/8, 1/16, 1/32	WQFN (48)-0.50	－20～85℃
TB67S269FTG	TOSHIBA	10～50V	2A	full, 1/2, 1/4, 1/8, 1/16, 1/32	WQFN (48)-0.50	－20～85℃
TB6560AHQ	TOSHIBA	4.5～40V	3.5A	full,1/2,1/8,1/16	HZIP25-1.27	－30～85℃
TB6600HG	TOSHIBA	8～50V	5A	full,1/2,1/4,1/8,1/16	HZIP25-1.00	－30～85℃

图 2-30 TB67S109AFTG 芯片

以 TB67S109AFTG 芯片为例，其实物图如图 2-30 所示。

主芯片配合外围电路设计而成的步进电机驱动电路具体如图 2-31 所示。

图 2-31 中 TB67S269FTG 驱动芯片的 3 号引脚（网络标号 EN）为芯片使能端；2 号引脚（网络标号 CLK）为电机控制引脚；44 号引脚（网络标号 DIR）为电机转向控制引脚；39 号、46 号、47 号引脚（网络标号 M1、M2、M3）为细分控制引脚，具体细分可在区域 3 中选择焊上下拉电阻实现；41 号、42 号引脚（网络标号 V_{ref}）为工作电流设定引脚，模块对步进电机的驱动电流由区域 1 中 V_{ref} 的电压决定，因此可通过设置电阻 R_{33}、R_{32}、R_{35} 的阻值来设定驱动电流，而区域 2 中的电路则用于实现电机停转时的半流输出。

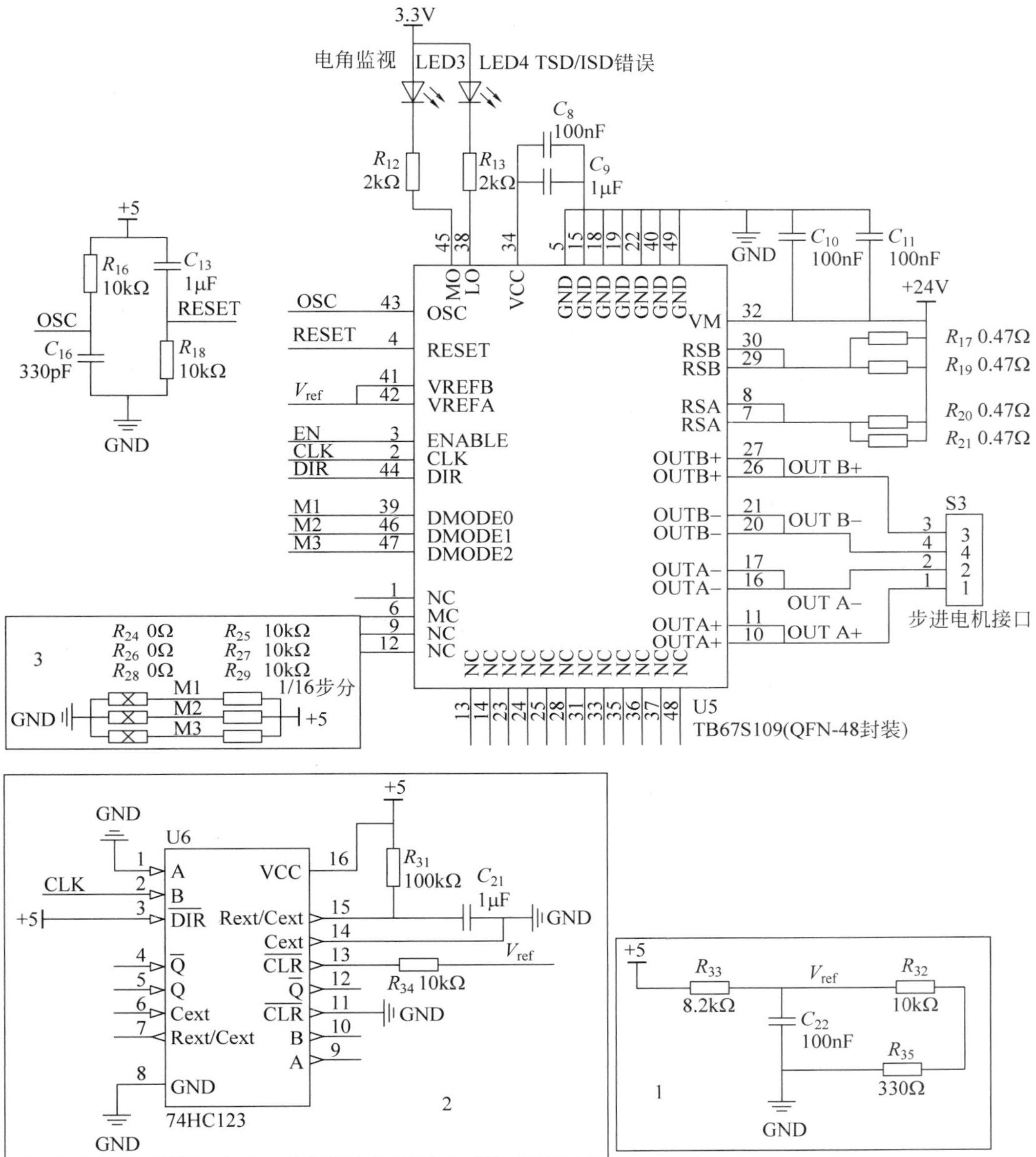

图 2-31　TB67S109AFTG 步进电机驱动电路

步进电机驱动模块具体使用时，主要的使用引脚为 3 号引脚使能端、2 号引脚电机控制和 44 号引脚电机转向控制。通过外部可编程芯片对这 3 个引脚的控制便可实现对步进电机转速、转动角度的精确控制。如果单纯控制步进电机转速可直接使用占空比为 50%的 PWM 信号；如需要精确控制转动角度，控制芯片 2 号引脚的输入脉冲数即可。但是如需同时控制转动速度与转动角度，有两种方法可实现，第一种是使用单片机的定时器功能配合引脚控制功能，第二种则是使用类似 STM32 此类高级单片机中的输出比较功能实现。

2.4.3 舵机驱动器

由于舵机电源电压一般为DC3～6V,高压舵机一般为DC6～8.4V,而小型机器人系统一般使用电池电压为12V或者24V,再加上舵机需要的电流由舵机自身的输出功率决定,而常见的大扭矩舵机往往输出功率较高,因此对舵机而言电源处理电路是整个舵机驱动电路的核心。

当舵机输出功率较大时,想通过线性稳压芯片将12V或者24V的电源电压转化为DC3～8.4V非常困难,因此可以选择大功率降压型DC-DC芯片实现较大输出功率下的电压转化。目前国内DC-DC芯片众多,性能也较为稳定,为此我们选择国内芯龙公司的XL4005芯片作为舵机驱动器中的电源处理芯片,该芯片最大输出功率可达50W,输入电压范围为DC5～32V,输出电压范围可调,其具体电路如图2-32所示。

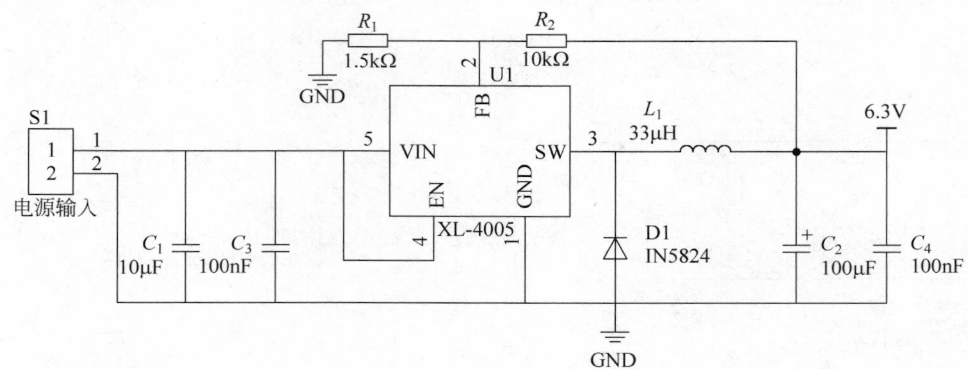

图2-32 DC-DC稳压电路

通过调整图2-32中电阻 R_1 与 R_2 的阻值,便可实现输出电压。

而舵机自身的控制较为简单,只需要在其控制引脚输入特定占空比的PWM信号便可实现转动角度(角度舵机)或舵机转速(360°舵机)的控制。但是该PWM信号的周期固定为20ms,占空比范围为5%～10%。

2.5 传 感 器

传感器的定义是:能感受到被测量的信息,并能将感受到的信息,按一定规律变换成为电信号或其他所需形式的信息输出,以满足信息的传输、处理、存储、显示、记录和控制等要求。

而传感器的种类可根据其所检测的对象分为三大类,具体如图2-33所示,分别为物理类:基于力、热、光、电、磁和声等物理效应;化学类:基于化学反应的原理;生物类:基于酶、抗体、激素等分子识别功能。

但是在移动机器人本体上常用的传感器主要为物理类传感器,按照其功能及应用场景我们做选择性介绍。

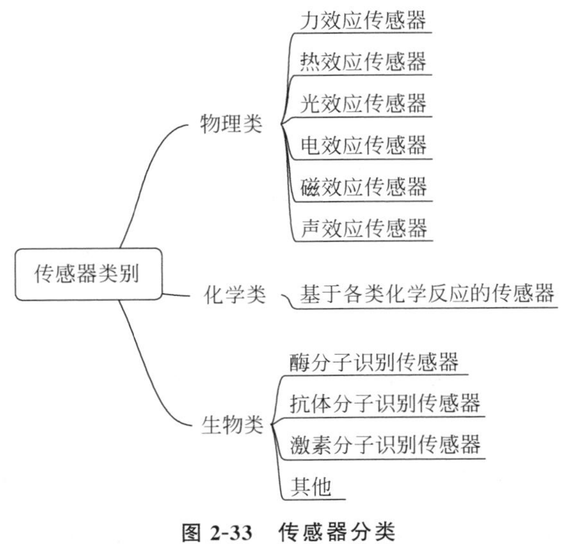

图 2-33　传感器分类

2.5.1　接近开关

接近开关是一种无须与运动部件进行机械直接接触而可以操作的位置开关，当物体接近开关的感应面到动作距离时，不需要机械接触及施加任何压力即可使开关动作，按照工作原理的不同可以分为电感式、电容式、磁感式和光电式等。

（1）电感式接近开关。电感式接近开关的感应头是一个具有铁氧体磁芯的电感线圈，只能检测金属体。振荡器在感应头表面产生一个交变磁场，当金属物体接近感应头时，接近开关内部动作，从而达到"开"和"关"的控制。电感式接近开关具体产品如图 2-34 所示。

（2）电容式接近开关。电容式接近开关的感应头是一个圆形或者方形平板电极，与振荡电路的地线形成一个分布电容，当有导体或其他介质接近感应头时，电容量增大而使振荡器停止振荡，经过整形放大器输出电信号。电容式接近开关可以检查金属、非金属和液体。电容式接近开关具体产品如图 2-35 所示。

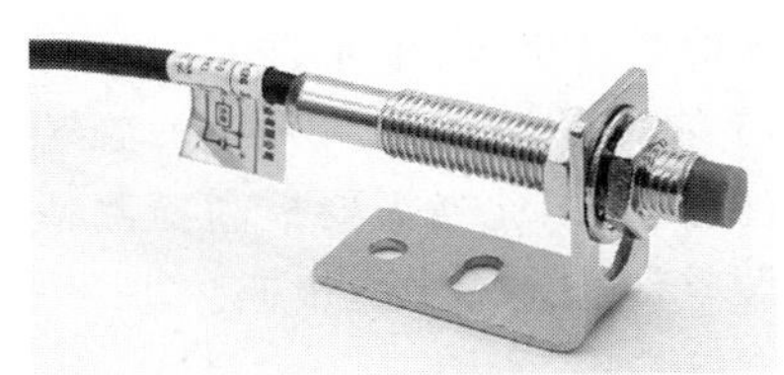

图 2-34　电感式接近开关

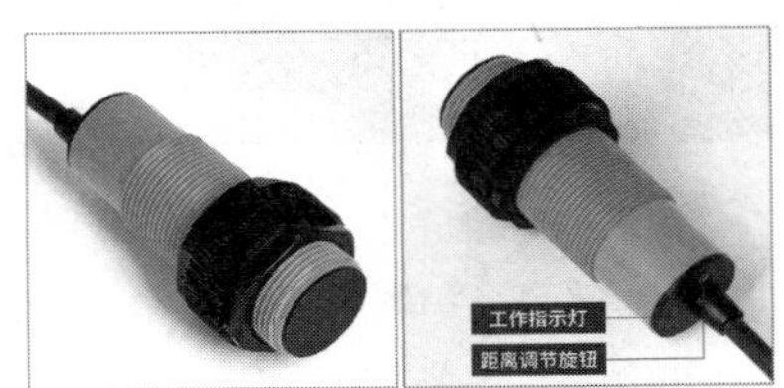

图 2-35　电容式接近开关

（3）磁感式接近开关。磁感式接近开关主要是指霍尔接近开关，其工作原理是霍尔效应，当磁性物体接近霍尔开关时，霍尔接近开关的状态改变，比如从"开"变为"关"。磁感式接近开关具体产品如图 2-36 所示。

（4）光电式接近开关。光电式接近开关利用光电效应制成，光电式传感器是根据投光器发出的光，在检测体上发生光亮增或减，用光电变换元件组成的受光器检测物体的有无、大小的非接触式的控制器件。按照输出信号可以分为模拟式、数字式和开关量输出式。其中输出形式为开关量的传感器和光电式接近开关。它由光发射器(发射红外光或可见光)和光接收器组成(接收光并转换成电信号，以开关量形式输出)。光电式接近开关可以分为对射式、反射式和漫射式，具体产品如图 2-37 所示。

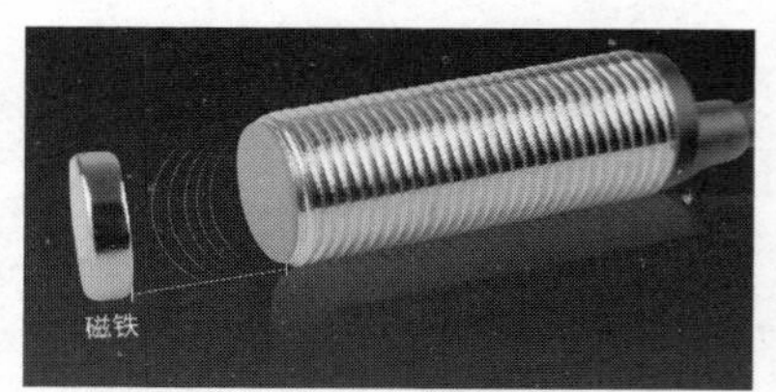

图 2-36 磁感式接近开关

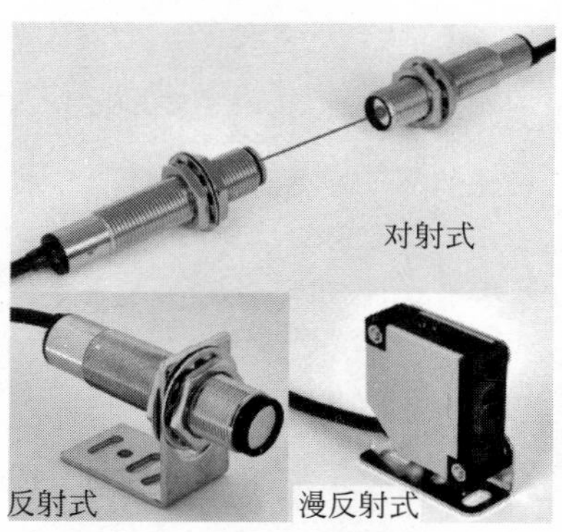

图 2-37 光电式接近开关

2.5.2 测距传感器

市面上常见的测距传感器根据其测距方式不同，主要有超声波测距传感器、红外测距传感器、激光测距传感器等。

1) 超声波测距传感器

超声波测距的原理是利用超声波在空气中的传播速度为已知，测量声波在发射后遇到障碍物反射回来的时间，根据发射和接收的时间差计算出发射点到障碍物的实际距离。超声波测距传感器具体产品如图 2-38 所示。

图 2-38 超声波测距传感器

超声波测距传感器在使用过程中需要注意以下几点：①超声波发射瞬间需屏蔽接收端的信号，因为这个信号并不是被测物体的反射信号，而是发射端发射的信号；②当被测物体距离过小，会由于发射信号与反射信号间隔时间过短导致难以检测；③声波在空气中的传播速度受环境温度影响，因此当需要提高检测精度时需要根据环境温度调整计算公式中的声速。

2) 红外测距传感器

红外测距传感器基于三角测量原理，红外发射器按照一定的角度发射红外光束，当遇到物体以后，光束会反射回来，如图 2-39 所示。反射回来的红外光线被 CCD 检测器检测到以后，会获得一个偏移值 L，利用三角关系，在知道了发射角度 α、偏移值 L、中心距 X，以及滤镜的焦距 f 以后，传感器到物体的距离 D 就可以通过几何关系计算出来了，具体的检测原理如图 2-39 所示。

可以看到，当距离 D 足够小时，L 值会非常大，从而超过 CCD 检测器的探测范围，这时虽然物体很近,但是传感器反而检测不到。当距离 D 很大时,L 值就会很小,这时 CCD 检测器的分辨率决定能否获得足够精确的 L 值,因此被测物体距离 CCD 检测器越远,要求 CCD 的分辨率就越高。红外测距传感器具体产品如图 2-40 所示。

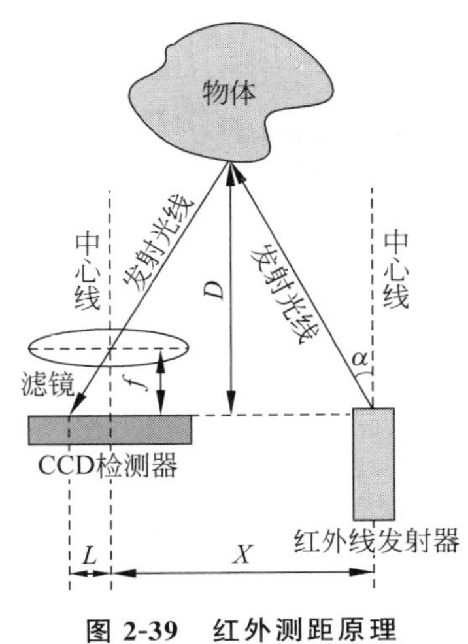

图 2-39　红外测距原理

图 2-40　红外测距传感器

3）激光测距传感器

目前市面上的激光测距传感器根据其测量原理不同分为相位法激光测距传感器与脉冲法激光测距传感器。

其中脉冲法激光测距传感器的测距原理与超声波测距传感器的原理类似,只不过脉冲法激光测距传感器的测距载体是激光,通过发送与反射光信号的时间差得出被测物体距离。由于光速非常快,因此脉冲法激光测距传感器测得的距离精度不高,一般为厘米级,但是测量的距离可以很大。

而相位法激光测距传感器技术,是采用无线电波段频率的激光,进行幅度调制,并测定正弦调制光往返测距仪与目标物间距离所产生的相位差,根据调制光的波长和频率,换算出激光飞行时间,再依次计算出待测距离。但是由于相位法只能检测到相位差中不足半波长的部分,而相位差一旦相差半波长以上,相位法并不能检测出具体相差几个半波长,这就导致相位法激光测距传感器最大检测距离只有百米左右,但是其检测精度极高,可达到毫米级。

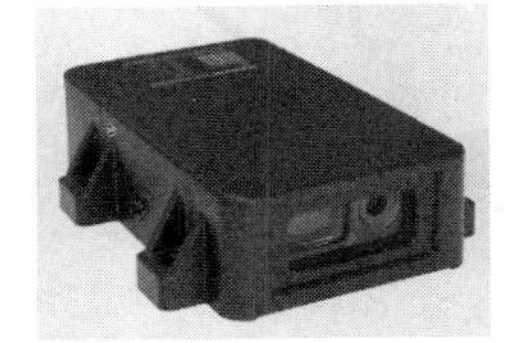

图 2-41　激光测距传感器

激光测距传感器具体产品如图 2-41 所示。

2.5.3　编码器

编码器是一种能把距离(直线位移)和角度(角位移)转换成电信号并输出的传感器,用于测量并反馈被测物体的位置和状态。如果将编码器应用于电机上不但可以检测电机转动角度,而且可以结合时间计算出电机的转速。

根据工作原理的不同,市面上常见的编码器可分为光电编码器、磁性编码器等。

(1) 光电编码器。光电编码器主要由光源、光电探测器、光栅盘三部分构成,其中 3 相增量式旋转编码可以同时输出 3 个信号，分别为 A 相、B 相与 Z 相。A 相与 B 相信号为正交编码信号，而 Z 相为零位感应信号，通过检测这 3 个信号，可以获得转轴的转动角度与转动速度。光电编码器具体原理如图 2-42 所示。

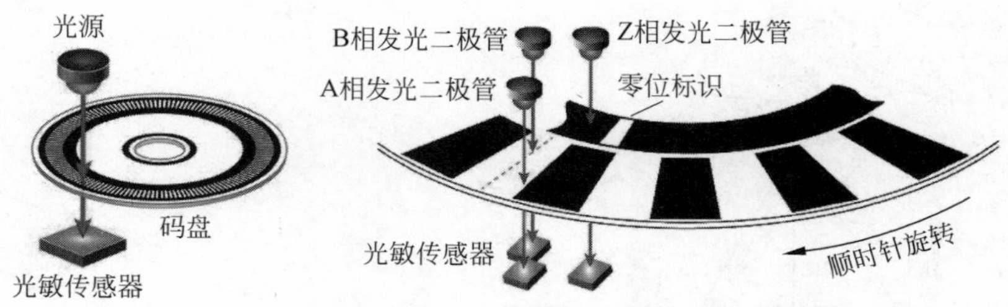

图 2-42 光电编码器具体原理

光电编码器的具体产品如图 2-43 所示。

(2) 磁性编码器。磁性编码器与光电编码器的原理类似，但是磁性编码器没有光源，光电探测器变为了霍尔检测元件，光栅盘变为了多极磁化的磁盘。磁性编码器具体原理如图 2-44 所示。

图 2-43 光电编码器的具体产品

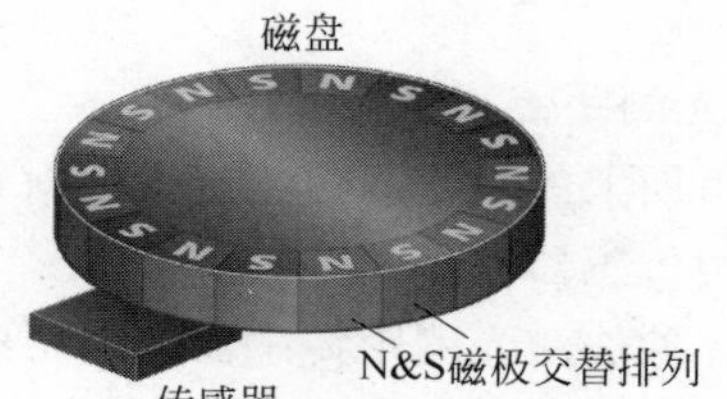

图 2-44 磁性编码器

2.5.4 微机电系统传感器

微机电系统是微米大小的机械系统，是以半导体制造技术为基础发展起来的，所以它们往往以芯片的形式出现。移动机器人常用的微机电系统传感器主要包括加速度计、陀螺仪、磁力计 3 种。

其中加速度计可用来感测加速度与倾斜角度，但是此处注意加速度计测量倾斜角度需借助重力加速度的检测来计算获得。陀螺仪可感测一轴或多轴的旋转角速度，可精准感测自由空间中的复杂移动动作，因此，陀螺仪成为追踪物体移动方位与旋转动作的必要运动传感器。磁力计也叫电子指南针或电子罗盘，其可以通过地球的磁场来感测方向。

图 2-45 芯片 MPU6050

市面上常见的芯片会将加速度计、陀螺仪、磁力计集成到一片芯片上，比如将 3 轴加速度计、3 轴陀螺仪集成的芯片 MPU6050，将 3 轴加速度计、3 轴陀螺仪、3 轴磁力计集成的芯片 MPU9250 等。以芯片 MPU6050 为例，其具体产品如图 2-45 所示。

2.5.5 光强传感器

光强传感器是借助光敏材料的光敏特性制作而成的光敏元件，配合后续信号处理电路构建而成。常见的光敏元件有光敏电阻、光敏二极管等，具体元器件如图 2-46 所示。

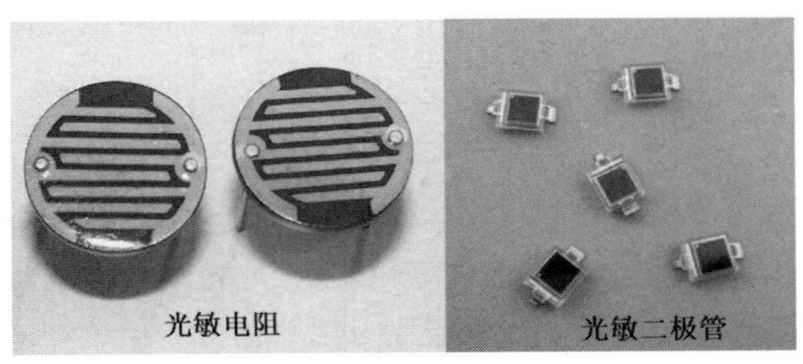

图 2-46 光敏元件

在使用光敏元件时需要注意光强与其对应敏感物理量之间的线性关系，如果线性度不佳，则需要通过曲线拟合或者查表方式实现光强的检测。

而市面上同时还存在一体化的光强传感器，直接输出数字信号。以 TSL2561 为例，它将光强转换成数字信号输出，并且可通过 I^2C 接口或者 SMBus 接口直接读取光强数据。

第 3 章 智能物流机器人的运动机构设计

本章主要介绍了物流机器人底盘与机械臂的分类，并介绍了主流底盘与机械臂的设计原理。在介绍底盘机构设计时，以常见两轮差速底盘、三轮全向轮底盘、四轮全向轮底盘、四轮麦克纳姆轮底盘为例，详细分析了其运动模型及电机的分类与选型；介绍机械臂机构设计时，以桁架式机械臂、舵机串联式机械臂、平行四连杆机械臂为例，详细分析了其控制模型。

最后着重介绍了各种将不同底盘与机械臂结合搭建而成的机器人各自的优缺点。

3.1 智能物流机器人的典型机构概述

3.1.1 物流机器人底盘

目前机器人底盘种类较多，大类上大致可以分为轮式、履带式与仿生式这三种，而这三种大类下又可细分为多种类型，具体如图 3-1 所示。

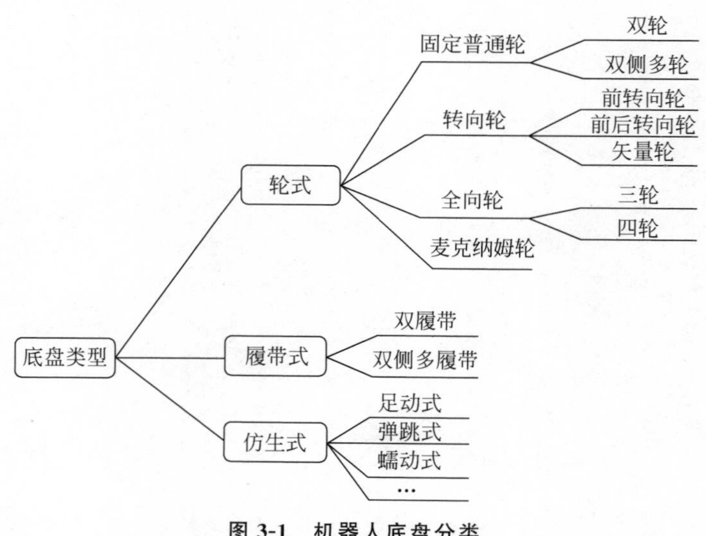

图 3-1 机器人底盘分类

仿生式底盘由于其模型复杂，控制难度较大，因此相对少见。但是近几年随着以波士顿动力为代表的新型机器人公司的崛起，仿生式机器人底盘也逐渐为大家所关注，并且在

2019 届 Robotcon 大赛中得以推广。不过，仿生式机器人底盘要实现真正意义上的推广使用还需要很长一段时间，因为目前仿生式机器人运动底盘的商业与工业应用场景不明确。如图 3-2 和图 3-3 为仿生机器人。

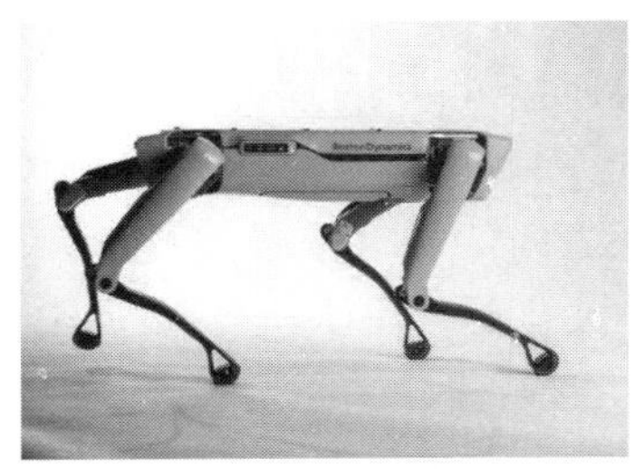

图 3-2 波士顿机械狗

图 3-3 哈尔滨工业大学四足机器人

在工业上与日常生活中，轮式与履带式应用较广。虽然从结构上来看机器人底盘的类型较多，但是从其运动模型来说多种底盘结构的运动模型是类似的。例如固定轮式与履带式中的双轮结构、双侧多轮结构、双履带结构、双侧多履带结构都是类似的运动模型。四轮全向轮与四轮麦克纳姆轮也是类似的运动模型。

履带与轮式底盘结构的一些模型如图 3-4～图 3-7 所示。

图 3-4 双侧多轮履带机器人

图 3-5 简单履带机器人

图 3-6 四轮全向轮结构

图 3-7 四轮麦克纳姆轮结构

通过这些不同的底盘，可以实现机器人室内或室外不同需求的移动要求，通过准确的程序编写，可以使得机器人到达所需的指定位置，实现机器人工作时的位置需求。

3.1.2 物流机器人机械手

机器人机械手的机械机构由一系列刚性构件（连杆）通过链接（关节）联结起来，机械臂的特征在于拥有保证可移动性的臂，提供灵活性的腕和保证机器人完成所需任务的末端执行器。

机械手的基础结构是串联运动链或开式运动链。从拓扑的观点看，当只有一个序列的连杆连接链的两端时，运动链称为开式的。反之，当机械手中有一个序列的连杆形成回路时，相应的运动链称为闭式运动链。

机械手的运动能力由关节保证。两个相邻连杆的连接可以通过移动关节（又称棱柱关节）或转动关节（又称旋转关节）实现。在开式运动链中，每一个移动关节或转动关节都为机械结构提供一个自由度。移动关节可以实现两个连杆之间的相对平移，而转动关节可以实现两个连杆之间的相对转动。由于转动关节相较移动关节更为简捷和可靠，通常作为首选。另一方面，在闭式运动链中，由于闭环带来的约束，自由度要少于关节数。

在机械手上必须合理地沿机械结构配置自由度，以保证系统能够有足够的自由度来完成指定的任务。通常在三维(3D)空间里一项任意定位和定向的任务中需要 6 个自由度，其中 3 个自由度用于实现对目标点的定位，另外 3 个自由度用于实现在参考坐标系中对目标点的定向。如果系统可用的自由度超过任务中变量的个数，则从运动学角度而言，机械手是冗余的。

工作空间是机械手末端执行器在工作环境中能够到达的区域。其形状和容积取决于机械手的结构以及机械关节的限制。

在机械手中，臂的任务是满足腕的定位需求，进而由腕满足末端执行器的定向需求。一般机器人手臂有 3 个自由度，即手臂的伸缩、左右回转和升降（或俯仰）运动。手臂回转和升降运动是通过机座的立柱实现的，立柱的横向移动即为手臂的横移。手臂的各种运动通常由驱动机构和各种传动机构来实现。手臂的 3 个自由度，可以有不同的运动（自由度）组合，通常可以将其设计成如图 3-8 所示的 5 种形式。

直角坐标型机械臂的运动由 3 个相互垂直的直线移动组成，其工作空间图形为长方体。它在各个轴向的移动距离，可在各坐标轴上直接读出，直观性强，易于位置和姿态的编程计算，定位精度高、结构简单，但机体所占空间体积大、灵活性较差。直角坐标型机械臂的结构模型如图 3-9 所示。

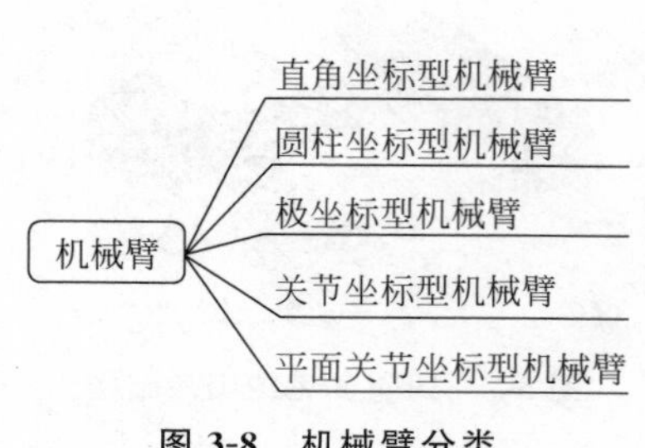

图 3-8　机械臂分类

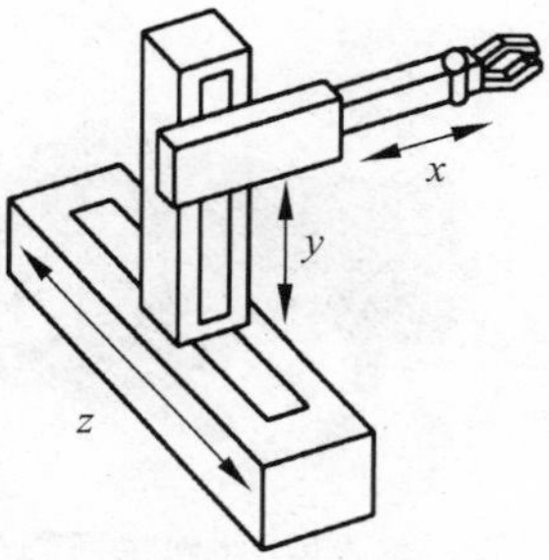

图 3-9　直角坐标型机械臂

圆柱坐标型机械臂是通过一个转动、两个移动共 3 个自由度组成的运动系统，工作空间图形为圆柱形。它与直角坐标型机械臂比较，在相同的工作空间条件下，机体所占空间体积小，而运动范围大。圆柱坐标型机械臂的结构模型如图 3-10 所示。

极坐标型机械臂，又称球坐标型机械臂。它由两个转动和一个直线移动组成，即由一个回转、一个俯仰和一个伸缩运动组成，其工作空间图形为一球体，它可以做上下俯仰动作并能够抓取地面上或较低位置的工件，具有结构紧凑、工作空间范围大的特点。极坐标型机械臂的结构模型如图 3-11 所示。

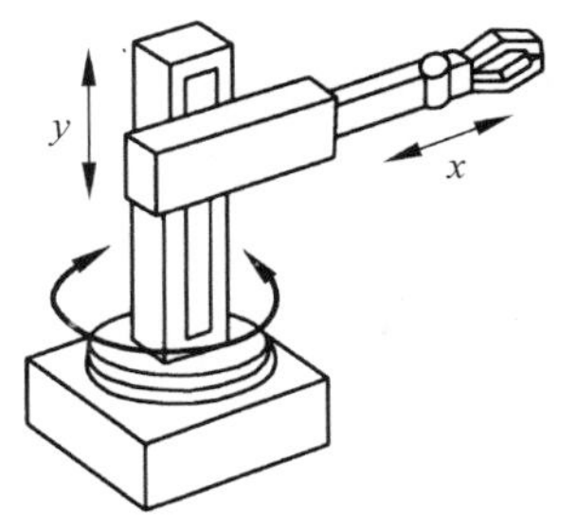

图 3-10 圆柱坐标型机械臂

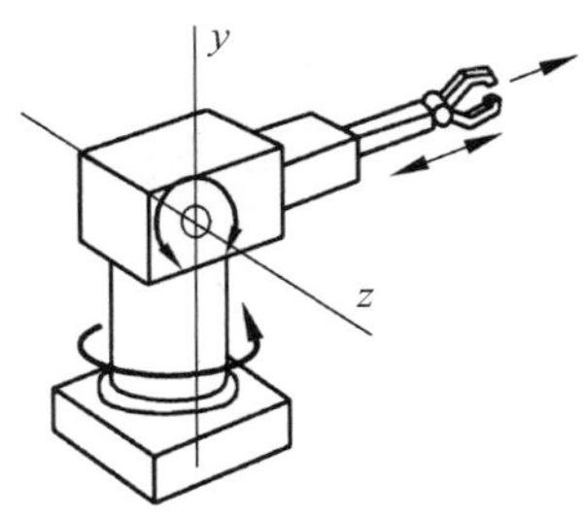

图 3-11 极坐标型机械臂

关节坐标型机械臂又称回转坐标型机械臂，这种机器人的手臂与人体上肢类似，其前 3 个关节都是回转关节。这种机器人一般由立柱和大小臂组成，立柱与大臂形成肩关节，大臂与小臂间形成肘关节，可使大臂做回转运动并使大臂做俯仰摆动，小臂做俯仰摆动。其特点是工作空间范围大，动作灵活，通用性强，能抓取靠近机座的物体。关节坐标型机械臂的结构模型如图 3-12 所示。

平面关节坐标型机械臂采用 2 个回转关节和 1 个移动关节；2 个回转关节控制前后、左右运动，而移动关节则实现上下运动。其工作空间的轨迹图形为两个矩形的回转体，它的纵截面为一个矩形，纵截面高为移动关节的行程长，两回转关节转角的大小决定回转体横截面的大小、形状，这种形式又称为 SCARA 机器人。平面关节坐标型机械臂的结构模型如图 3-13 所示。

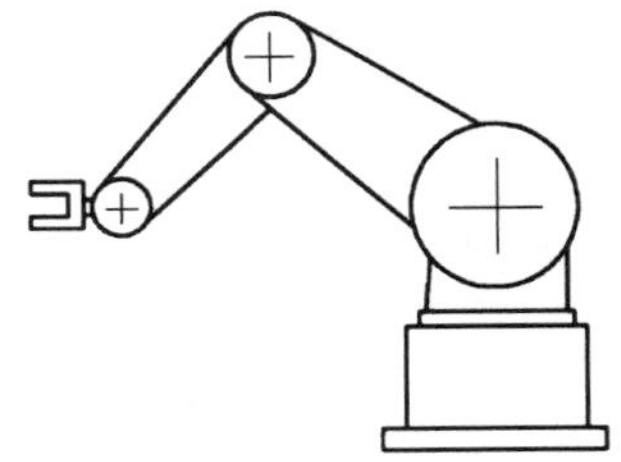

图 3-12 关节坐标型机械臂

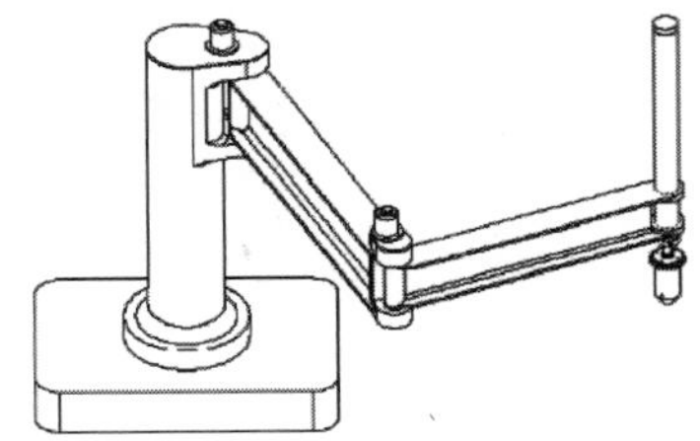

图 3-13 平面关节坐标型机械臂

3.2 智能机器人的机构设计原理

3.2.1 底盘机构设计原理

1. 全向轮

全向轮与普通轮最大的不同是一个安装好的全向轮除了可以受控转动，还可以沿轴向自由移动。全向轮可以实现全方位移动，如图 3-14 所示。

原理：全向轮底盘有 3 轮全向轮或者 4 轮全向轮模式，在行走的过程中，轮子上的辊子

图 3-14　全向轮结构图

相互配合，连续性触地，轮子从而实现前进和后退。除此之外，辊子在接触地面的时候，横向的自由度没有被约束，若横向受到一个力的作用，则会使得搭配好的底盘能够在不转弯的情况下，实现运动平面上的任意方向移动。

优点：全向轮底盘可在任意方向自由平移，有着超强的机动性。

缺点：全向轮只能在干净平整的地点使用，所以基本都是用在大型机械化自动工厂里面的，承重能力比定向脚轮承重稍差，不过总体承重可以，越大的轮子承重越大。

2. 麦克纳姆轮

麦克纳姆轮的特点为沿轮毂圆周排布着与轮子成一定角度且可绕自身轴线进行旋转的辊子。由 3 个或以上麦克纳姆轮按照一定方式排列组成的移动平台具有平面内 3 个自由度，可同时独立地前后、左右和原地旋转运动，可在不改变自身姿态的情况下向任意方向移动。如图 3-15 所示。

图 3-15　麦克纳姆轮结构图

原理：麦克纳姆轮由轮毂和围绕轮毂的辊子组成，麦克纳姆轮辊子轴线和轮毂轴线夹角成 45°。在轮毂的轮缘上斜向分布着许多小轮子，即辊子，故轮子可以横向滑移。辊子是一种没有动力的小滚子，小滚子的母线很特殊，当轮子绕着固定的轮心轴转动时，各个小滚子的包络线为圆柱面，所以该轮能够连续地向前滚动。由 4 个这种轮子进行组合，可以使机构实现全方位移动功能。

优点：基于麦克纳姆轮技术的全方位运动设备可以实现前行、横移、斜行、旋转及其组合等运动方式。在此基础上研制的全方位运动平台非常适合转运空间有限、作业通道狭窄的环境。

缺点：麦克纳姆轮受力和行走方向不平行，必然导致垂直方向受力，轮子和地面产生相对滑动，对轮子表面磨损严重。麦克纳姆轮结构复杂，导致无法承载过重的负荷，且使用过程中会出现比普通轮胎更易磨损的情况。

3. 履带轮

履带轮：履带轮是由主动轮驱动，围绕着主动轮、负重轮、诱导轮和托带轮的柔性链环。履带轮由履带板和履带销等组成。履带销将各履带板连接起来构成履带链环。履带板的两端有孔，与主动轮啮合，中部有诱导齿，用来规正履带，并防止机器人转向或侧倾行驶时履带脱落，在与地面接触的一面有加强防滑筋（简称花纹），以提高履带板的坚固性和履带与地面的附着力，如图3-16所示。

原理：当电机的动力传到主动轮上时，主动轮按顺时针方向拨动履带，于是接地履带和地面之间产生了相互作用力。根据力的作用与反作用原理，履带沿水平方向给地面一个作用力，而地面给履带一个反作用力，这个反作用力使机器人运动。

图3-16 履带轮结构图

优点：

（1）采用同步履带传动，摒弃常用齿轮或者链传动等传动方式，在传动性能满足要求的情况下，减少整机质量，提高整机机动性能。

（2）机器人同步履带支撑面上有履齿，不易打滑，牵引附着性能好，有利于产生较大的牵引力。

（3）履带不怕扎、割等机械损伤，越野机动性好，爬坡、越沟等性能均优于轮式移动机构。

（4）支撑面积大，接地比压小，适合于松软或泥泞场地作业，下陷度小，滚动阻力小，通过性能较好。

缺点：履带轮与接触面的摩擦力较大，转向比较困难。履带式机器人的履带通常使用高耐磨橡胶，但是由于摩擦力的原因，其磨损程度会比同时使用的轮子更严重，所以更换会比较频繁，而且这种履带模式的驱动系统一旦损坏，维修难度虽不像腿足式的那么麻烦，但是相比于轮式却困难得多，毕竟轮胎的更换比整个履带系统的更换要简单得多。除此之外，履带轮还有运行速度相对较低、效率低、运动噪声较大的缺点。

3.2.2 机械臂机构设计原理

机械臂可能是机器人中最为复杂的部分。这里，将重点讲述关于机械臂的一些基本知识和制作方法。

1. 自由度

自由度是机械臂中一个非常重要的概念，通常来讲，机械臂中的每一个关节均对应一个自由度，这个自由度可以是移动、旋转或者弯曲自由度。一个机械臂中的自由度一般等于机械臂中执行部件的个数，如电机、液压驱动机构等。在制作机械臂时，我们一般希望自由度越少越好，因为随着自由度增大，不仅执行部件数目增加，而且其计算量和成本会呈指数增长。

2. DH变换

Denavit-Hartenberg（D-H）变换是对机器人的连杆和关节进行建模的一种非常简单的方法。这种方法在机器人的每个连杆上都固定一个坐标系，然后用4×4的齐次变换矩阵来描述相邻两连杆的空间关系。通过依次变换可最终推导出末端执行器相对于基坐标系的位姿，从而建立机器人的运动学方程。

接下来的讨论，我们认为每个关节仅具有一个自由度，关节和自由度是等同的。

每个关节可以运行的范围称为其位形空间(configuration space)，并不是所有的关节都可以进行360°旋转，每个关节都有其运行范围。举例来说，人类手臂的旋转范围不超过200°。关节运行范围可能由执行机构能力、伺服电机最大角度以及物体的阻碍等进行限制。图3-17是一个位形空间的例子，每一个关节都在图中标明了其运行范围。

如果机械臂放置在一个移动平台上，那么机械臂的自由度将会增加。

3. 工作空间

机械臂的工作空间(可达空间)指的是机械臂末段可以达到的范围。其由每个关节的位形空间、连杆长度决定。

由于机械臂的形态多种多样，所以，其工作空间也各有不同，图3-18是一个简单的三自由度机械臂的形态。

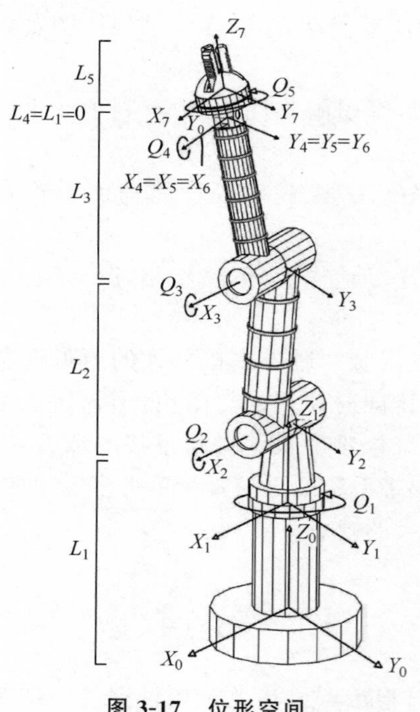

图3-17 位形空间

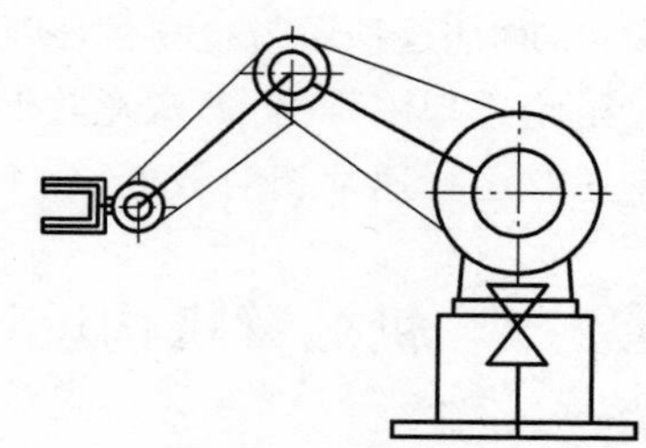

图3-18 机械臂线框图

假设每个关节运行最大角度为180°。为了得到其工作空间，首先我们将与基座相连的连杆旋转180°，得到图3-19。

然后，将机械臂的基座旋转180°，得到最终结果如图3-20所示。

通过改变连杆的长度，我们可以改变机械臂工作空间的尺寸，但形状维持不变。对于工作空间外的物体，机械臂无法触及。下面是一些常用的机械臂的工作空间的例子(图3-21～图3-24)。

4. 关节受力分析

对机械臂进行受力分析的目的是选择合适的电机。选择电机时，我们需要保证不仅使得电机能够支撑整个机械臂的重量，还要保证其具有完成要求任务的能力。

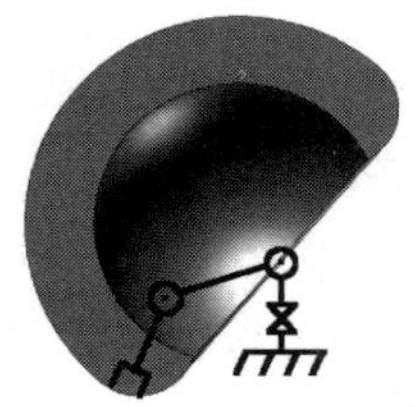
图 3-19　工作空间 1

图 3-20　工作空间 2

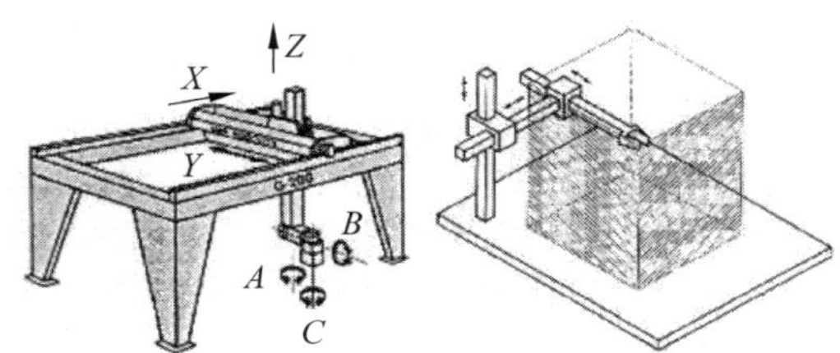

图 3-21　三维直角坐标工作空间机械臂

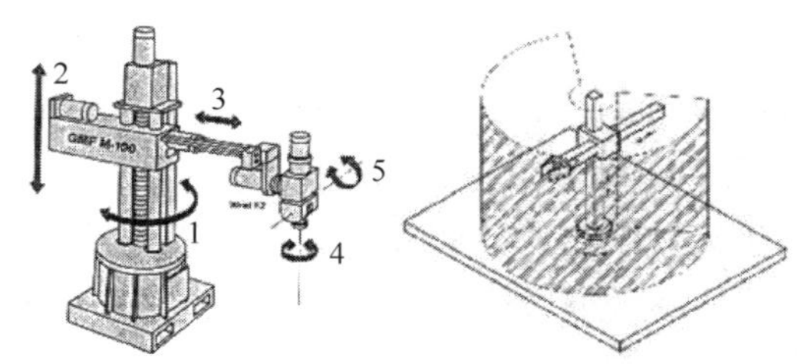

图 3-22　圆柱形工作空间机械臂

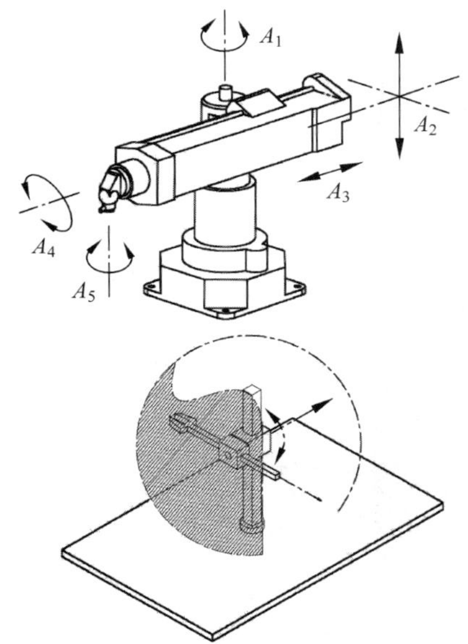

图 3-23　球形工作空间机械臂

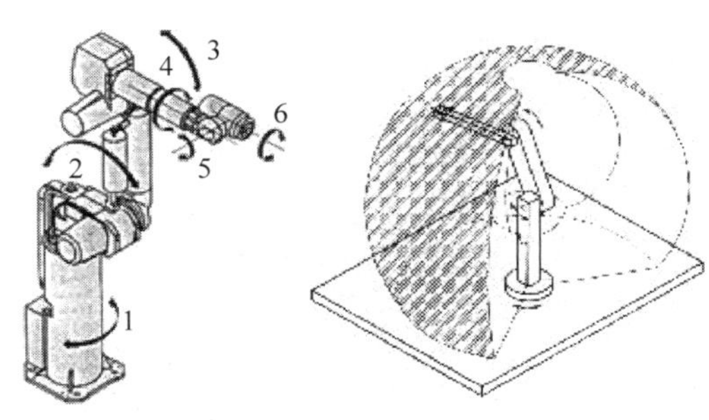

图 3-24　铰链式机械臂

受力分析的第一步是绘制机械臂的结构图，如图 3-25 所示。

然后需要确定如下参数：①每个连杆的质量；②每个关节质量；③机械臂负载质量；④每个连杆的长度。

接下来开始计算每个驱动机构所需要的转矩。

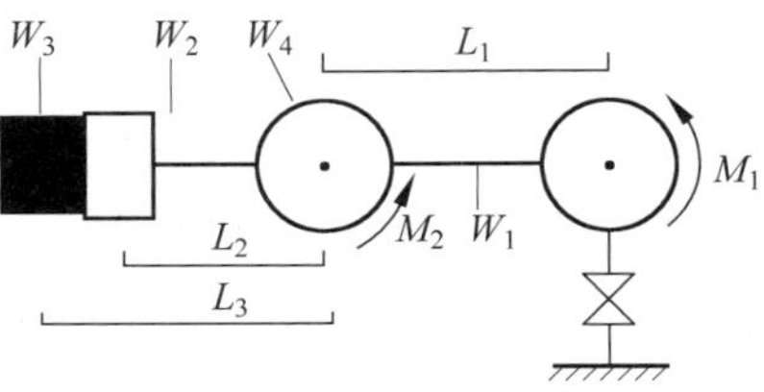

图 3-25　机械臂受力分析示意图

$$转矩=力\times力臂$$

如图 3-25 中关节 M_1，其需要驱动连杆 W_1，W_2，关节 W_4，负载 W_3，因而，要求其转矩为

$$M_1=\frac{L_1}{2}W_1+L_1W_4+\left(L_1+\frac{L_2}{2}\right)W_2+(L_1+L_3)W_3 \tag{3-1}$$

对于关节 M_2，其需要驱动连杆 W_2，负载 W_3，因而，要求其转矩为

$$M_2=\frac{L_2}{2}W_2+L_3W_3 \tag{3-2}$$

从上式可以看出，每增加一个关节，转矩计算公式复杂度将大量增加。连杆长度越短，电机需要转矩越小。

5. 机械臂下垂

机械臂下垂是机械臂设计中面临的一个常见的问题。当机械臂连杆较长时，机械臂出现弯曲，导致机械臂下垂。因而，当设计机械臂时，应该尽量采用轻质材料。如果有条件，可以先进行有限元分析。

另外，在设计过程中，尽量把电机等较重的元器件靠近基座。在许多工业机械臂中，为了使电机靠近机座，中间关节通常采用皮带传动方法传递动力。

3.3 底盘运动机构设计

3.3.1 两轮差速底盘运动模型

两轮差速底盘由两个位于底盘左右两侧的动力轮组成，两轮控制速度，通过给定不同速度来实现转向控制，一般会添加 1～2 个辅助支撑轮，如图 3-26 所示为两轮差速底盘，注意观察它的底盘结构。

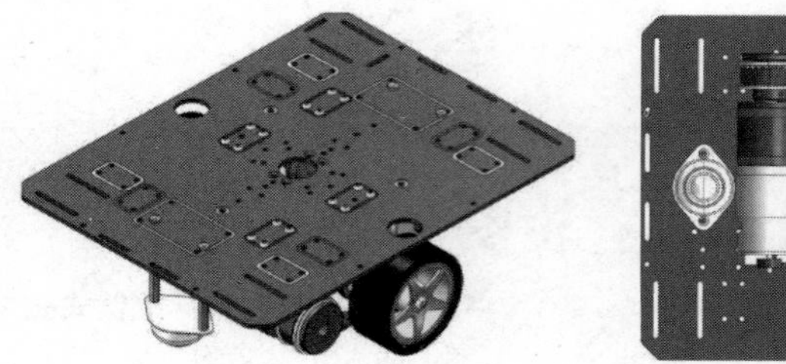

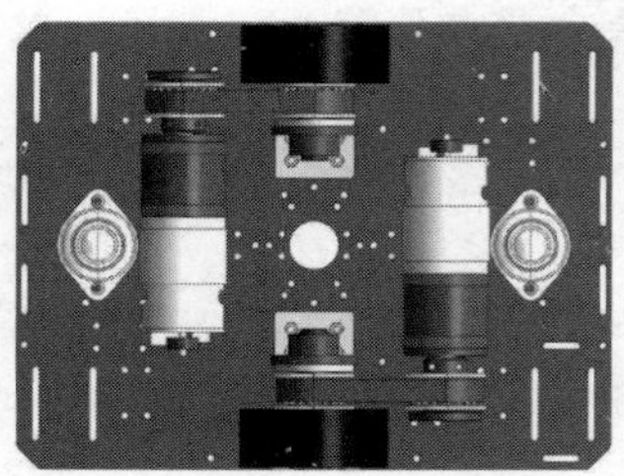

图 3-26 两轮差速底盘

固定胶轮小车的运动学模型，理论上来说都是通过左右两侧电机的速度差实现转弯的。因此固定胶轮小车的经典模型应该是基于两轮固定胶轮小车的，其底部两个同构驱动轮的转动为其提供动力，但是四轮固定胶轮小车与履带小车也可近似使用这一模型。

1. 运动模型正解

两轮差速驱动示意图如图 3-27 所示。

两个驱动轮的中心点分别为 L 与 R，从而假定两个轮子的线速度分别为 v_L 与 v_R。通过驱动电机的转速 φ_L 与 φ_R 以及驱动轮的半径 r 可以求得 v_L 与 v_R，即

$$v_L = \varphi_L r \tag{3-3}$$

$$v_R = \varphi_R r \tag{3-4}$$

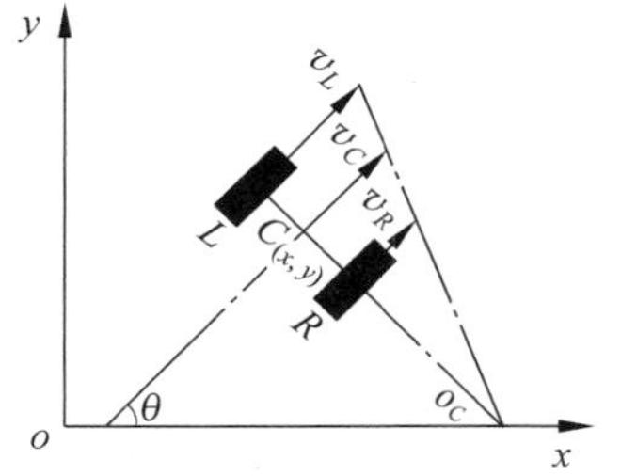

图 3-27　两轮差速驱动模型图

令两个驱动轮的中心点为 C，C 点在大地坐标系 xoy 下的坐标为(x,y)，小车的瞬时线速度为 v_C，姿态角 θ 即为 v_C 与 x 轴的夹角。v_L、v_R 与 v_C 的关系如下：

$$v_C = \frac{v_L + v_R}{2} \tag{3-5}$$

式(3-5)可以通过详细的数学推导获取，但是为了方便理解，我们假定左右轮分别以 v_L、v_R 向前运动 Δt。当 Δt 极小时，前进距离非常有限，可近似认为左右轮都是以直线前进。此时左轮前进距离用线段 S_L 表述，右轮前进距离用线段 S_R 表述，中心点前进距离用线段 S_C 表述，它们之间的关系可用一个梯形来表述，具体如图 3-28 所示。

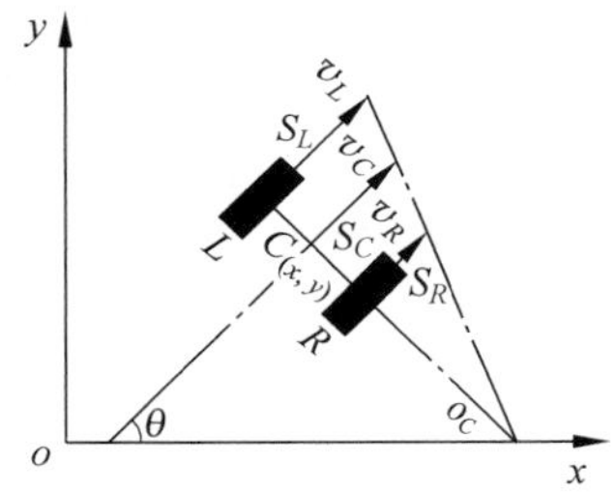

图 3-28　S_L、S_R 与 S_C 的关系图

从图中可以发现，S_C 为梯形的中位线，根据梯形中位线定理可知：

$$S_C = \frac{S_L + S_R}{2} \tag{3-6}$$

由于 $S_C = v_C \Delta t$，$S_L = v_L \Delta t$，$S_R = v_R \Delta t$，将其代入式(3-6)即可获得式(3-5)。

测量获取左右轮间距为 a，且小车瞬时旋转中心为 o_C。小车在做同轴圆周运动时，左右轮中心 L 点、R 点及 C 点所处位置在该圆周运动中的角速度相同，即 $\omega_L = \omega_C = \omega_R$，到旋转中心的半径不同，$L$ 点旋转半径为 d_L，R 点旋转半径为 d_R，C 点旋转半径为 d，具体如图 3-29 所示。

说明：此处万不可混淆小车轮子的转速与小车绕旋转中心 o_C 做圆周运动的转速。举例说明，左胶轮的 φ_L 与 ω_L 是完全不同的量，φ_L 是左胶轮电机的转速，ω_L 是 L 点绕旋转中心 o_C 做圆周运动的转速。

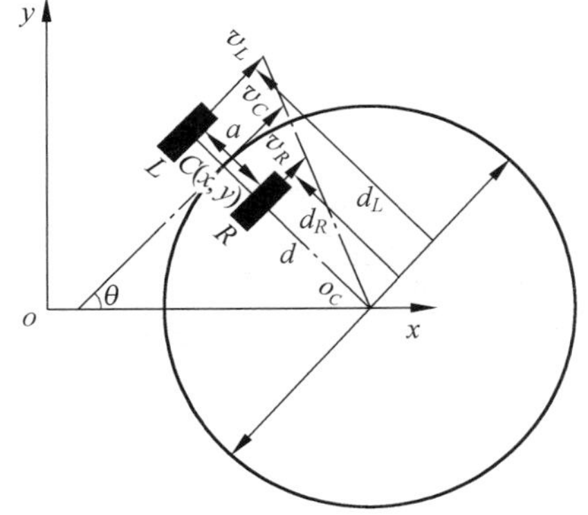

图 3-29　小车旋转半径图示

由于 $d_L - d_R = a$，而 $v_L = \omega_L d_L$，$v_R = \omega_R d_R$，因此 $\frac{v_L}{\omega_L} - \frac{v_R}{\omega_R} = a$，由于 $\omega_L = \omega_C = \omega_R$，因此最终得到小车的旋转速度为

$$\omega_C = \frac{v_L - v_R}{a} \tag{3-7}$$

最后由式(3-5)与式(3-7)即可获得小车的旋转半径为

$$d=\frac{v_C}{\omega_C}=\frac{a}{2}\frac{v_L+v_R}{v_L-v_R} \tag{3-8}$$

由于我们能直接控制的是电机的转速而不是线速度，因此可将电机转速 φ 与胶轮半径 r 代入式(3-5)、式(3-7)、式(3-8)中，最终表述为

$$v_C=\frac{r}{2}(\varphi_L+\varphi_R) \tag{3-9}$$

$$\omega_C=\frac{r}{a}(\varphi_L-\varphi_R) \tag{3-10}$$

$$d=\frac{a}{2}\frac{\varphi_L+\varphi_R}{\varphi_L-\varphi_R} \tag{3-11}$$

由于式(3-7)与式(3-8)，式(3-10)与式(3-11)并非独立公式，而在运动分析过程中我们比较关心的是小车前进速度与前进角度的变化，因此我们关注的核心公式为式(3-9)与式(3-10)。

2. 运动模型逆解

如果我们需要控制小车前进的速度与其转弯的速度(转弯速度即为单位时间内航向角的变化量)，则可逆解出左右轮的转速。由于 r 与 a 分别为小车的轮径与轮距，这在小车搭建完毕后都是常数，因此当 v_C 与 ω_C 确定后，根据式(3-9)与式(3-10)便可以推导出：

$$\varphi_L=\frac{2v_C+a\omega_C}{2r} \tag{3-12}$$

$$\varphi_R=\frac{2v_C-a\omega_C}{2r} \tag{3-13}$$

3.3.2 三轮全向轮底盘运动模型

三轮全向轮小车底盘示意图如图 3-30 所示。

运动学分析如下。

三轮全向轮驱动示意图如图 3-31 所示。

图 3-30 三轮全向轮小车底盘示意图

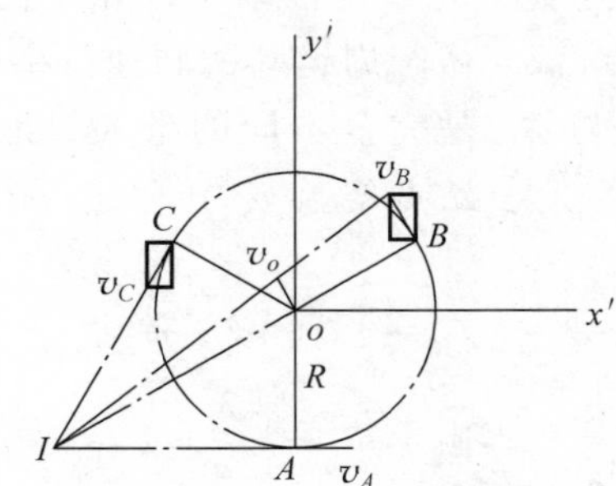

图 3-31 三轮全向轮小车运动学分析示意图

思路：先考虑机器人在机器人坐标 $x'oy'$下的速度和各轮子线速度的关系，再由绝对坐标和机器人坐标的旋转变换关系得到机器人的绝对速度和各电机转速的关系。

如图 3-31 所示，三个车轮 A、B、C 与底盘中心的连线各成 120°分布，且转轴与连线共线。

规定：各车轮线速度图示方向为正，机器人的角速度逆时针为正，当电机不转动时是刚性的。

首先，在机器人坐标下，由运动的独立性分别考虑3个电机对机器人速度的影响，再进行叠加。以 B 轮为例：当只有 B 转动时，A、C 轮只能沿轴向移动，可以作出速度瞬心 I。则 v_B 对机器人的速度贡献为：$v_{Bx'}=-\frac{2}{3}v_B\cos60°$，$v_{By'}=-\frac{2}{3}v_B\sin60°$，$\omega_o'=\frac{v_B}{3R}$。同理计算 A、C 的分量，叠加后有：

$$\begin{bmatrix} v_{x'} \\ v_{y'} \\ w' \end{bmatrix}=\begin{bmatrix} \frac{2}{3} & -\frac{1}{3} & -\frac{1}{3} \\ 0 & \frac{1}{\sqrt{3}} & -\frac{1}{\sqrt{3}} \\ \frac{1}{3R} & \frac{1}{3R} & \frac{1}{3R} \end{bmatrix}\begin{bmatrix} v_A \\ v_B \\ v_C \end{bmatrix} \tag{3-14}$$

绝对坐标和机器人坐标的关系：

$$\begin{bmatrix} v_{x'} \\ v_{y'} \\ w' \end{bmatrix}=\begin{bmatrix} \cos\theta & -\sin\theta & 0 \\ \sin\theta & \cos\theta & 0 \\ 0 & 0 & 1 \end{bmatrix}\begin{bmatrix} v_x \\ v_y \\ w \end{bmatrix} \tag{3-15}$$

然后就有：

$$v_A=v_x\cos\theta+v_y\sin\theta+\sin\theta Rw \tag{3-16}$$

$$v_B=\left(-\frac{1}{2}v_x+\frac{\sqrt{3}}{2}v_y\right)\cos\theta-\left(\frac{\sqrt{3}}{2}v_x+\frac{1}{2}v_y\right)+\sin\theta Rw \tag{3-17}$$

$$v_C=-\left(\frac{1}{2}v_x+\frac{\sqrt{3}}{2}v_y\right)\cos\theta+\left(\frac{\sqrt{3}}{2}v_x-\frac{1}{2}v_y\right)+\sin\theta Rw \tag{3-18}$$

对上述公式从 $0\sim t$ 积分可以得到坐标的反解，但会发现 $v_x\cos\theta$ 这样的项难以积分。从公式观察看，ω 的存在导致轮子的运动不是线性的(当小车在绝对坐标系下的三个自由度上都是匀速运动的时候，三个轮子却不是匀速的)。因此为了便于编程，把小车的运动分为两部分：一部分是 XY 方向的联动，一部分是自转。对于三个自由度的联动，则将两部分的运动进行分片，交替进行。

xy 联动：此时 $\omega=0$，且 θ 保持不变，视为常数，对上述公式积分：

$$\int_0^t v_A\,\mathrm{d}t=s_A=x\cos\theta+y\sin\theta \tag{3-19}$$

$$\int_0^t v_B\,\mathrm{d}t=s_B=\left(-\frac{1}{2}v_x+\frac{\sqrt{3}}{2}v_y\right)\cos\theta-\left(\frac{\sqrt{3}}{2}v_x+\frac{1}{2}v_y\right)\sin\theta \tag{3-20}$$

$$\int_0^t v_C\,\mathrm{d}t=s_C=-\left(\frac{1}{2}v_x+\frac{\sqrt{3}}{2}v_y\right)\cos\theta+\left(\frac{\sqrt{3}}{2}v_x-\frac{1}{2}v_y\right)\sin\theta \tag{3-21}$$

自转：此时 $v_x=v_y=0$，有

$$s_A = s_B = s_C = R\theta \tag{3-22}$$

3.3.3 四轮全向轮底盘运动模型

1. 安装

四轮全向轮的底盘主要分为两种结构，主要有两种安装方式。

第一种安装方式如图 3-32 所示，底盘两条对角线的顶点成 45°角分布。这样使得小车在行驶的过程中，每个轮子所受的力来自两个方向，从而使得受力和算法与麦克纳姆轮原理近似相同。但是这种安装方式和麦克纳姆轮都有一个缺点，就是在前进时，由于分力的抵消，功率会有所下降，这样使得较正常速度会慢一些。所以，全向轮还引出了第二种安装方式。

第二种安装方式为 4 个轮子垂直分布，且轮子表面平行于底盘的每条边，安装方式如图 3-33 所示。这种安装方法可以有效提高小车底盘的效率，并且相对于其他的安装方式，此种运动算法较简单。

图 3-32 第一种全向轮安装方法

图 3-33 第二种全向轮的安装方法

2. 运动学分析

四轮全向轮驱动示意图如图 3-34 所示。

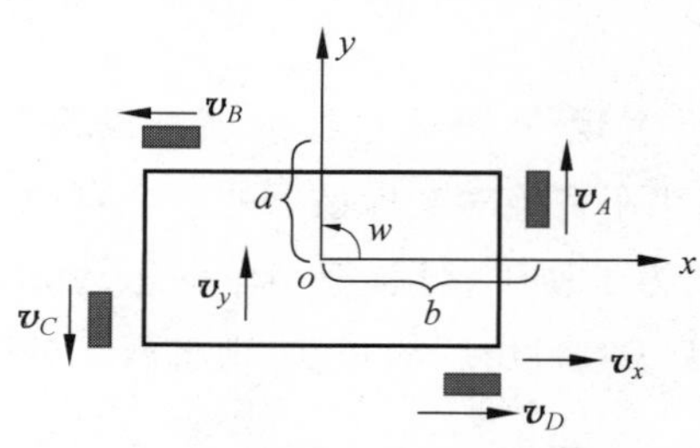

图 3-34 全向轮小车运动学分析示意图

思路：先考虑机器人在机器人坐标系 $x'oy'$下的速度和各轮子线速度的关系。然后再通过叠加原理计算每个轮子的速度。

在只有 x 轴方向的力的时候，A 轮和 C 轮不动，B 轮和 D 轮运动，从而形成一个沿 x 轴方向上的运动。在只有 y 轴方向的力的时候，A 轮和 C 轮运动，B 轮和 D 轮不动，从而形成一个沿 y 轴方向上的运动。x 轴与 y 轴同时受力时，遵循叠加原理。定义每个轮的速度矢量如图中标号所示。

则运动方程有：

当 $v_x = v_1, v_y = v_2$(规定向上、向右为正，v_1, v_2 大于 0)时，

$$\begin{cases} v_A = v_2 \\ v_B = -v_1 \\ v_C = -v_2 \\ v_D = v_1 \end{cases} \tag{3-23}$$

在小车只有角速度的时候，只需要每个轮子沿着正或负的方向有一个线速度，就能使小车转动，小车的每个轮在此时的线速度具体计算公式如下：

当有角速度 ω 时，且令 ω 逆时针为正，有

$$\begin{cases} v_A = b\omega \\ v_B = a\omega \\ v_C = b\omega \\ v_D = a\omega \end{cases} \tag{3-24}$$

最后，小车的每个轮的运动在相对坐标系中都是线性的，所以叠加可以得到最终小车的运动方程如下：

当 $v_x = v_1$，$v_y = v_2$（规定向上、向右为正，逆时针为正，v_1，v_2，ω 大于 0)，有

$$\begin{cases} v_A = v_2 + b\omega \\ v_B = -v_1 + a\omega \\ v_C = -v_2 + b\omega \\ v_D = v_1 + a\omega \end{cases} \tag{3-25}$$

3.3.4 四轮麦克纳姆轮底盘运动模型

1. 安装

麦克纳姆轮的安装方法：麦克纳姆轮一般是 4 个一组使用，2 个左旋轮，2 个右旋轮。左旋轮和右旋轮呈手性对称，区别如图 3-35 所示。

图 3-35 左旋和右旋麦克纳姆轮结构图

安装方式有多种，主要分为：X-正方形（X-square）、X-长方形（X-rectangle）、O-正方形（O-square）、O-长方形（O-rectangle）。其中 X 和 O 表示的是与 4 个轮子地面接触的辊子所形成的图形；正方形与长方形指的是 4 个轮子与地面接触点所围成的形状，如图 3-36 所示。

X-正方形：轮子转动产生的力矩会经过同一个点，所以 yaw 轴（与 x、y 轴垂直，并通过 4 个轮子的几何中心（矩形的对角线交点）的轴线）无法主动旋转，也无法主动保持 yaw 轴的角度。一般几乎不会使用这种安装方式。

X-长方形：轮子转动可以产生 yaw 轴转动力矩，但转动力矩的力臂一般会比较短。这种安装方式也不多见。

O-正方形：4 个轮子位于正方形的 4 个顶点，平移和旋转都没有任何问题。受限于机

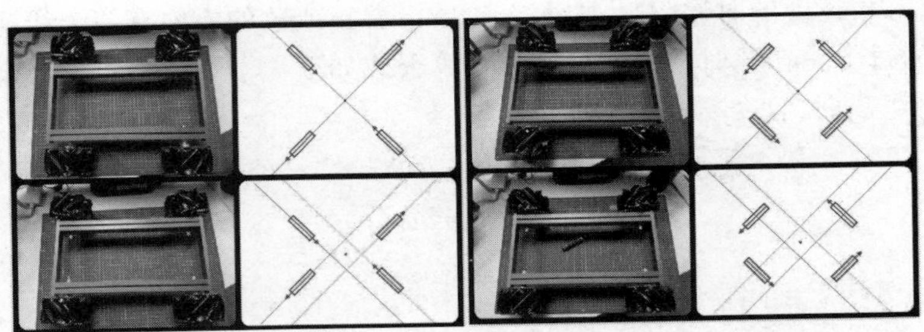

图 3-36　麦克纳姆轮的 4 种摆放

器人底盘的形状、尺寸等因素，这种安装方式虽然理想，但可遇而不可求。

O-长方形：轮子转动可以产生 yaw 轴转动力矩，而且转动力矩的力臂也比较长，是最常见的安装方式。

2. 底盘运动的分解

我们知道，刚体在平面内的运动可以分解为 3 个独立分量：x 轴平动、y 轴平动、yaw 轴自转。如图 3-37 所示，底盘的运动也可以分解为 3 个量：

v_{t_x} 表示 x 轴运动的速度，即左右方向，定义向右为正；

v_{t_y} 表示 y 轴运动的速度，即前后方向，定义向前为正；

ω 表示 yaw 轴自转的角速度，定义逆时针为正。

以上 3 个量一般都视为 4 个轮子的几何中心(矩形的对角线交点)的速度。

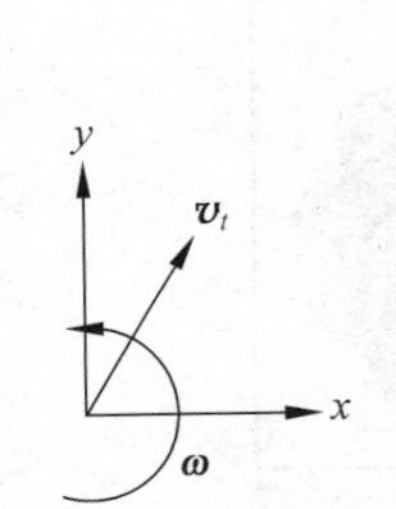

图 3-37　底盘速度分析图

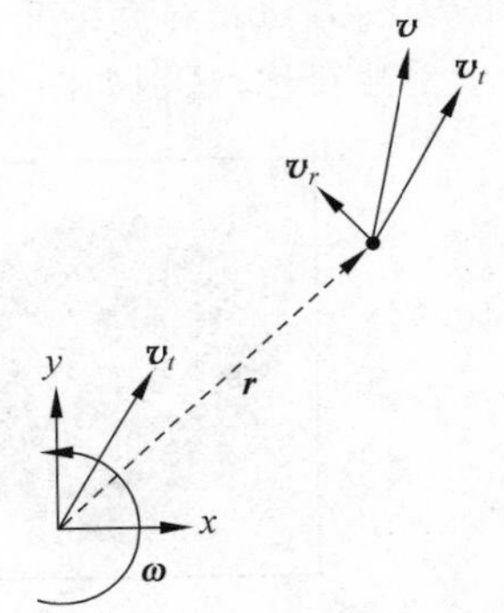

图 3-38　车轮相对轴心速度分析图

3. 计算出轮子轴心位置的速度

定义如下(图 3-38)：

$\boldsymbol{r}$ 为从几何中心指向轮子轴心的矢量；

$\boldsymbol{v}$ 为轮子轴心的运动速度矢量；

$\boldsymbol{v}_r$ 为轮子轴心沿垂直于 $\boldsymbol{r}$ 的方向(即切线方向)的速度分量；

那么可以计算出：

$$\boldsymbol{v}_r = \boldsymbol{v}_t + \boldsymbol{\omega} \times \boldsymbol{r} \tag{3-26}$$

分别计算 x、y 轴的分量为

$$\begin{cases} v_x = v_{t_x} - \omega r_y \\ v_y = v_{t_y} - \omega r_x \end{cases} \tag{3-27}$$

同理可以算出其他 3 个轮子轴心的速度，如图 3-39 所示。

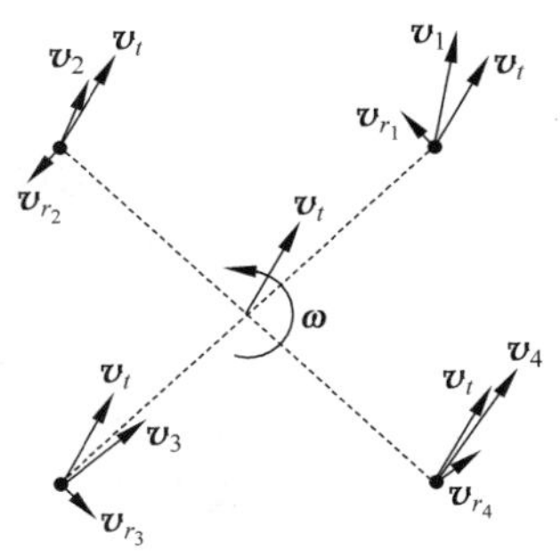

图 3-39　小车底盘与车轮分析整体图

4. 计算辊子的速度

根据轮子轴心的速度，可以分解出沿辊子方向的速度 $\boldsymbol{v}_{/\!/}$ 和垂直于辊子方向的速度 $\boldsymbol{v}_{\perp}$（图 3-40 和图 3-41），其中 $\boldsymbol{v}_{\perp}$ 是可以忽略的，而

$$v_{/\!/} = \boldsymbol{v} \cdot \boldsymbol{u} = (v_x \boldsymbol{i} + v_y \boldsymbol{j}) \cdot \left(-\frac{1}{\sqrt{2}}\boldsymbol{i} + \frac{1}{\sqrt{2}}\boldsymbol{j}\right) = -\frac{1}{\sqrt{2}}v_x + \frac{1}{\sqrt{2}}v_y \tag{3-28}$$

其中 $\boldsymbol{u}$ 是沿辊子方向的单位矢量，$\boldsymbol{i}$，$\boldsymbol{j}$ 分别是沿 x 轴、y 轴方向的单位矢量。

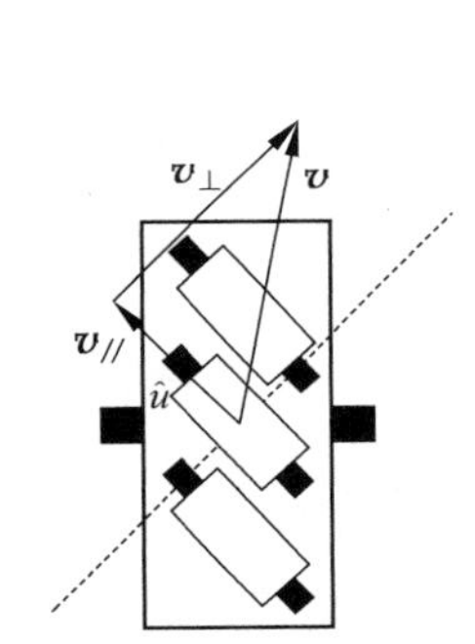

图 3-40　单轮速度分析图

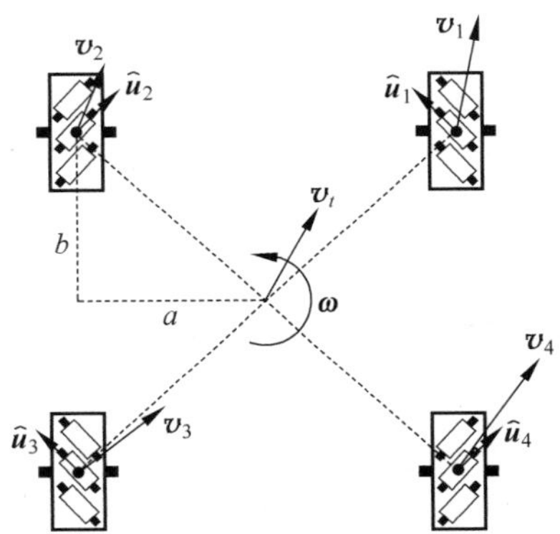

图 3-41　组合速度整体分析图

5. 计算轮子的速度

从辊子速度到轮子转速的计算比较简单：

$$v_\omega = \frac{v_{/\!/}}{\cos 45^\circ} = \sqrt{2}\left(-\frac{1}{\sqrt{2}}v_x + \frac{1}{\sqrt{2}}v_y\right) = -v_x + v_y \tag{3-29}$$

根据图 3-41 所示，设 $\boldsymbol{r}$ 在 x 轴和 y 轴的分量分别为 a 和 b，有

$$v_x = v_{t_x} + wb \tag{3-30}$$

$$v_y = v_{t_y} - wa \tag{3-31}$$

结合以上 4 个步骤，可以根据底盘运动状态解算出 4 个轮子的转速：

$$v_{w_1} = v_{t_y} - v_{t_x} + w(a+b) \tag{3-32}$$

$$v_{w_2} = v_{t_y} + v_{t_x} - w(a+b) \tag{3-33}$$

$$v_{w_3} = v_{t_y} - v_{t_x} - w(a+b) \tag{3-34}$$

$$v_{w_4} = v_{t_y} + v_{t_x} + w(a+b) \tag{3-35}$$

以上式(3-32)～式(3-35)就是 O-长方形麦克纳姆轮底盘的解算方程式。

3.3.5 履带轮底盘运动模型

履带轮底盘结构图如图 3-42 所示。

图 3-42 履带轮结构图

履带轮的行走转向运动计算与两轮差速底盘的运动计算类似，此处不做详细分析。履带行走装置在转向时，需要切断一边履带的动力并对该履带进行制动，使其静止不动，靠另一边履带的推动来进行转向，或者使两条履带同时一前一后运动，实现原地转向，但两种转向方式所需最大驱动力一样。如图 3-43 是单条履带制动左转示意图。

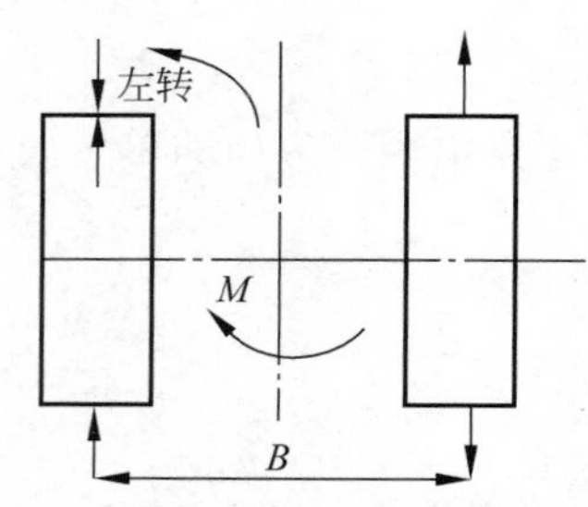

图 3-43 单条履带制动左转示意图

3.3.6 电机分类与选型

电机分类方式有很多种，如果按照工作电源种类划分，可分为直流电机与交流电机两大类。直流电机按照结构及工作原理可分为无刷直流电机与有刷直流电机，有刷直流电机可分为永磁直流电机与电磁直流电机。交流电机可分为同步电机与异步电机，异步电机又可划分为交流换向器电机与感应电机。以电源种类与结构为依据，更加详细的分类如图 3-44 所示。

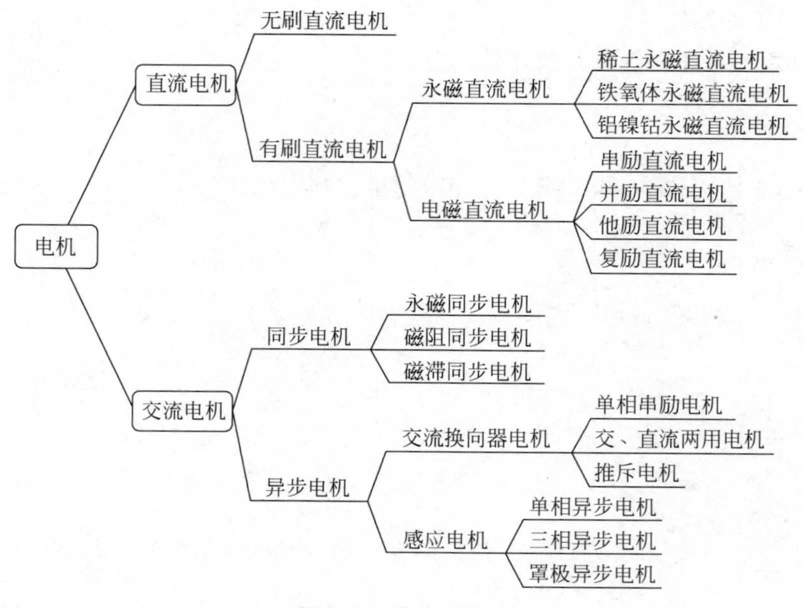

图 3-44 电机分类 1

如果根据电机的用途进行分类，最有代表性、最常用、最基本的电机——控制电机、功率电机以及信号电机，其大致的分类如图 3-45 所示。

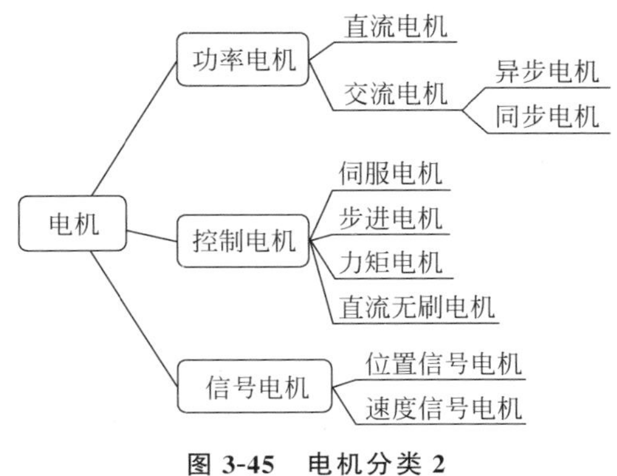

图 3-45 电机分类 2

由于底盘运动控制主要包括速度与位移的控制，而机器人主要靠电池供电，因此需要带速度与相对位置反馈的直流减速电机作为底盘动力源。综合考虑成本、驱动难易程度、性能指标需求，最终选择带编码器的有刷直流减速电机作为底盘动力电机。

底盘直流电机的实物图如图 3-46 所示。

图 3-46 底盘直流驱动电机

① 底盘直流电机供电接口，连接于底盘直流电机驱动模块驱动口（M＋M－）；

② 码盘接口，用于检测电机圈数信号，连接于底盘直流电机驱动模块码盘接口。

3.4 机械臂机构设计

本节包含几个典型机械臂结构的模型解析，这些是物流机器人中经常遇到的。还简述了机械臂的优缺点，方便设计者选用。

设计者在设计机械臂的时候应满足机械臂的基本设计要求，包括承载能力足，导向性能好，定位精度高，重量轻，转动惯量小，在设计时还要合理地设计与腕部和机身的连接部分。

3.4.1 桁架式机械臂模型解析

本例中的桁架式机械臂有 3 个自由度，其能运动的关节主要包含：由舵机 1 带动的整个机械臂；由步进电机 1 带动的升降臂 1；由步进电机 2 带动的可伸缩臂 2。机械爪的上下抓取角度不可变。整个二型桁架式机械臂的简化模型如图 3-47 所示。

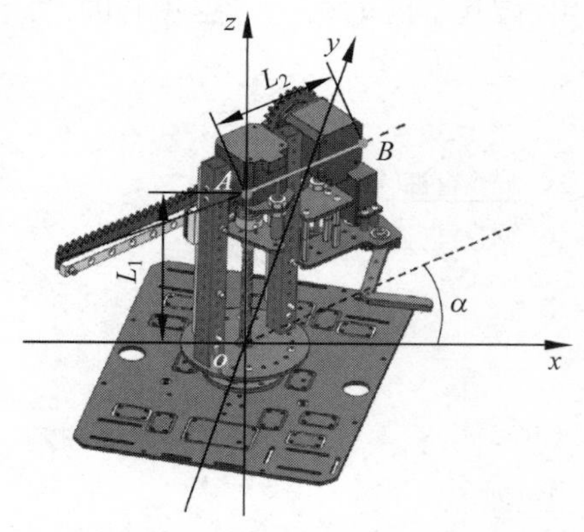

图 3-47 二型桁架式机械臂运动模型

整个机械臂 oAB 以 o 点为圆心可绕 z 轴做转动，oA 为可升降臂 1，AB 为可伸缩臂 2，B 点为手爪位置。

假定 B 点需要到达坐标 (x_B, y_B, z_B)，而此种模型下 oA 的臂长为可变值 L_1，AB 的臂长为可变值 L_2，整个机械臂的转动角度为 α，因此非常容易获得：

$$L_1 = z_B \tag{3-36}$$

$$L_2 \cos\alpha = x_B \tag{3-37}$$

$$L_2 \sin\alpha = y_B \tag{3-38}$$

根据上式轻易便可获取 L_1，L_2 与转动角度 α。

桁架式机械臂是一种行走于桁架上的直角坐标系式机械臂，桁架式机械臂一般分为 x、y、z 三轴，加持转塔式手爪，从而实现装夹和收料。桁架式机械臂的优点：①不易振动摇晃，承载能力强。②安装调整要求低。③便于维护，性价比高。缺点：①运行同样的轨迹，所需要的时间相对较长。②通用性较差。

3.4.2 多级舵机串联式机械臂模型解析

本例中的多级串联式机械臂有 4 个自由度，其能运动的关节主要包含：由舵机 1 带动的整个机械臂；由舵机 2 带动的可弯曲小臂 L_1；由舵机 3 带动的可弯曲小臂 L_2；由舵机 4 带动的可弯曲小臂 L_3。由于有 4 个自由度，因此此种机械臂不但可以设定抓取的位置坐标，而且可以设置上下抓取的角度，整个多级串联式机械臂的简化模型如图 3-48 所示。

整个机械臂 $oABCD$ 以 o 点为圆心可绕 z 轴做转动，为了简化模型，直接将坐标中心原点 o 与手臂运动中心点 A 重合。因此 AB 为可弯曲小臂 1，BC 为可弯曲小臂 2，CD 为可弯曲小臂 3，D 点为手爪位置。

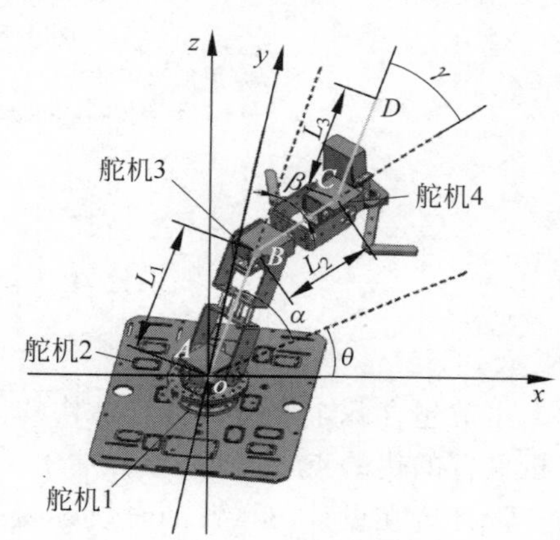

图 3-48 多级串联式机械臂运动模型

此种模型下后臂与平面 xoy 的夹角会随着前臂的转动而变化，例如小臂 3 与平面 xoy 的夹角会随着小臂 2 的转动而变化，但是后臂与前臂的夹角不会变化，而这一夹角也是可控制舵机直接实现的。因此设置 (AB) 小臂 1 与平面 xoy 的夹角为 α，(BC) 小臂 2 与 $(AB$ 延长线$)$ 小臂 1 的夹角为 β，(CD) 小臂 3 与 $(BC$ 延长线$)$ 小臂 2 的夹角为 γ，整个机械臂的转动角度为 θ。

假定 D 点需要到达坐标 (x_D, y_D, z_D) 手爪的抓取角度为 φ，φ 是指 (CD) 小臂 3 与平面 xoy 的夹角，而此种模型下 AB 的臂长为固定值 L_1，BC 的臂长为固定值 L_2，CD 的臂长为固定值 L_3，因此可获得：

$$\alpha + \beta + \gamma = \varphi \tag{3-39}$$

$$L_1\sin\alpha + L_2\sin(\alpha+\beta) + L_3\sin\varphi = z_D \tag{3-40}$$

$$(L_1\sin\alpha + L_2\sin(\alpha+\beta) + L_3\cos\varphi)\cos\theta = x_D \tag{3-41}$$

$$(\cos\alpha + L_2\cos(\alpha+\beta) + L_3\cos\varphi)\sin\theta = y_D \tag{3-42}$$

其中式(3-40)为 $ABCD$ 在 z 轴上的投影,式(3-41)为 $ABCD$ 在 x 轴上的投影,式(3-42)为 $ABCD$ 在 y 轴上的投影。由于式(3-39)、式(3-40)、式(3-41)、式(3-42)为独立公式,因此这4个公式联立可求解 $\alpha,\beta,\gamma,\theta$ 值,但是需要注意的是该联立方程获得的不是唯一解,因此需要根据机械机构本身的限制与运动策略的选择来决定最终解。

多级串联式机械臂使用旋转轴(或者叫活关节)进行装载、卸载和后处理工作。它使用一直线轴重新定位,可以做出很灵活的动作。

多级串联式机械臂的优点:①有很高的自由度,适合几乎所有轨迹和角度的工作。②可以自由编程,提高工作效率。③理论上的控制精度高。④出现错误后,能快速检查出错误,具有可控制的错误率。

缺点:①控制算法复杂,控制起来较难。②需要电机的个数相较其他类型的机械臂的要多,价格要高。

3.4.3 平行四连杆式机械臂模型解析

本例中的平行四连杆式机械臂有3个自由度,其能运动的关节主要包含:由舵机1带动的整个机械臂;由舵机2带动的可弯曲大臂;由舵机3带动的可弯曲小臂。平行四连杆式机械臂有两个特点,第一,由于平行四连杆机构的作用使手爪总能保持在水平状态,手爪上下抓取角度不可改变;第二,小臂与水平面的夹角并不会随着大臂与水平面夹角的变化而变化,因此整个平行四连杆式机械臂的简化模型如图3-49所示。

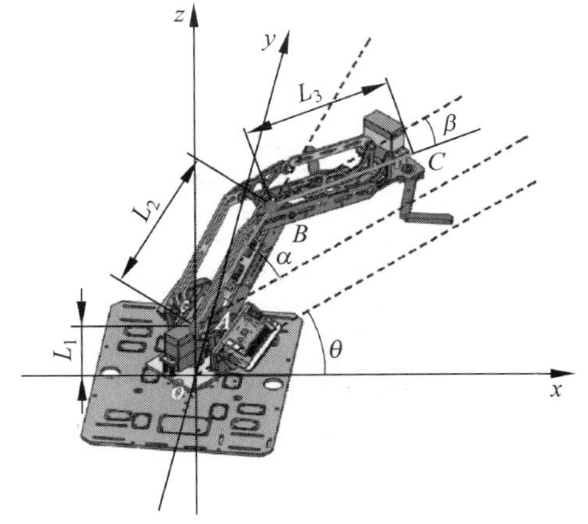

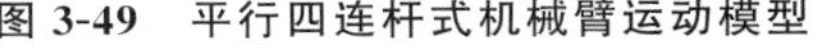
图 3-49 平行四连杆式机械臂运动模型

整个机械臂 $oABC$ 以 o 点为圆心可绕 z 轴做转动,oA 的固定长度 L_1 为整个机械臂转动中心距离安装平面的高度(如果想进一步简化模型可将 A 点设置成坐标原点,这并不影响模型本身),AB 为臂长固定为 L_2 的大臂,BC 为臂长固定为 L_3 的小臂,C 点为手爪的位置。若 C 点需要到达坐标(x_C,y_C,z_C),已知 AB 的臂长为固定值 L_2,BC 的臂长为固定值 L_3,整个机械臂的转动角度为 θ(水平方向转动),大臂 AB 的转动角度为 α(竖直方向转动),小臂 BC 的转动角度为 β,因此可获得:

$$L_1 + L_2\sin\alpha + L_3\sin\beta = z_C \tag{3-43}$$

$$(L_2\cos\alpha + L_3\cos\beta)\cos\theta = x_C \tag{3-44}$$

$$(L_2\cos\alpha + L_3\cos\beta)\sin\theta = y_C \tag{3-45}$$

其中式(3-43)为大臂 AB 与小臂 BC 在 z 轴上的投影,式(3-44)与式(3-45)为大臂 AB 与小臂 BC 在 x 轴与 y 轴上的投影。由于式(3-43)、式(3-44)、式(3-45)为独立公式,因此这3个公式联立可求解 α、β、θ 值,但是需要注意的是该联立方程获得的不是唯一解,因此需要根据机械机构本身的限制与运动策略的选择来决定最终解。

平行四连杆式机械臂巧妙地利用了平行四边形机构运行原理,使该型机械臂相较多级串联式机械臂来说减少了一个舵机,但稳定性却没有减少。

平行四连杆式机械臂的优点:①整体重量轻,转动惯量小,便于控制;②需要控制的电机相对较少,易于编程,成本低。

缺点:①难以实现任意的运动规律;②设计复杂,易产生动载荷。

3.5 智能物流机器人的机构设计典型案例

平面经典的机构设计主要有3种,分别为连杆式、多级舵机串联式和桁架式机构,下面分别介绍。

3.5.1 连杆式机器人

连杆式机器人的机械臂部分主要是利用双曲柄摇杆机构,根据机械臂的自由度多少可以分为两类,即一型连杆式机器人和二型连杆式机器人。模型分别如图3-50和图3-51所示。

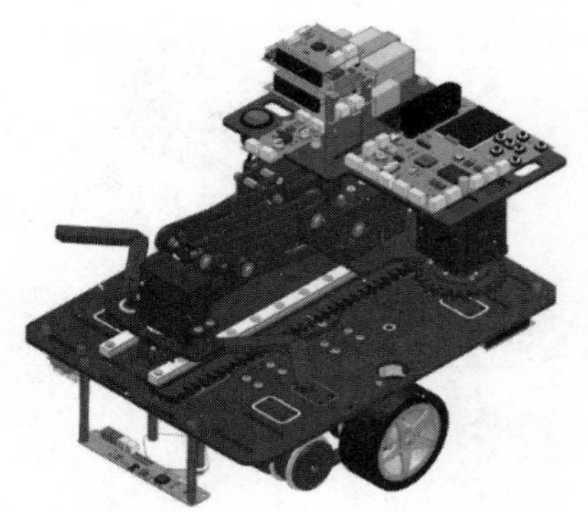

图 3-50 一型连杆式机器人

图 3-51 二型连杆式机器人

一型连杆式机器人主要由两轮差速运动模型与两轴机械臂组成,这样的机构大大减少了空间的利用,轮子为橡胶轮加万向轮的结合,更适合于重物的搬运,且底盘结构较为简单,易于控制。但是因为机械臂自由度的限制,机构更适合于物体的平移、物块的堆垛或分类摆放等操作。橡胶轮的使用使得小车的运动并不方便,从而移动不灵活,在小空间内无法很好地进行移动,且效率较低。此机构模型更适合于单一的循迹夹取物块。

二型连杆式机器人主要由麦克纳姆轮与四轴机械臂组成,因机械臂的自由度有所提高，搬运物体不仅仅是简单的平面挪动物体。加入准确的控制，可以在空间上更灵活地运动。

底盘为麦克纳姆轮全向运动机构，减去了90°转弯的过程，在空间速度上具有很大的优势，但是不能承受重物，所以这种模型机构更适用于一些复杂的循迹比赛中。

由于这两种连杆式机器人中麦克纳姆轮与橡胶轮和连杆机械臂的受限原因，所以只能用于物体的空间平移，如物体的水平摆放和物体的空间堆垛。为了更好地操作更广的物料，出现了多级舵机串联式机器人经典设计模型。

3.5.2　多级舵机串联式机器人

多级舵机串联式机器人主要由万向轮和多级舵机串联式机械臂组成，模型如图3-52所示。

多级舵机串联式机器人利用机械臂中舵机的旋转来控制整个臂来运动，大大减少了杆件间的不灵活而带来的卡死，且只需舵机相互连接，大大减少了空间的占用，为机器人的控制电路腾出了大量空间，并且因为舵机数量的提升，自由度大大提高。

图3-52　多级舵机串联式机器人

使用全向轮的底盘的第二种装配方法，控制方便，且全向轮底盘弥补了麦克纳姆轮承重的缺点，在物块夹取的承重方面得到了很大的提高。

因为底盘和机械臂各方面的优点，所以本模型更加适合于高难度和高精度的摆放、堆垛的比赛中，循迹也能适用于难度较大、更加错综复杂的轨迹道比赛中。

3.5.3　桁架式机器人

桁架式机器人主要由桁架式机械臂和各种简易的机器人底盘构成，因机械臂的复杂程度不同，主要分为一型桁架式机器人和二型桁架式机器人，模型如图3-53和图3-54所示。

图3-53　一型桁架式机器人

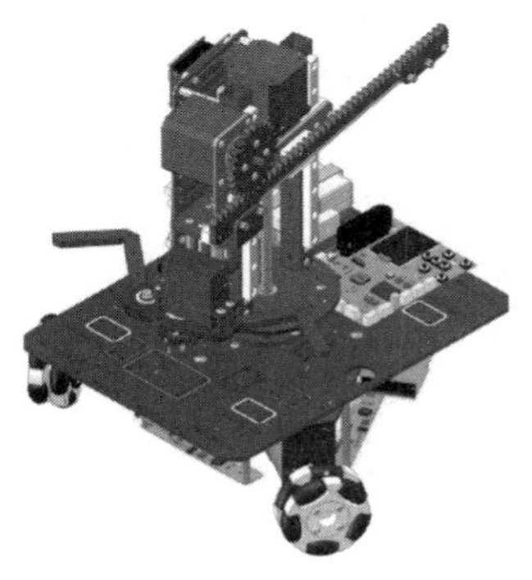

图3-54　二型桁架式机器人

一型桁架式机器人机械臂下方没有底座，只由一根导轨加丝杆组成，所以在水平方向上只存在一个自由度，配合四轮驱动的橡胶轮的转弯，实现物块的抓取与搬运。利用桁架式机械臂使得搬运过程更加流畅，而不容易出现卡死。一型桁架式机器人的主要特点在于运用了底盘和机械臂承重能力的优点设计，这样更加适合重物搬运的场合，但是由于底盘和机械臂比较不灵活，所以不适合快速识别整理货物的比赛和场地。

二型桁架式机器人机械臂不仅仅增加了一个机械臂底盘，还增加了一个上升、下降的丝杆电机，使得机械臂结构上升到了三维立体结构，配上三轮的全向轮机构，使得机器人能够平稳运行，因此，这种机构更适合重物的堆垛和摆放。

因为桁架式机器人的机械臂是桁架式机械臂，再配上各种能够承重的底盘，整个模型更有利于重物的移动摆放和堆垛。但是，因为机构涉及的零件、电机、舵机等，模型更加笨重，从而使得桁架式机器人不太适合快速完成任务型的比赛中。

上面介绍的主要是平面智能物流机器人，在全地形式机器人上也有一些经典的设计案例。在此举一个模型说明。

3.5.4 全地形式机器人

全地形式机器人主要由履带轮加上多级舵机串联式机械臂构成，它不同于平面物流小车之处主要是机器人的底盘，它采用的履带轮，可以很好地与崎岖不平的地面接触，在上坡时，大面积的接触可以使得物体的运行更加平稳，搭配的多级舵机串联式机械臂让物料搬运更加灵活多变，模型如图 3-55 所示。

图 3-55　全地形式机器人

所以，全地形式机器人主要用于非平面的物料搬运，在一些只有上、下坡的循迹比赛中也能发挥极大的作用。

第 4 章

智能物流机器人本体制作

本章介绍了机器人制作流程，机器人本体制作主要分为两部分：第一部分以四轮麦克纳姆轮底盘装配与平行四连杆机械臂装配为例，详细说明了机器人机构装配、制作流程；第二部分首先介绍了机器人控制系统构成，并以第一部分搭建的机器人为例，详细介绍了该机器人控制系统的硬件电路搭建。

4.1 底盘运动机构制作

4.1.1 机构装配制作流程

任何产品都由若干个零件组成，为保证有效地组织装配，必须将产品分解为若干个能进行独立装配的单元，装配单元通常可以划分为 5 个等级，即零件、套件、组件、部件和机器。

装配过程由基准零件开始，沿水平线自左向右装配（可理解为模块化装配），如图 4-1 所示。

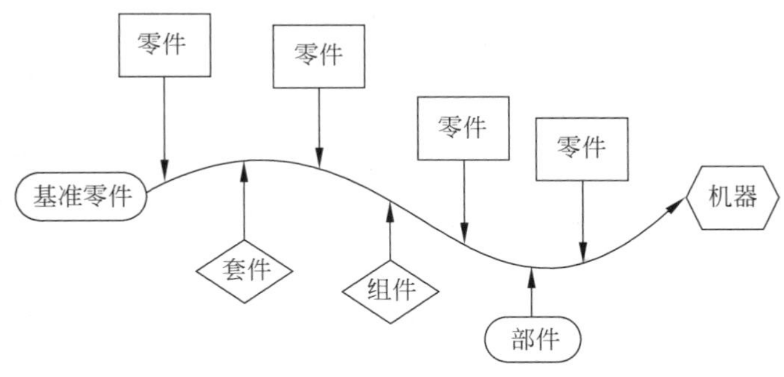

图 4-1 机械装配流程

（1）零件是组成机器的最小单元，它由整块金属（或其他材料）制成。机械装配中，一般先将零件组装成套件、组件和部件，然后再装成机器。

（2）套件是在一个基准零件上，装上一个或若干个零件而构成，它是最小的装配单元。套件中唯一的基准零件是为了连接相关零件和确定各零件的相对位置。为套件而进行的装配称套装，套件在以后的装配中可作为一个零件，不再分开。

（3）组件是在一个基准零件上，装上若干套件和零件而构成。组件中唯一的基准零件用于连接相关零件和套件，并确定它们的相对位置。为形成组件而进行的装配称组装。组件中可以没有套件，即由一个基准零件加若干个零件组成，它与套件的区别在于组件在以后的装配中可拆。

（4）部件是在一个基准零件上，装上若干组件、套件和零件而构成。部件中的唯一的基准零件用来连接各个组件、套件和零件，并决定它们之间的相对位置。为形成部件而进行的装配称部装。部件在机器中能完成一定的完整的功用。

4.1.2 底盘具体装配制作步骤举例

本小节以四轮麦克纳姆轮底盘为例对机器人底盘机构装配进行说明，此种底盘的特点是：通过算法对编码电机的精确控制，可实现底盘的全向移动。小车底盘所使用到的零件清单及最终的成品如表 4-1 所示。

表 4-1 机器人底盘零件清单

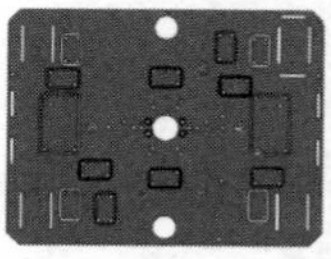

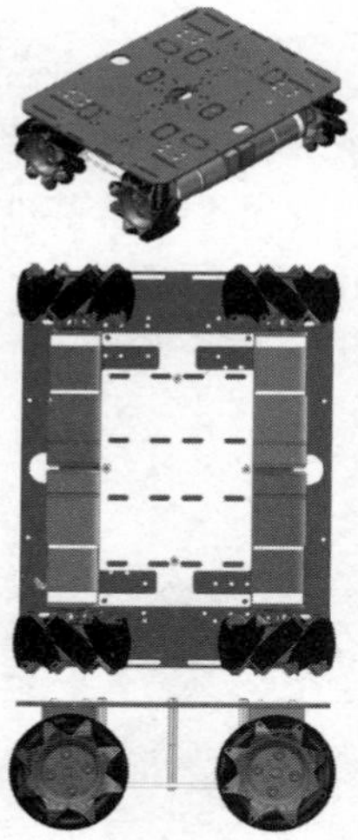

通用底板×1	35mm 电机架×4	35mm 直流电机×4	
电机联轴器×4	左旋麦克纳姆轮×2	右旋麦克纳姆轮×2	
驱动与循迹固定板×1	25mm 铁柱×8	M3×6 圆头螺钉×4	
M3×10 杯头螺钉×8	M3×10 圆头螺钉×16	M3×8 沉头螺钉×12	
M3 防松螺母×20	M4×8 杯头螺钉×16		

机械机构的具体装配步骤如下。

步骤 1：电机电机架模组装配。

将电机固定孔与电机架螺纹孔对准，注意编码器节线方向需要朝上安装，如图 4-2 所示，最终装配效果如图 4-3 所示。

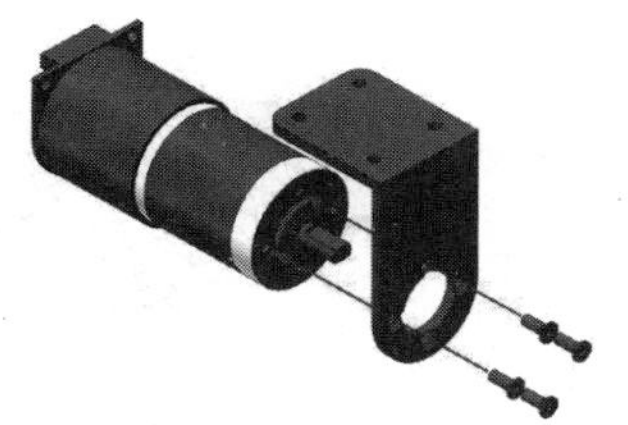

图 4-2　电机电机架模组装配

图 4-3　电机电机架装配效果

装配注意点：

紧固件需用 4 颗 M3×8 沉头螺钉。

步骤 2：电机电机架模组与联轴器装配。

电机电机架模组与联轴器装配需要明确装配顺序，先将联轴器装入电机输出轴，再用螺钉锁紧，装配方法如图 4-4 所示，最终装配结果如图 4-5 所示。

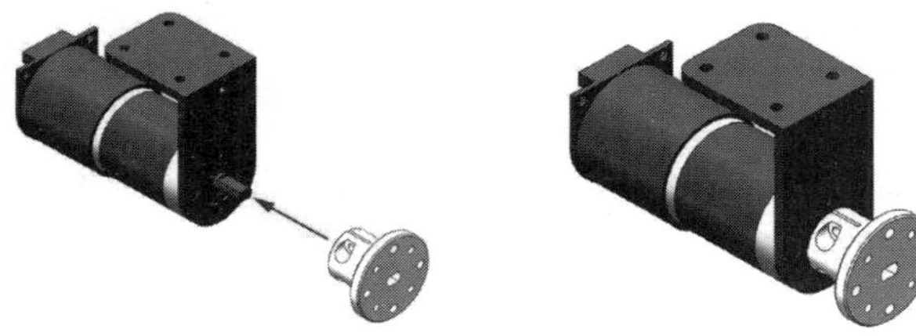

图 4-4　电机电机架模组与联轴器装配

图 4-5　电机电机架模组与联轴器装配效果

装配注意点：

联轴器装入电机输出轴后用 M3×10 杯头螺钉锁紧直至联轴器不会脱出为止。

步骤 3：麦克纳姆轮的装配。

将麦克纳姆轮上的孔位与联轴器上的孔位对准，拧入螺钉，其装配方法如图 4-6 所示，最终装配结果如图 4-7 所示。

装配注意点：

用 4 颗 M4×8 杯头螺钉装配麦克纳姆轮直至联轴器不会脱离为止。

步骤 4：麦克纳姆轮组与底板装配。

将轮组与底盘进行组装，注意找准对应孔位，其装配方法如图 4-8 所示，最终装配结果如图 4-9 所示。

图 4-6 麦克纳姆轮的装配

图 4-7 麦克纳姆轮的装配效果

图 4-8 轮组与底板装配

图 4-9 轮组与底板装配效果

装配注意点：

(1) 用 16 颗 M3×10 圆头螺钉与 16 颗 M3 防松螺母固定；

(2) 通过麦克纳姆轮上辊子的旋向判断麦克纳姆轮的旋向，如图 4-10 所示；

(3) 安装麦克纳姆轮底盘需要遵循麦克纳姆轮轴向左右旋配合装配。如图 4-10 所示，若装配反向或同向将影响底盘全向移动能力，轮组装配方式如图 4-11 所示；

(4) 轮组与底盘对应的安装孔位，请参考图 4-12 所示。

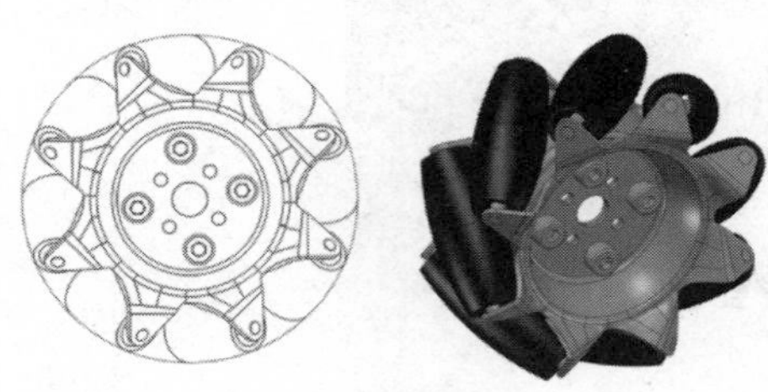

左旋麦克纳姆轮

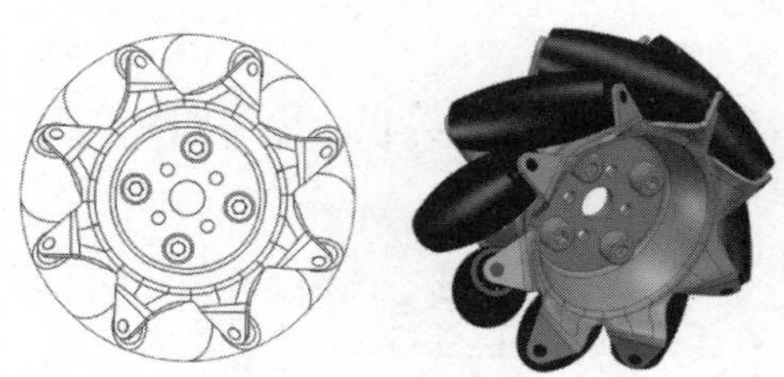

右旋麦克纳姆轮

图 4-10 判断麦克纳姆轮的旋向

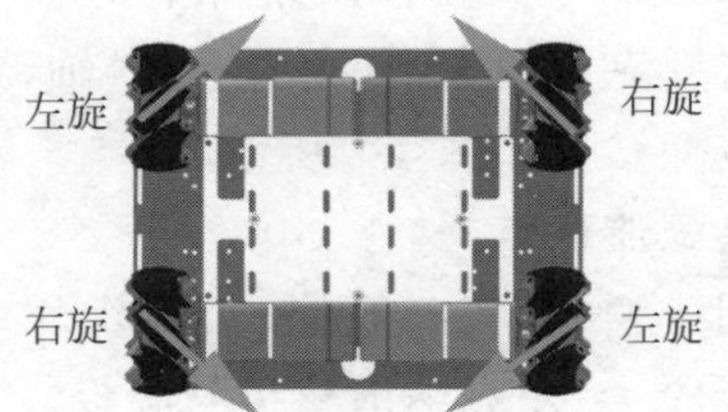

图 4-11 麦克纳姆轮旋向的装配

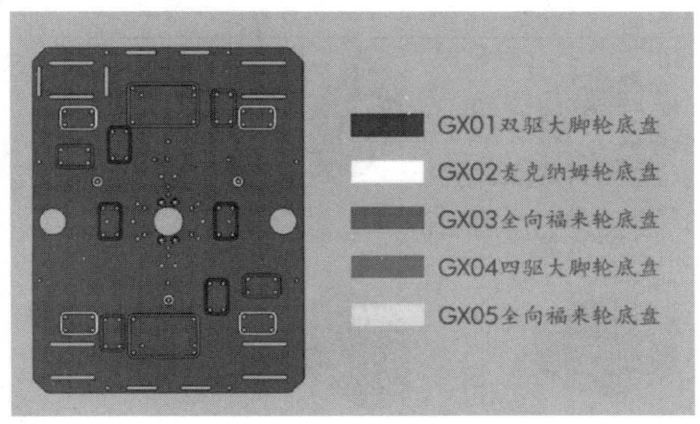

图 4-12　轮组底盘对应安装孔位

步骤 5：驱动固定板与底板的装配。

将驱动固定板与底板进行组装，注意找准对应孔位，其装配方法如图 4-13 所示，最终装配结果如图 4-14 所示。

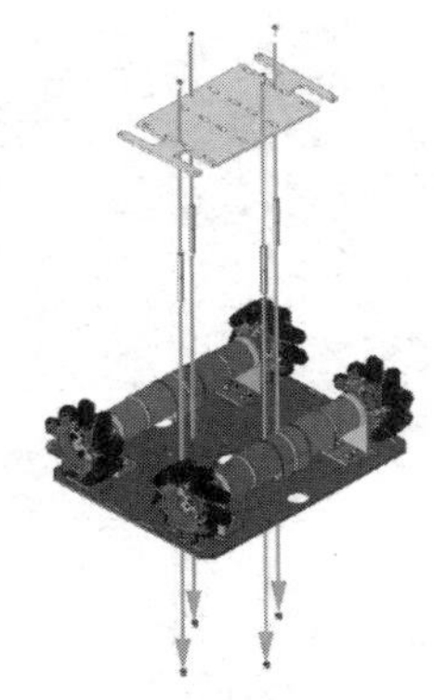

图 4-13　驱动固定板与底板的装配

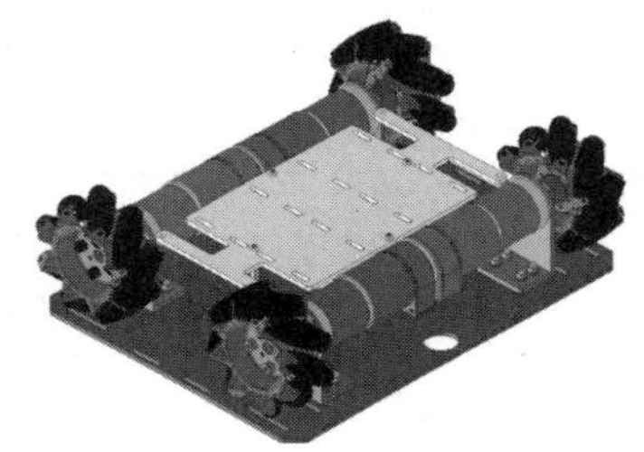

图 4-14　驱动固定板与底板的装配效果

装配注意点：

(1) 用 8 根 25mm 铁柱组成 4 段 50mm 长铁柱组；

(2) 用 4 颗 M3×6 螺钉配合 4 颗 M3 防松螺母，将 4 段 50mm 长铁柱连接驱动固定板和底盘。

4.2　机械臂机构制作

以平行四连杆机械臂为码垛机构用于实现物料的码垛功能，其所使用到的零件清单及最终的成品图如表 4-2 所示。

表 4-2 平行四连杆机械臂零件清单

转盘轴承座挡片×1	6805 轴承×1	底部旋转轴×1	
底部转轴×1	舵盘×2	25kg 舵机×4	
上部机构固定板×1	一段机械臂舵机固定件×1	舵臂×2	
130 主动臂板×1	中部支撑件×1	F695 轴承×3	
5-15 滚针轴承×5	130 主动臂板模块筋×2	长臂舵机架 L×1	
舵机驱动模块固定件×1	二段机械臂舵机板×1	130 加长臂连杆-2×1	

120 连杆板×1	三角板×1	MF830 轴承×8	130 加长臂连杆-1×2	120 连杆板-2×1

续表

连杆加强钣金×1	导向杆×1	机械爪板一主动×1	机械爪板一从动×1	F3×8M 轴承×6
手爪支撑件×1	机械爪舵机板×1	机械爪齿轮×1	25mm 卡簧×1	通用底板×1
M3×13 铝柱×4	M3×15 铝柱×6	M3×20 铝柱×2	M3×5 尼龙柱×4	D5×10 塞打螺钉×3
D5×15 塞打螺钉×1	D5×20 塞打螺钉×1	M3×10 一字塞打螺钉×7	M3×6 圆头螺钉×38	M3×8 圆头螺钉×9
M3×10 圆头螺钉×4	M3×12 圆头螺钉×12	M3×20 圆头螺钉×1	M3×6 沉头螺钉×7	M3×8 沉头螺钉×7
M3×16 沉头螺钉×4	M3 防松螺母×20	M2×8 杯头螺钉×4		

机械结构的具体装配步骤如下：

步骤 1：转轴轴承的装配。

装配转轴轴承时，需要明确装配顺序。按底部旋转轴→6805 轴承→转盘轴承座挡片的顺序进行安装。其装配方法如图 4-15 所示，最终装配结果如图 4-16 所示。

装配注意点：

(1) 将 6805 轴承压入底部旋转轴。

(2) 用 4 颗 M3×6 圆头螺钉将转盘轴承座挡片与底部旋转轴固定，防止轴承跳出。

步骤 2：底盘转轴的装配。

装配底部转轴时，需要明确装配顺序。按转轴轴承→底部转轴→卡簧的顺序进行安装。

其装配方法如图 4-17 所示，最终装配结果如图 4-18 所示。

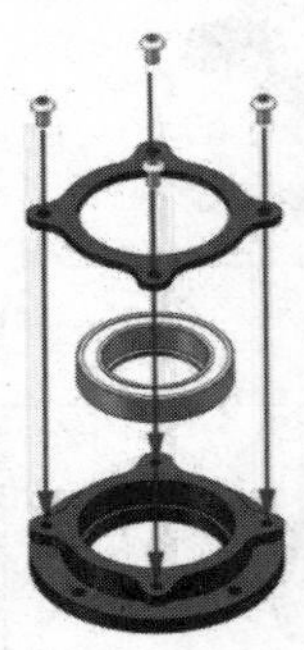

图 4-15 转轴轴承的装配

图 4-16 转轴轴承的装配效果

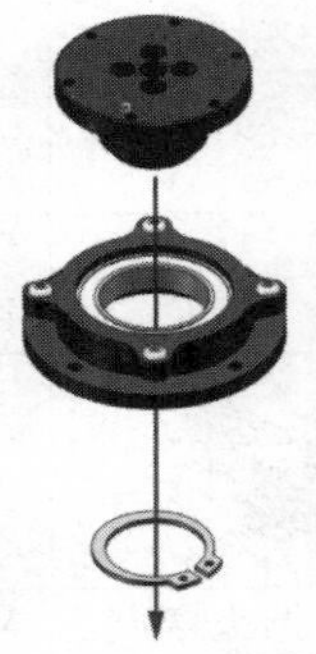

图 4-17 底盘转轴的装配

图 4-18 底盘转轴的装配效果

装配注意点：

(1) 将底部转轴压入转轴轴承，按压时注意底部转轴与转轴轴承是否垂直。

(2) 将卡簧通过卡簧钳压入底部转轴卡簧槽内。

步骤 3：舵盘与底部旋转轴的装配。

将舵盘与底部转轴进行装配，注意找准对应孔位。其装配方法如图 4-19 所示，最终装配结果如图 4-20 所示。

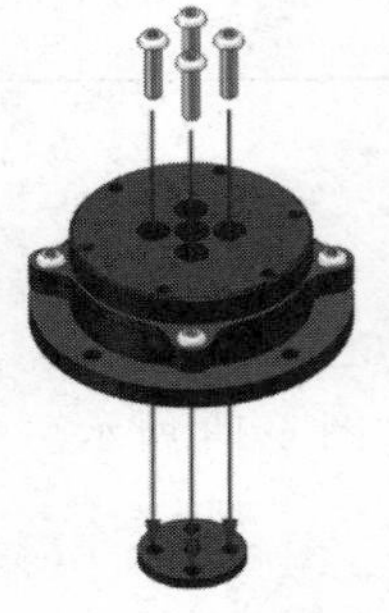

图 4-19 舵盘的装配

图 4-20 舵盘的装配效果

装配注意点：

用 4 颗 M3×12 圆头螺钉将舵盘与底部旋转轴固定。

步骤 4：上部机构固定板与一号舵机的装配。

装配舵机时，需要明确装配顺序。按上部机构固定板→铝柱→舵机→紧固件的顺序进行装配。其装配方法如图 4-21 所示，最终装配结果如图 4-22 所示。

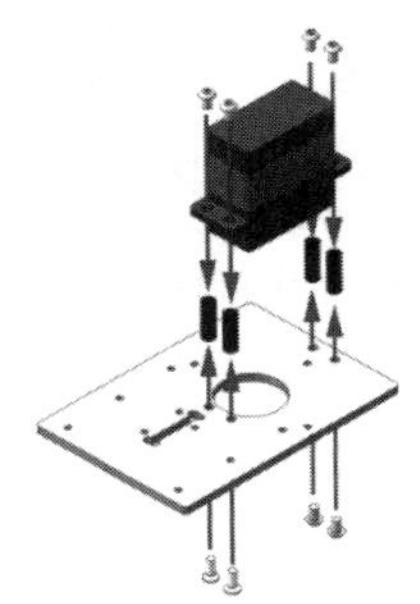

图 4-21 一号舵机的装配

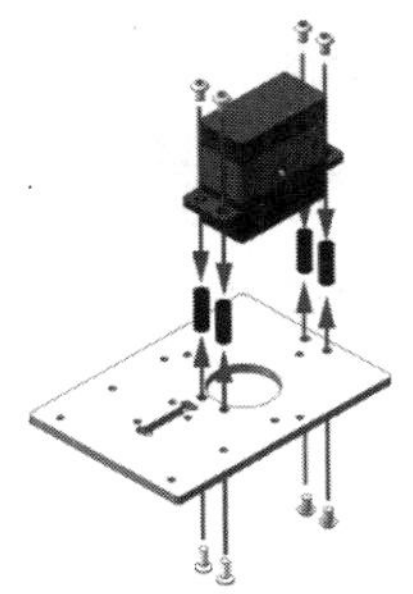

图 4-22 一号舵机的装配效果

装配注意点：

(1) 用 2 颗 M3×6 圆头螺钉和 2 颗 M3×6 沉头螺钉将上部机构固定板与 15mm 铝柱固定，使用沉头螺钉是为了防止后续安装底部转轴模块时会有干涉。

(2) 用 4 颗 M3×6 圆头螺钉将一号舵机与 15mm 铝柱固定。

步骤 5：底部转轴模块与上部机构固定板的装配。

将底部转轴模块与上部机构固定板进行装配，注意找准对应孔位。其装配方法如图 4-23 所示，最终装配结果如图 4-24 所示。

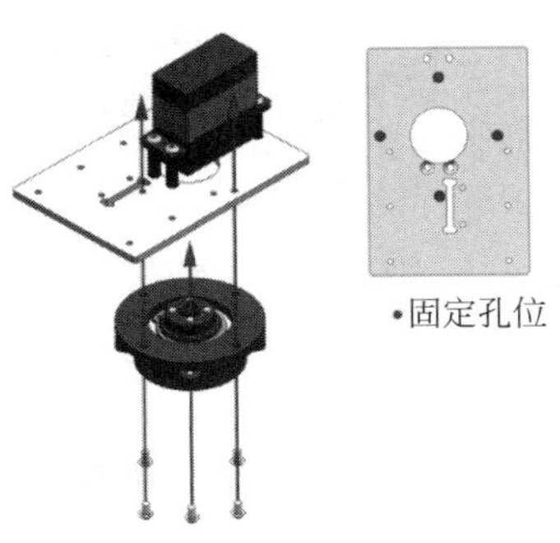

图 4-23 底部转轴模块的装配

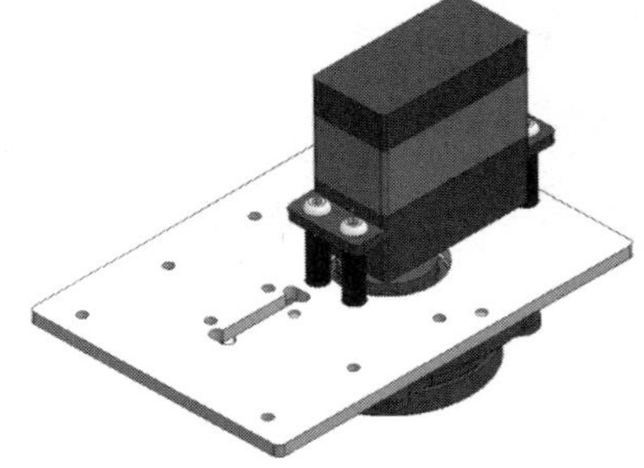

图 4-24 底部转轴模块的装配效果

装配注意点：

(1) 将舵盘按压进舵机输出头内，通过旋转使底部旋转轴与上部机构固定板孔位对齐。

(2) 用 4 颗 M3×6 圆头螺钉将底部转轴模块与上部机构固定板固定。

(3) 用 M3×6 圆头螺钉将舵盘与舵机输出头固定。

步骤 6：一段机械臂舵机固定件的装配。

装配一段机械臂舵机固定件时，需注意所用螺钉长度是否会造成干涉。其装配方法如图 4-25 所示，最终装配结果如图 4-26 所示。

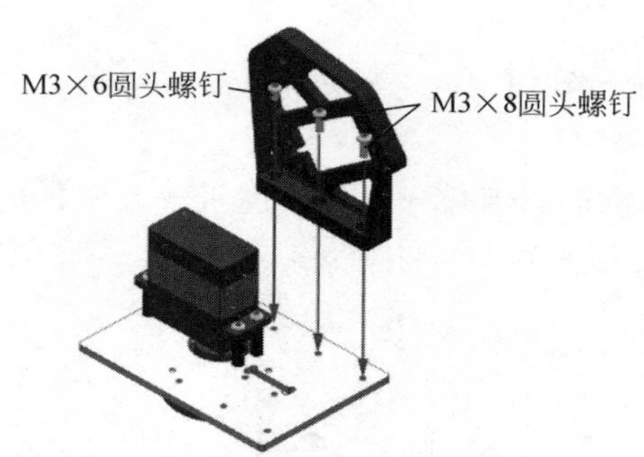

图 4-25 一段机械臂舵机固定件的装配

图 4-26 一段机械臂舵机固定件的装配效果

装配注意点：

用 1 颗 M3×6 圆头螺钉和 2 颗 M3×8 圆头螺钉，将一段机械臂舵机固定件与上部机构固定板固定。因使用 M3×8 圆头螺钉的长度固定时会干涉底部转轴模块，所以选用 M3×6 圆头螺钉。

步骤 7：二号舵机的装配。

装配时需注意舵机输出头的朝向是否正确。其装配方法如图 4-27 所示，最终装配结果如图 4-28 所示。

图 4-27 二号舵机的装配

图 4-28 二号舵机的装配效果

装配注意点：

用 4 颗 M3×12 圆头螺钉和 4 颗 M3 防松螺母将二号舵机与一段机械臂舵机固定件固定。

步骤 8：舵臂的装配固定。

为了方便拧紧螺钉，可以先将舵臂紧固螺钉拧入舵臂，但不需要拧紧，等舵臂压入舵机输出头后再拧紧。其装配方法如图 4-29 所示，最终装配结果如图 4-30 所示。

装配注意点：

(1) 将舵臂压入舵机输出头。

(2) 用 2 颗 M2×8 杯头螺钉将舵臂与舵机固定。

步骤 9：130 主动臂板的装配。

将舵臂旋转到合适的位置再进行 130 主动臂板的装配。其装配方法如图 4-31 所示，最

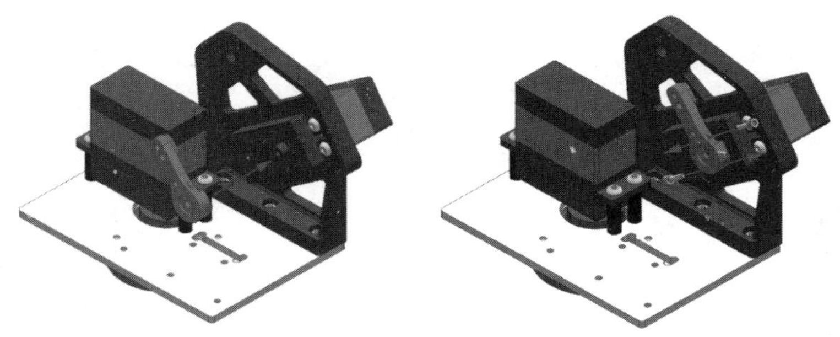

图 4-29　舵臂的装配与固定

终装配结果如图 4-32 所示。

图 4-30　舵臂的装配与固定效果　图 4-31　130 主动臂板的装配　图 4-32　130 主动臂板的装配效果

装配注意点：

用 2 颗 M3×8 圆头螺钉将 130 主动臂板与舵臂固定。

步骤 10：中部支撑件的装配。

注意需要将中部支撑件的底部凸台卡入上部机构固定板。其装配方法如图 4-33 所示，最终装配结果如图 4-34 所示。

图 4-33　中部支撑件的装配

图 4-34　中部支撑件的装配效果

装配注意点：

用 2 颗 M3×6 圆头螺钉将中部支撑件与上部机构固定板固定。

步骤 11：侧主动臂的装配。

装配侧主动臂时，需要明确装配顺序。按 F695 轴承→中部支撑件→滚针轴承→塞打螺钉→紧固件的顺序进行装配。其装配方法如图 4-35 所示，最终装配结果如图 4-36 所示。

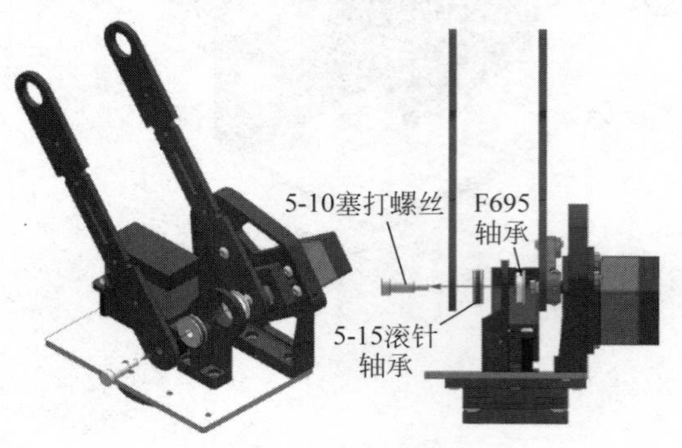

图 4-35　侧主动臂的装配

图 4-36　侧主动臂的装配效果

装配注意点：

用 D5×10 塞打螺钉通过侧主动臂→滚针轴承→中部支撑件→轴承，最后用 M3 防松螺母进行固定。

步骤 12：铝柱的固定。

先固定一端的主动臂铝柱，再将另一端的主动臂孔位对齐，进行固定。其装配方法如图 4-37 所示，最终装配结果如图 4-38 所示。

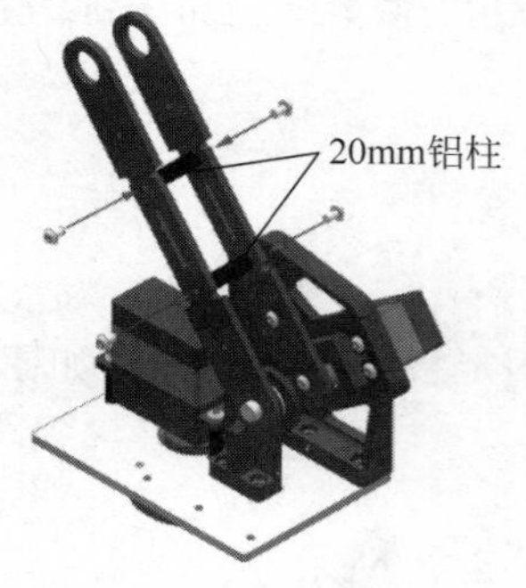

图 4-37　铝柱的固定

图 4-38　铝柱的固定效果

装配注意点：

（1）用 2 颗 M3×6 圆头螺钉将铝柱与 130 主动臂板固定。

（2）用 2 颗 M3×6 圆头螺钉将侧主动臂与铝柱固定。

步骤 13：130 主动臂板模块筋的装配。

装配 130 主动臂板模块筋时，需要明确装配顺序。按 130 主动臂板模块筋→铝柱→主动臂模块→130 主动臂板模块筋→紧固件的顺序进行装配。其装配方法如图 4-39 所示，最终装配结果如图 4-40 所示。

装配注意点：

（1）用 2 颗 M3×6 圆头螺钉将 130 主动臂板模块筋与铝柱固定，然后卡入主动臂模块的卡槽内。

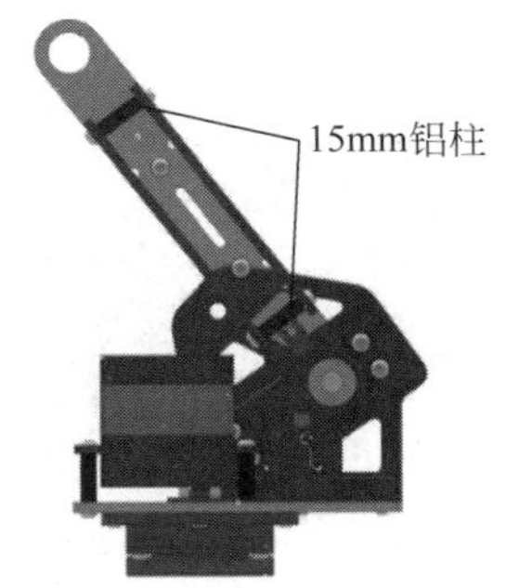

图 4-39 130 主动臂板模块筋的装配

图 4-40 130 主动臂板模块筋的装配效果

(2) 用 2 颗 M3×6 圆头螺钉将 130 主动臂板模块筋与铝柱固定，使得两块 130 主动臂板模块筋跟主动臂模块相互夹紧。

步骤 14：三号舵机、舵机驱动模块固定件与长臂舵机架 L 的装配。

装配三号舵机、舵机驱动模块固定件与长臂舵机架 L 时，需要明确装配顺序。按长臂舵机架 L→三号舵机→舵机驱动模块固定件的顺序进行装配。其装配方法如图 4-41 所示，最终装配结果如图 4-42 所示。

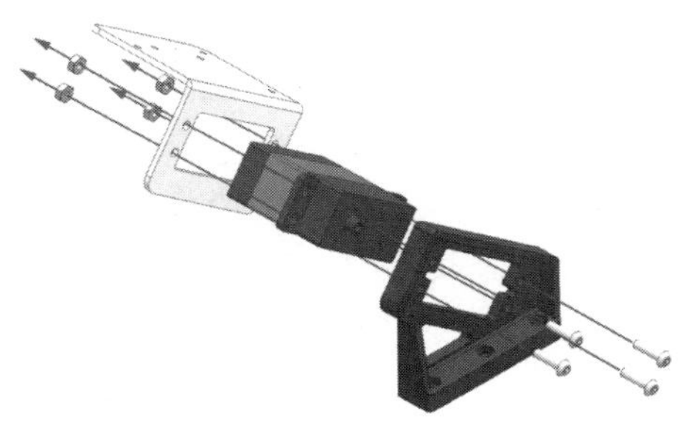

图 4-41 舵机与舵机驱动模块固定件的装配

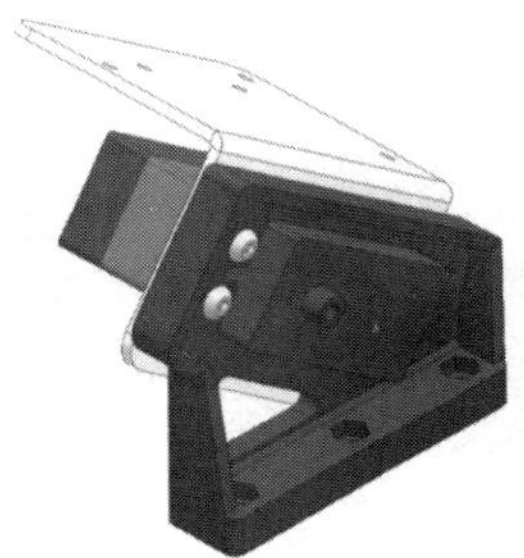

图 4-42 舵机与舵机驱动模块固定件的装配效果

装配注意点：

(1) 用 4 颗 M3×12 圆头螺钉将三号舵机、舵机驱动模块固定件与长臂舵机架 L 固定。

(2) 注意舵机输出头的朝向。

步骤 15：舵臂的装配

为了方便拧紧螺钉，可以先将舵臂紧固螺钉拧入舵臂，但不需要拧紧，等压入舵机输出头后再拧紧。其装配方法如图 4-43 所示，最终装配结果如图 4-44 所示。

装配注意点：

(1) 将舵臂压入舵机输出头。

(2) 用 2 颗 M2×8 杯头螺钉将舵臂与舵机固定。

步骤 16：二段机械臂舵机板的装配。

装配二段机械臂舵机板时，注意找准对应孔位。其装配方法如图 4-45 所示，最终装配结果如图 4-46 所示。

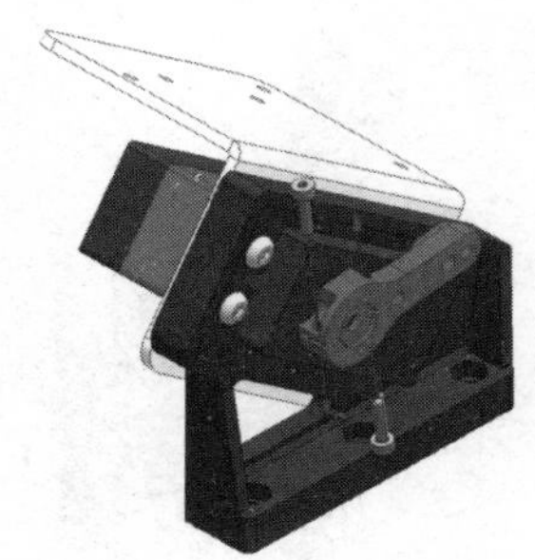
图 4-43 舵臂的装配

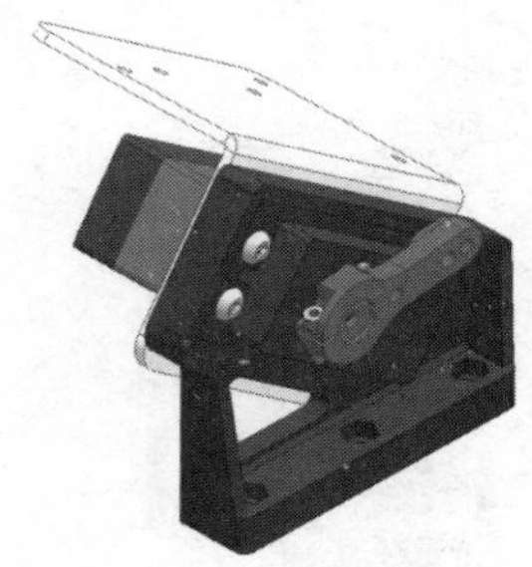
图 4-44 舵臂的装配效果

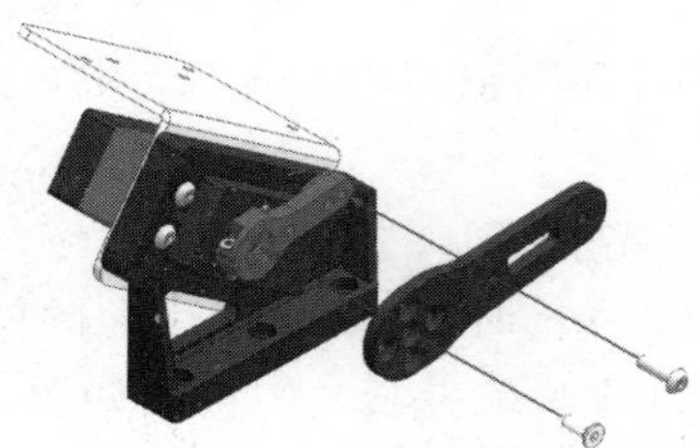
图 4-45 二段机械臂舵机板的装配

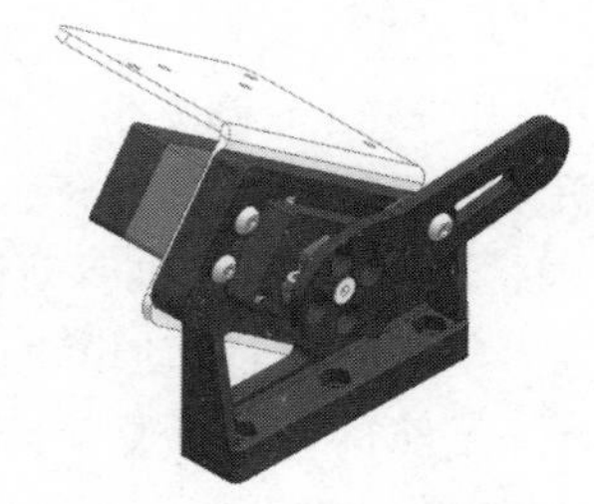
图 4-46 二段机械臂舵机板的装配效果

装配注意点：

用 M3×8 沉头与 M3×8 圆头螺钉将机械臂二段舵机板与舵臂固定。

步骤 17：二段机械臂舵机模块的装配。

装配二段机械臂舵机模块时，注意找准对应孔位。其装配方法如图 4-47 所示，最终装配结果如图 4-48 所示。

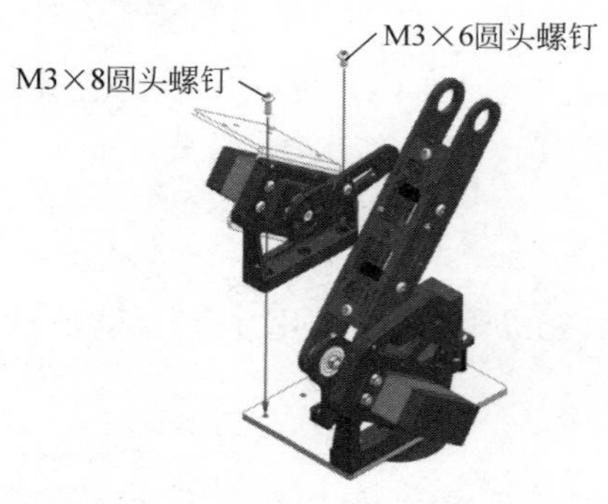

图 4-47 二段机械臂舵机模块的装配

图 4-48 二段机械臂舵机模块的装配效果

装配注意点：

（1）用 1 颗 M3×6 圆头螺钉和 1 颗 M3×8 圆头螺钉，将二段机械臂舵机模块固定件与上部机构固定板固定。

（2）因使用 M3×8 圆头螺钉的长度固定时会干涉底部转轴模块，所以选用 M3×6 圆头螺钉。

步骤 18：130 加长臂连杆-2 的装配。

装配 130 加长臂连杆-2 时，需要明确装配顺序。按塞打螺钉→二段机械臂舵机模块→滚针轴承→5mm 垫片→130 加长臂连杆-2→5mm 垫片→紧固件的顺序进行装配。其装配方法如图 4-49 所示，最终装配结果如图 4-50 所示。

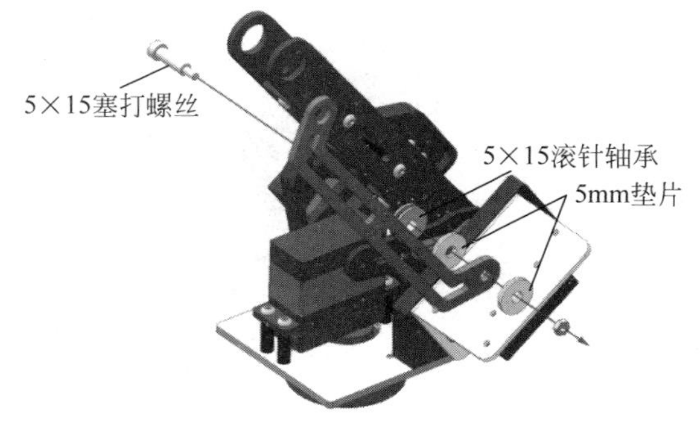

图 4-49　130 加长臂连杆-2 的装配

图 4-50　130 加长臂连杆-2 的装配效果

装配注意点：

用 5×15 塞打螺钉通过二段机械臂舵机模块→滚针轴承→5mm 垫片→130 加长臂连杆-2→5mm 垫片，最后用 M3 防松螺母固定。

步骤 19：三角板与 120 连杆板的装配。

装配三角板与 120 连杆板时，需要明确装配顺序。按塞打螺钉→三角板→滚针轴承→120 连杆板→滚针轴承→F695 轴承→紧固件；然后再按塞打螺钉→三角板→F3×8M 轴承→130 加长臂连杆-2→MF830 轴承→紧固件的顺序进行装配。其装配方法如图 4-51 所示，最终装配结果如图 4-52 所示。

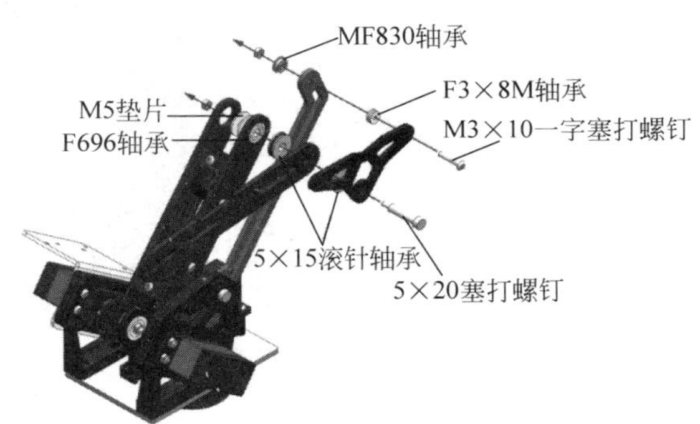

图 4-51　三角板与 120 连杆板的装配

图 4-52　三角板与 120 连杆板的装配效果

装配注意点：

(1) 用 5×20 塞打螺钉通过三角板→滚针轴承→120 连杆板→滚针轴承→F695 轴承，最后用 M3 防松螺母固定。

(2) 用 M3×10 一字塞打螺钉通过三角板→F3×8M 轴承→130 加长臂连杆→MF830 轴承，最后用 M3 防松螺母固定。

步骤 20：130 加长臂连杆-1 的装配。

装配 130 加长臂连杆-1 时，需要明确装配顺序。按一字塞打螺钉→MF830 轴承→130

加长臂连杆-1→二段机械臂舵机板→130 加长臂连杆-1→MF830 法兰轴承→紧固件的顺序进行装配。其装配方法如图 4-53 所示，最终装配结果如图 4-54 所示。

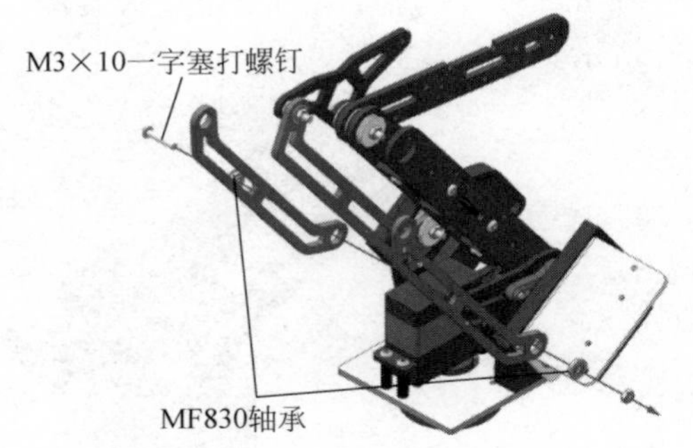

图 4-53　130 加长臂连杆-1 的装配

图 4-54　130 加长臂连杆-1 的装配效果

装配注意点：

用 M3×16 沉头螺钉按顺序通过 MF830 轴承→130 加长臂连杆-1→二段机械臂舵机板→130 加长臂连杆-1→MF830 轴承，最后用 M3 防松螺母固定。

步骤 21：120 连杆板-2 的装配。

装配 120 连杆板-2 时，需要明确装配顺序。首先按塞打螺钉→120 连杆板-2→5mm 垫片→滚针轴承→主动臂→F695 轴承→紧固件；然后再按一字塞打螺钉→MF830 轴承→130 加长臂连杆-1→120 连杆板-2→130 加长臂连杆-1→MF830 轴承→紧固件的顺序进行装配。其装配方法如图 4-55 所示，最终装配结果如图 4-56 所示。

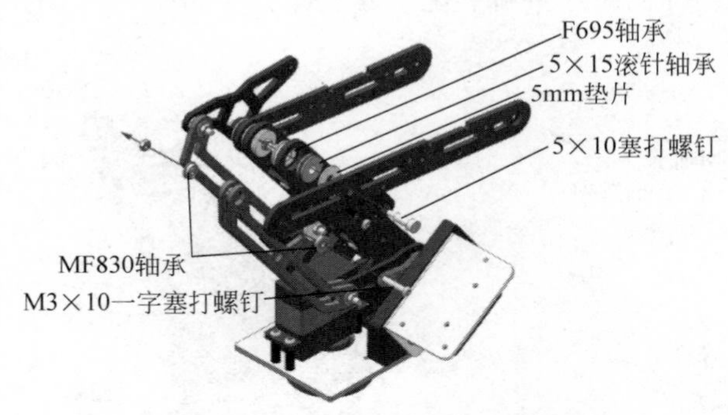

图 4-55　120 连杆板-2 的装配

图 4-56　120 连杆板-2 的装配效果

装配注意点：

(1) 用 5×10 塞打螺钉按顺序通过 120 连杆板-2→5mm 垫片→滚针轴承→主动臂→F695 轴承，最后用 M3 防松螺母固定。

(2) 将 120 连杆板-2 旋转到两块 130 加长臂连杆-1 之间，对齐相应孔位。

(3) 用 M3×10 一字塞打螺钉顺序通过 MF830 轴承→130 加长臂连杆-1→120 连杆板-2→130 加长臂连杆-1→MF830 轴承，最后用 M3 防松螺母固定。

步骤 22：连杆加强钣金的装配。

将连杆加强钣金与连杆模块进行固定，注意找准对应孔位。其装配方法如图 4-57 所示,最终装配结果如图 4-58 所示。

图 4-57　连杆加强钣金的装配

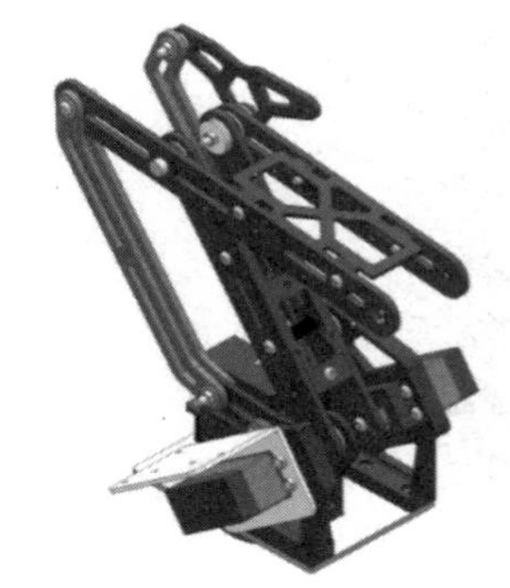

图 4-58　连杆加强钣金的装配效果

装配注意点：

用 4 颗 M3×6 圆头螺钉,将连杆加强钣金与连杆模块固定。

步骤 23：导向杆的装配。

装配导向杆时,需要明确装配顺序。按一字塞打螺钉→三角板→F3×8M 轴承→导向杆→MF830 轴承→紧固件的顺序进行装配。其装配方法如图 4-59 所示,最终装配结果如图 4-60 所示。

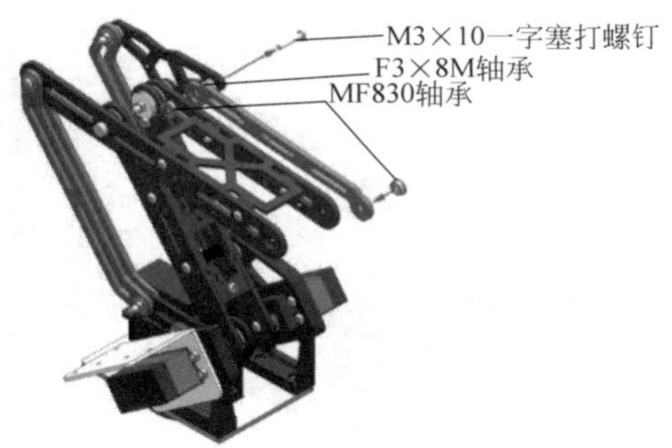

图 4-59　导向杆的装配

图 4-60　导向杆的装配效果

装配注意点：

用 M3×10 一字塞打螺钉按顺序通过三角板→F3×8M 轴承→导向杆→MF830 轴承,最后用 M3 防松螺母固定。

步骤 24：手爪支撑件的装配。

先将手爪支撑件跟连杆模块固定,再跟导向杆进行固定。其装配方法如图 4-61 所示,最终装配效果如图 4-62 所示。

装配注意点：

(1) 用 M3×10 一字塞打螺钉按顺序通过 MF830 轴承→F3×8M 轴承→连杆模块→手爪支撑件,最后用 M3 防松螺母固定；对应孔位也是相同操作。

(2) 将导向杆和手爪支撑件指定孔位对齐。

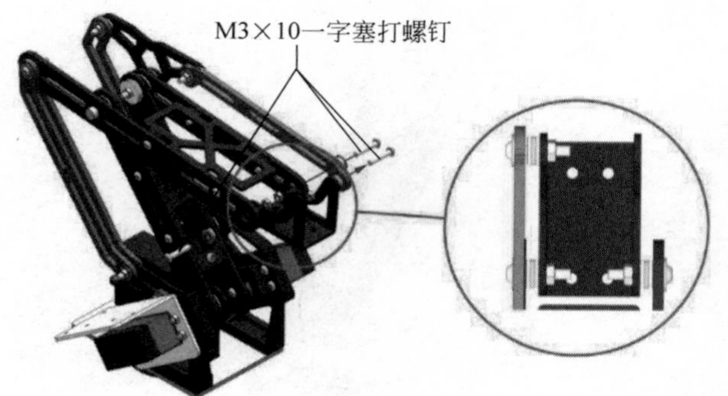

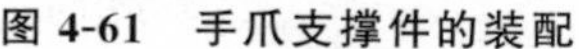

图 4-61 手爪支撑件的装配

图 4-62 手爪支撑件的装配效果

(3) 用 M3×10 一字塞打螺钉按顺序通过 MF830 轴承→F3×8M 轴承→导向杆→手爪支撑件,最后用 M3 防松螺母固定。

步骤 25:舵机与机械爪舵机板的装配。

装配舵机与机械爪舵机板时,需要明确装配顺序。按舵机→铝柱→机械爪舵机板顺序进行装配。装配时只需要将螺钉预拧紧,然后把舵机调到合适的位置时,再将螺钉完全拧紧。其装配方法如图 4-63 所示,最终装配效果如图 4-64 所示。

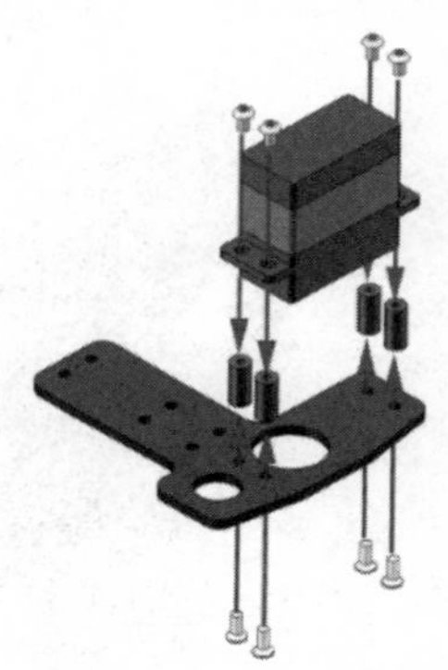

图 4-63 舵机与机械爪舵机板的装配

图 4-64 舵机与机械爪舵机板的装配效果

装配注意点:

(1) 用 4 颗 M3×6 圆头螺钉将舵机与铝柱固定。

(2) 用 4 颗 M3×8 沉头螺钉将铝柱另一头跟机械爪舵机板固定。

步骤 26:机械爪板-主动与机械爪齿轮的装配。

装配机械爪板-主动与机械爪齿轮时,需要明确装配顺序。按机械爪齿轮→尼龙柱→机械爪板-主动→舵盘的顺序进行装配。装配时需注意,将机械爪齿轮与机械爪板-主动齿跟孔位对齐再进行固定;需要选对合适的沉头螺钉和圆头螺钉以防止干涉。其装配方法如图 4-65 所示,最终装配效果如图 4-66 所示。

装配注意点:

(1) 用 4 颗 M3×16 沉头螺钉将机械爪齿轮与机械爪板-主动和舵盘固定。

(2) 用 M3×20 圆头螺钉通过机械爪板-主动、机械爪齿轮、舵盘,跟舵机固定。

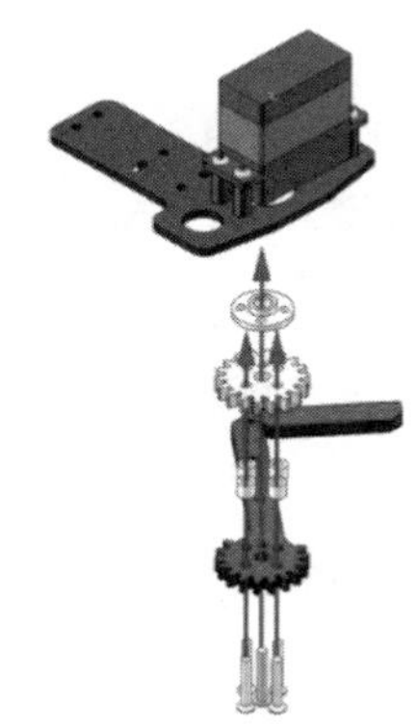

图 4-65　机械爪板-主动的装配

图 4-66　机械爪板-主动的装配效果

步骤 27：机械爪板-从动的装配。

装配机械爪板-从动时，需要明确装配顺序。按照塞打螺钉→F695 轴承→5mm 垫片→机械爪板-从动→5mm 垫片→防松螺母的顺序进行装配。装配时需注意，机械爪板-主动与机械爪板-从动齿轮的啮合和两种位置的对称。其装配方法如图 4-67 所示，最终装配效果如图 4-68 所示。

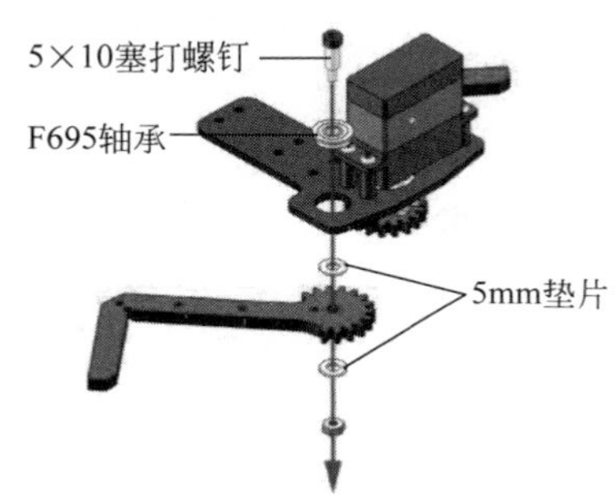

图 4-67　机械爪板-从动的装配

图 4-68　机械爪板-从动的装配效果

装配注意点：

用 D5×10 塞打螺钉按顺序通过轴承、机械爪舵机板、5mm 垫片、机械爪板-从动、5mm 垫片，最后用 M3 防松螺母将其固定。

步骤 28：机械手爪的装配。

使用圆头螺钉和防松螺母将机械爪固定在手爪支撑件上。其装配方法如图 4-69 所示，最终装配效果如图 4-70 所示。

装配注意点：

(1) 用 4 颗 M3×10 圆头螺钉和 4 颗 M3 防松螺母将机械手爪与手爪支撑件固定。

(2) 注意安装孔位。

步骤 29：机械臂模块与底板的装配。

将机械臂模块与底板进行组装，注意找准对应孔位，其装配方法如图 4-71 所示，最终装配效果如图 4-72 所示。

图 4-69 机械手爪的装配

图 4-70 机械手爪的装配效果

图 4-71 机械臂模块与底板的装配

图 4-72 机械臂模块与底板的装配效果

装配注意点：

用 6 颗 M3×8 圆头螺钉将通用底板与机械臂模块固定。

4.3 机器人控制系统构成

4.3.1 控制系统模式介绍

就控制系统而言，其控制模式一般可分为三类：①集中控制模式；②集中管理、分散控制模式；③混合式控制模式。

1. 集中控制模式

对于集中控制模式，整个控制系统的所有控制工作都由一片核心芯片来完成，该核心芯片直接与各类传感器、功率芯片、按钮、显示等元器件相连，核心芯片直接接收传感器的信号，直接控制功率芯片从而驱动电机、电磁阀等。集中控制模式的框架结构如图 4-73 所示。

集中控制模式就类似家庭厨房，一个家庭主妇把所有事情都做了。

对于简单系统的控制，集中控制模式有着较大的优势：成本低，系统构成简单；但是集中控制模式的缺点也很明显，只能做小规模的控制，对于复杂系统的控制，集中控制模式就

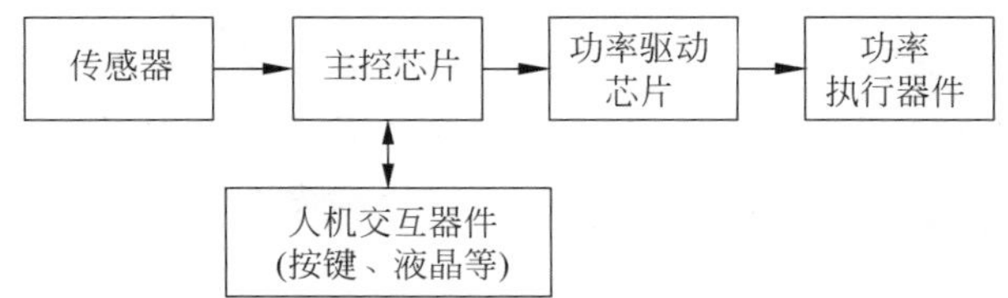

图 4-73　集中控制模式的框架结构

力不从心了。

2. 集中管理、分散控制模式

对集中管理、分散控制模式，整个控制系统设计成模块化。其中主控模块相当于厨房中的主厨，总领整个系统，各种具备具体功能的模块就是下属的各个帮厨，比如电机驱动模块、各类传感器模块、按键模块、液晶模块等这些可以想象成主厨下面专门负责洗菜、切菜、掌勺、摆盘等的帮厨。每个模块都是一个相对独立的个体，每个模块上面都有一片核心芯片用于实现各自的功能。主控通过通信端口下发命令与参数，从而实现对下属各模块的控制。集中管理、分散控制模式的框架结构如图 4-74 所示。

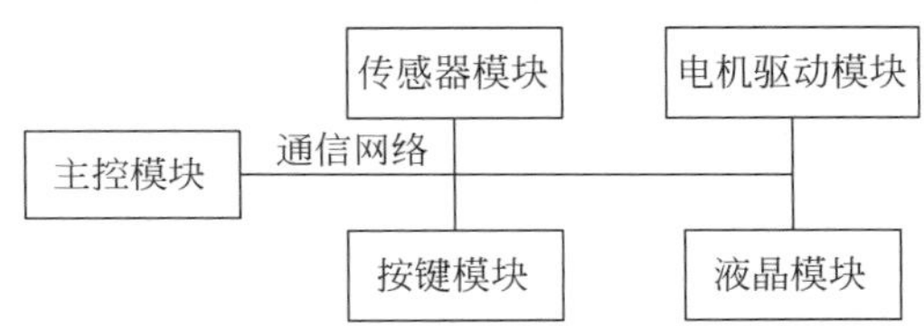

图 4-74　集中管理、分散控制模式的框架结构

集中管理、分散控制模式具有很多优点，其中比较大的优点有以下几点：①当控制对象比较复杂时，各个模块分工合作，将复杂系统分解成各个比较小的系统，从而降低了系统控制难度；②当前系统需要增加功能时，方便扩展，只需要增加对应模块即可；③局部功能出现故障，可直接更换对应控制模块。

但是对于简单的控制对象，其并不具备优势，特别是在成本上。好比一家三口吃饭，就没必要请大饭店的主厨与帮厨来做饭了吧，因为我们的妈妈一个人就能做好所有饭菜。

3. 混合式控制模式

混合式控制模式集合了集中控制与集中管理和分散控制，对于部分简单的功能用了集中控制，例如按键、液晶等一般都集成在了主控模块上，但是其他较为复杂的功能又由独立的模块通过主控模块发送命令与数据进行控制，混合式控制模式的框架结构如图 4-75 所示。

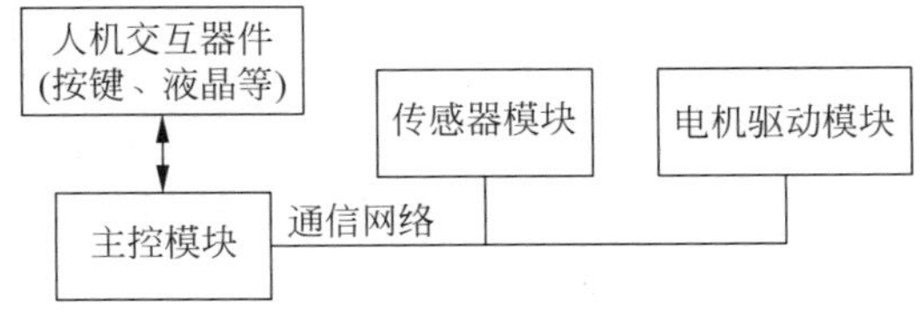

图 4-75　混合式控制模式

这就类似农村办宴席，请了大师傅，也请了几个帮厨，但是大师傅并不是光指挥帮厨干活，他自己烧菜，同时指挥帮厨切菜、洗菜、摆盘、上桌等。这样的最大好处是充分发挥了大

师傅的作用，最实惠。同理，一般而言，我们主控模块的主控芯片是高性能通用芯片，如果只是通过通信端口控制其他模块的运行，对于主控芯片而言会造成其资源浪费，所以可以把一些按钮、显示、开关量传感器直连到主控模块上，这样能将主控芯片的性能充分发挥出来，同时也能降低成本。

4.3.2 控制系统构成

本节中机器人的控制系统除了涉及底盘控制与上部码垛机构控制，同时还涉及发光二极管、按钮、液晶屏、遥控接收器等的控制，因此采用混合式控制模式进行控制系统的搭建较为合理。

其中底盘控制主要为直流减速电机的控制，直流减速电机的驱动与直接控制通过直流电机驱动模块实现，而直流电机驱动模块的具体功能通过通信网络接收主控板的相关命令与参数来实现。机器人底盘控制系统具体构成框图如图 4-76 所示。

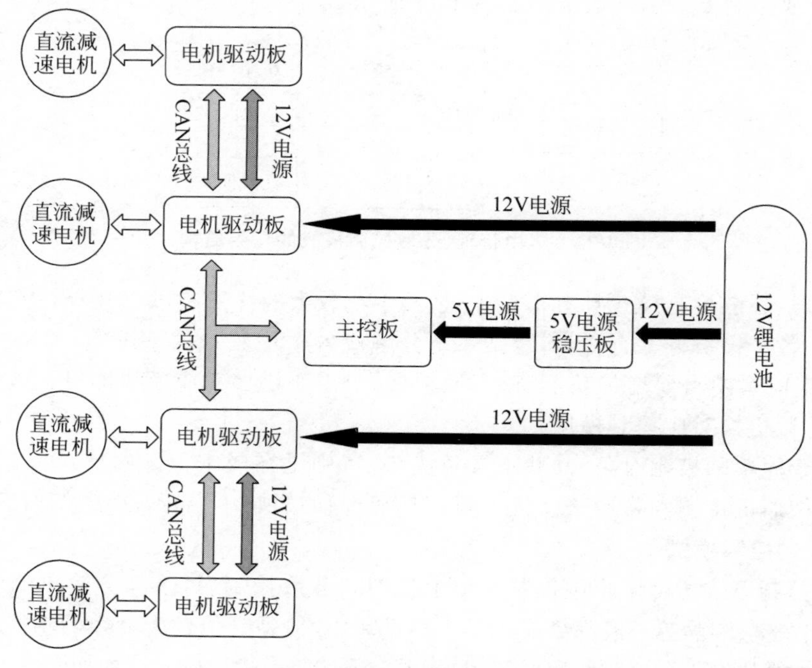

图 4-76 底盘控制系统构成框图

整个底盘控制系统主要由 4 个直流减速电机、4 个电机驱动模块、1 块主控板、1 块电源稳压板、1 个锂电池及若干线束构成。电机驱动板由 3S 锂电池直接供电，主控板电源电压为 5V，因此需将锂电池经过电源稳压板降压后供电。电机驱动板与主控板之间通过 CAN 总线实现通信。

上部机构控制主要为舵机的控制，舵机的驱动与直接控制通过舵机驱动模块实现。一个舵机驱动模块最多可实现 6 个舵机的控制，而舵机驱动模块的具体功能通过通信网络接收主控板的相关命令与参数来实现。机器人上部机构控制系统具体构成框图如图 4-77 所示。

整个上部机构控制系统主要由 4 个舵机、1 个舵机驱动模块、1 块主控板、1 块电源稳压

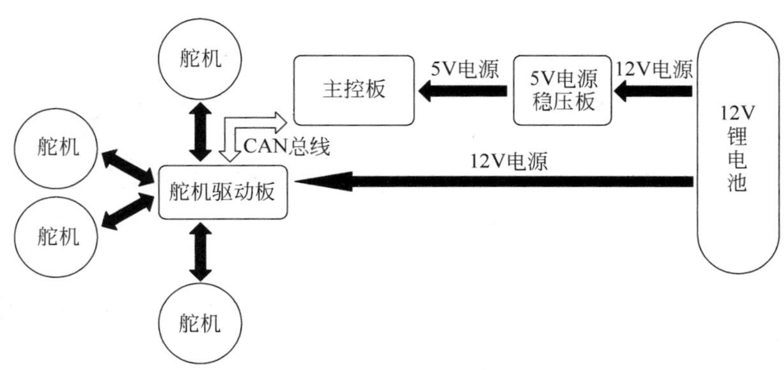

图 4-77　上部机构控制系统构成框图

板、1 个锂电池及若干线束构成。舵机驱动板由 3S 锂电池直接供电，主控板电源同样由稳压板降压后供电。舵机驱动板与主控板之间同样通过 CAN 总线实现通信。

将机器人底盘与上部机构控制系统融合后添加用于循迹的巡线传感器便组成了整车的控制系统，整车控制系统具体构成框图如图 4-78 所示。

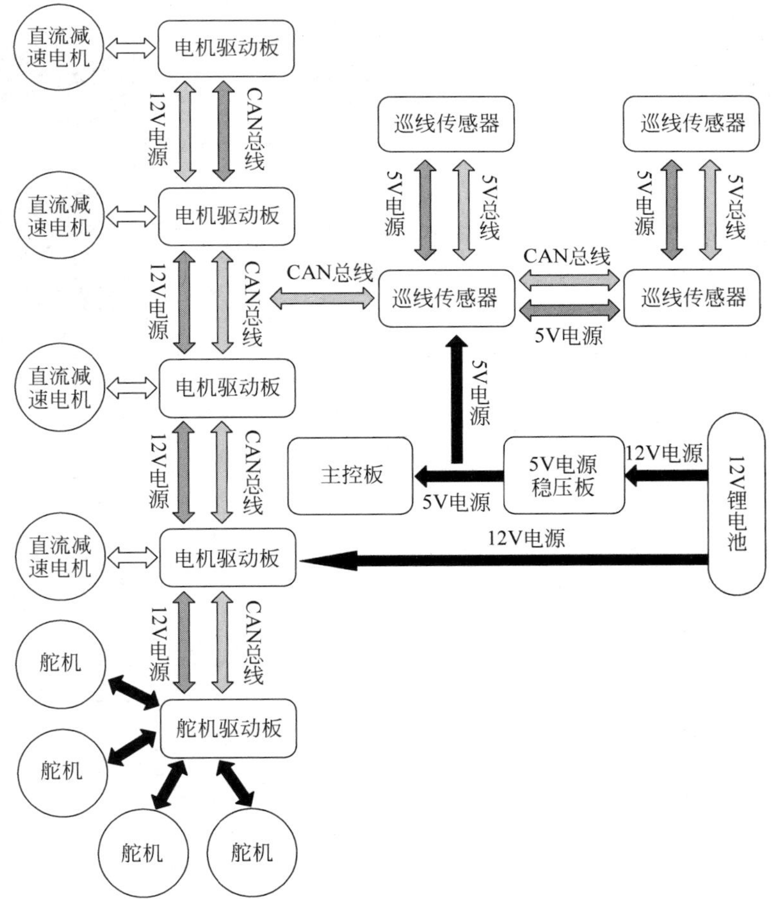

图 4-78　整车控制系统构成框图

整机控制系统主要由4个巡线传感器、4个直流减速电机、4个直流电机驱动模块、4个舵机、1个舵机驱动模块、1块主控板、1个电压稳压板、1个3S锂电池及若干线束构成。直流电机驱动板与舵机驱动板电源同时由锂电池直供，主控板电源与巡线传感器电源由电源稳压板供电。主控板、电机驱动模块、舵机模块、巡线传感器采用同一路CAN总线实现数据通信。整车可实现自动循迹运行与遥控两种控制模式，主控板可插入遥控接收器，实现整机的遥控。

4.4 机器人控制系统搭建(硬件电路搭建/模块ID修改)

4.4.1 硬件电路搭建

根据前面一小节的控制系统构成，移动机器人底盘控制系统所使用到的模块清单如表4-3所示。

表4-3 底盘控制系统硬件模块清单

主控板×1	直流电机驱动模块×4	5V电源稳压模块×1
3S锂电池×1	电压报警器×1	遥控器×1

小车底盘控制系统接线所使用到的清单如表4-4所示。

表4-4 底盘控制系统线束清单

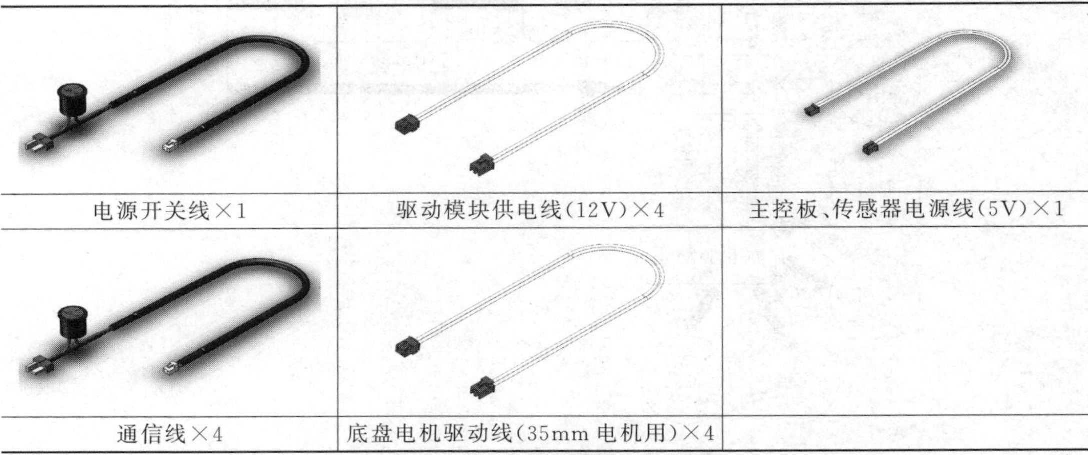

电源开关线×1	驱动模块供电线(12V)×4	主控板、传感器电源线(5V)×1
通信线×4	底盘电机驱动线(35mm电机用)×4	

直流电机驱动模块通过CAN总线与主控板实现数据通信，电源采用12V的(3S)锂电池，直流电机驱动板电源接口与5V电源稳压模块输入电压为12V，主控板的电源电压为5V，将主控板的电源接口与5V电源稳压板的任意一个5V接口相连。主控板的CAN接口与电机驱动板的CAN接口相连，具体接线方式如图4-79所示。

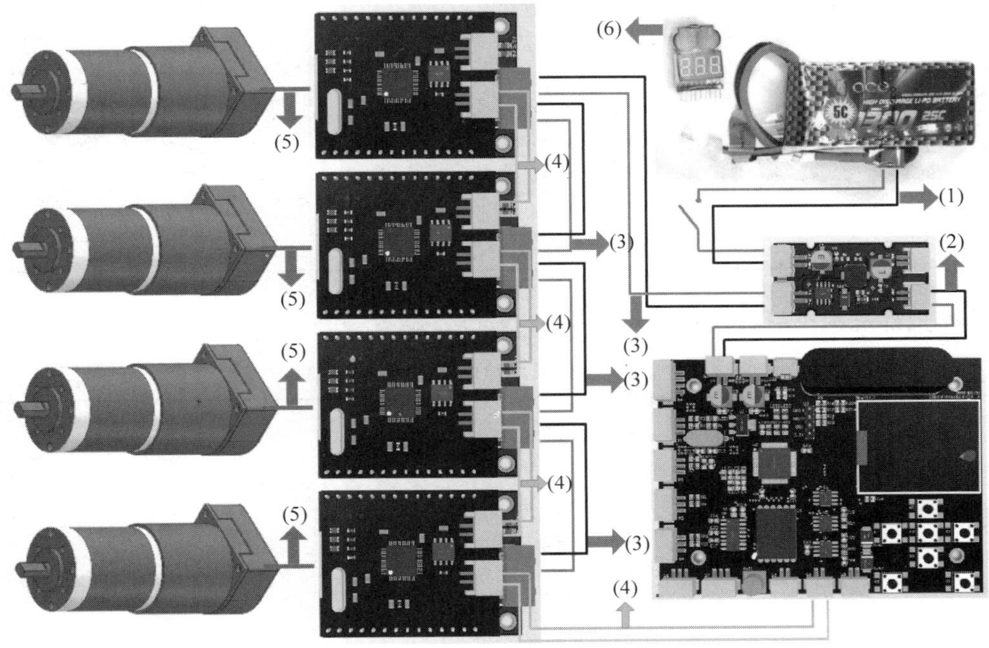

图4-79　底盘控制系统硬件接线示意图

(1) 12V电源输入：使用电源开关线(XHB2.54-2P转T型插头转接线)，将锂电池连接于5V电源稳压模块的其中任意一个12V输入口。

(2) 主控模块5V供电：将主控板S1或S2-电源接口使用PH2.0-2P转PH2.0-2P与电源板任意5V输出口连接。

(3) 驱动模块12V供电：使用驱动模块供电线(12V)XHB2.54-2P转XHB2.54-2P，将两个驱动模块的电源输入口并联，并使用同样的线束连接于5V电源稳压模块的其中任意一个12V输入口。

(4) 各控制模块CAN通信：将S8或S9-CAN接口使用PH2.0-2P转PH2.0-2P与其他模块的任意一个CAN接口相连，并在最后确保所有控制模块连接于一条CAN总线上。

(5) 底盘电机连接：使用底盘电机驱动线(35mm电机用)PH2.0-6P转GH1.25-4P+XHB2.54-4P线，将电机驱动模块与35mm电机相连。

(6) 电压报警器：当使用电池时，必须连接电压报警器用于提示电池电量！

机器人上部机构控制系统所使用到的模块清单如表4-5所示。

表 4-5　上部机构控制系统硬件模块清单

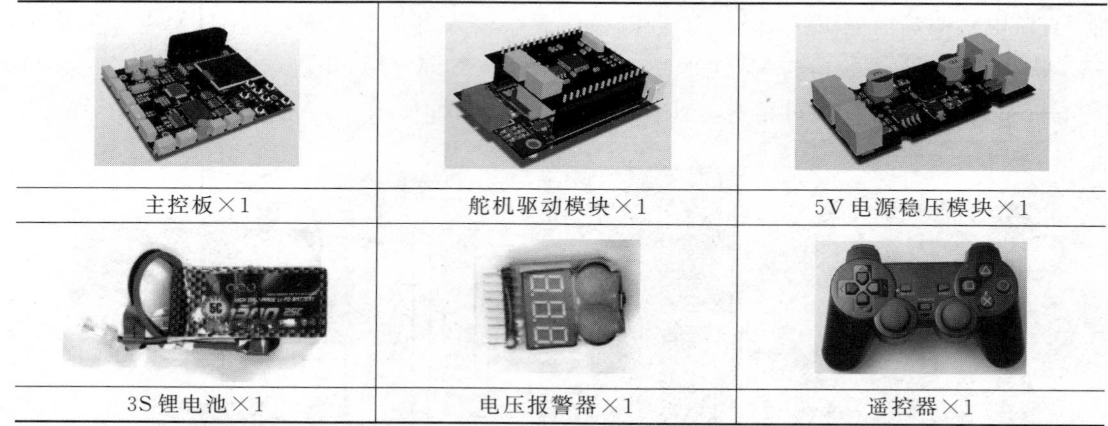

主控板×1	舵机驱动模块×1	5V 电源稳压模块×1
3S 锂电池×1	电压报警器×1	遥控器×1

小车上部机构控制系统接线所使用到的清单如表 4-6 所示。

表 4-6　上部机构控制系统线束清单

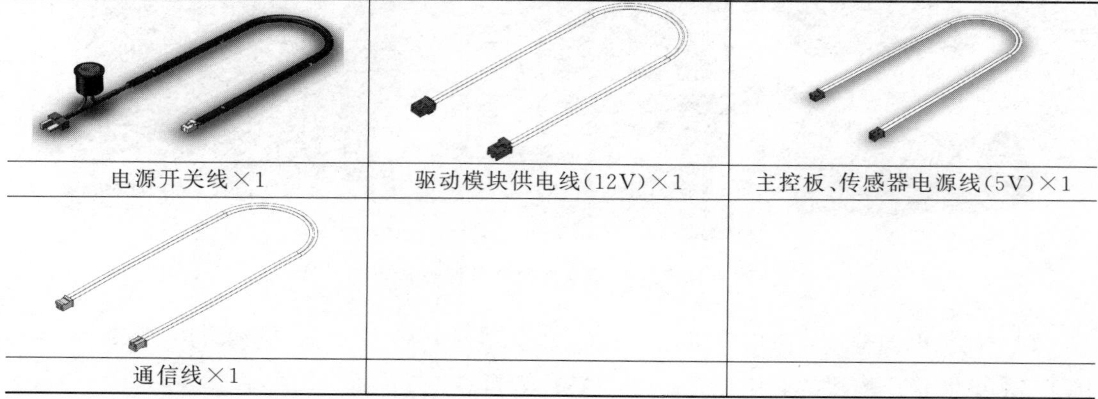

电源开关线×1	驱动模块供电线(12V)×1	主控板、传感器电源线(5V)×1
通信线×1		

舵机驱动模块通过 CAN 总线与主控板实现数据通信，电源采用 12V 的(3S)锂电池，舵机驱动板电源接口与 5V 电源稳压模块输入电压为 12V，主控板的电源电压为 5V，将主控板的电源接口与 5V 电源稳压板的任意一个 5V 接口相连，主控板的 CAN 接口与舵机驱动模块的 CAN 接口相连，具体接线方式如图 4-80 所示。

(1) 12V 电源输入：使用电源开关线(XHB2.54-2P 转 T 型插头转接线)，将锂电池连接于 5V 电源稳压模块的其中任意一个 12V 输入口。

(2) 主控模块 5V 供电：将主控板 S1 或 S2-电源接口(红色 2P)使用 PH2.0-2P 转 PH2.0-2P 与电源板任意 5V 输出口连接。

(3) 驱动模块 12V 供电：使用驱动模块供电线(12V)XHB2.54-2P 转 XHB2.54-2P，将两个驱动模块的电源输入口并联，并使用同样的线束连接于 5V 电源稳压模块的其中任意一个 12V 输入口。

(4) 各控制模块 CAN 通信：将 S8 或 S9-CAN 接口使用 PH2.0-2P 转 PH2.0-2P 与其他模块的任意一个 CAN 接口相连，并在最后确保所有控制模块连接于一条 CAN 总线上。

(5) 舵机连接：使用舵机自带线束，连接于舵机驱动模块中对应的控制端口。驱动板

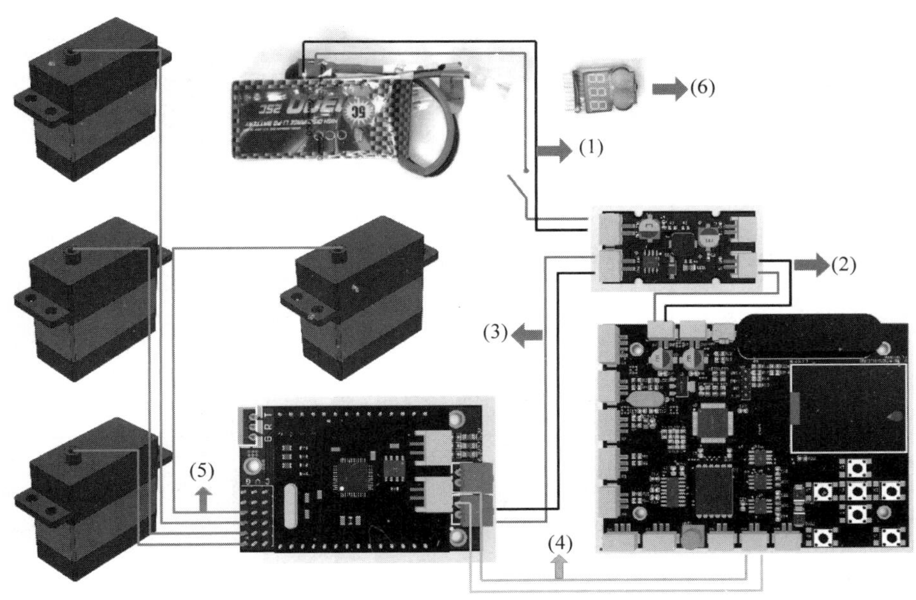

图 4-80　上部机构控制系统硬件接线示意图

上共有 6 组端口，其中每组端口各有 3 个排针，G 代表地(GND)，V 代表电源(6.3V)，C 代表控制信号。

(6) 电压报警器：当使用电池时，必须连接电压报警器用于提示电池电量！

移动机器人整车控制系统所使用到的模块清单如表 4-7 所示。

表 4-7　整车控制系统硬件模块清单

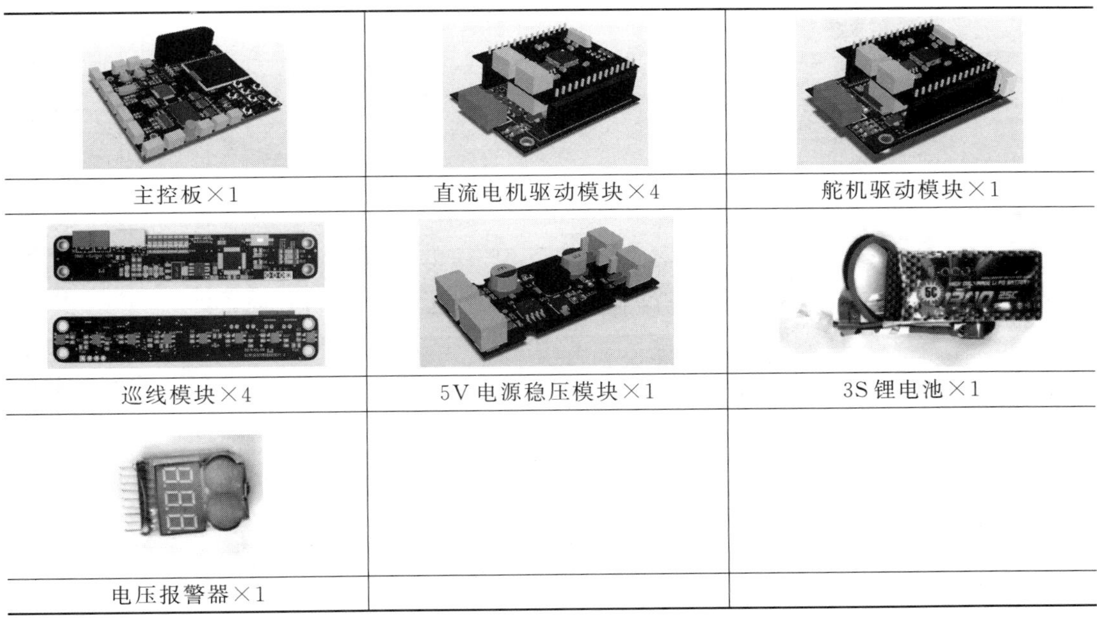

主控板×1	直流电机驱动模块×4	舵机驱动模块×1
巡线模块×4	5V 电源稳压模块×1	3S 锂电池×1
电压报警器×1		

整车控制系统接线所使用到的清单如表 4-8 所示。

表 4-8 整车控制系统线束清单

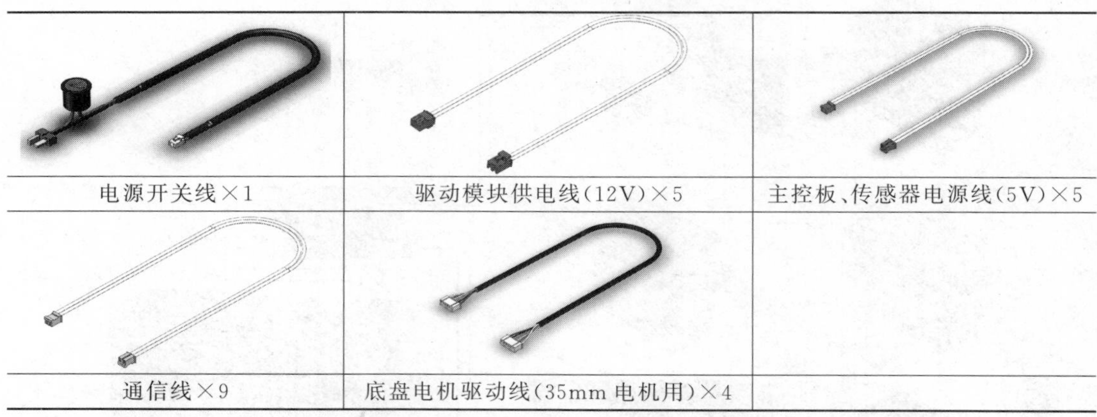

电源开关线×1	驱动模块供电线(12V)×5	主控板、传感器电源线(5V)×5
通信线×9	底盘电机驱动线(35mm 电机用)×4	

直流电机驱动模块、舵机驱动模块、巡线模块通过 CAN 总线与主控板实现数据通信，电源采用 12V 的(3S)锂电池，直流电机驱动模块与舵机驱动模块电源接口与 5V 电源稳压模块输入电压为 12V，主控板与巡线模块的电源电压为 5V，将主控板与巡线板的电源接口与 5V 电源稳压板的任意一个 5V 接口相连。主控板的 CAN 接口与直流电机驱动模块、舵机驱动模块、巡线模块的 CAN 接口相连，具体接线方式如图 4-81 所示。

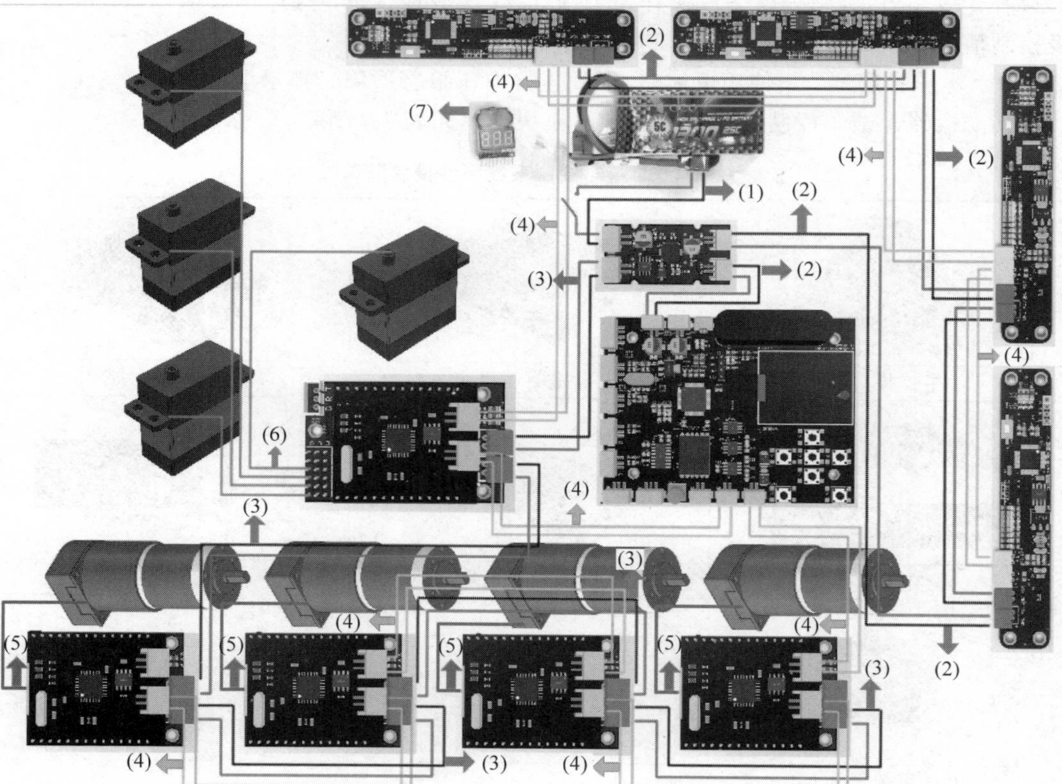

图 4-81 整车控制系统硬件接线示意图

(1) 12V电源输入：使用电源开关线(XHB2.54-2P转T型插头转接线)，将锂电池连接于5V电源稳压模块的其中任意一个12V输入口。

(2) 主控模块5V供电：将主控板S1或S2-电源接口(红色2P)使用PH2.0-2P转PH2.0-2P 30CM(白线-红头)与电源板任意5V输出口连接。

(3) 驱动模块12V供电：使用驱动模块供电线(12V)XHB2.54-2P转XHB2.54-2P(30cm)白线-红头，将两个驱动模块的电源输入口并联，并使用同样的线束连接于5V电源稳压模块的其中任意一个12V输入口。

(4) 各控制模块CAN通信：将S8或S9-CAN接口使用PH2.0-2P转PH2.0-2P 30CM(白线-黄头)与其他模块的任意一个CAN接口相连，并在最后确保所有控制模块连接于一条CAN总线上。

(5) 底盘电机连接：使用底盘电机驱动线(35mm电机用)PH2.0-6P转GH1.25-4P(红黄绿黑)+XHB2.54-4P(蓝白)线，将电机驱动模块与35mm电机相连。

(6) 舵机连接：使用舵机自带线束，连接于舵机驱动模块中对应的控制端口。驱动板上共有6组端口，其中每组端口各有3个排针，G代表地(GND)，V代表电源(6.3V)，C代表控制信号。

(7) 电压报警器：当使用电池时，必须连接电压报警器用于提示电池电量!

4.4.2 模块ID修改

混合式控制模式与集中管理、分散控制模式下，不同的模块种类必须能够区分，如果出现同时存在几个完全相同的功能模块，也要能够区分。

比如移动机器人底盘有4个电机，就必须同时有4个电机驱动模块，由于存在对4个电机的转速、转动角度有不同要求的情况，因此对4个电机驱动模块必须分开控制，这需要区分这4个模块哪个是控制前左轮，哪个是控制后左轮，哪个是控制前右轮，哪个是控制后右轮。

为此需以某种方式给各模块进行命名，而且这个名字在本系统内是独一无二的，从而实现该模块能被准确识别。

将本项目中的各种模块首先起个名称，用于区分不同功能种类的模块。为了方便起见我们约定用十进制2位数作为种类号，具体模块名称和种类号如表4-9所示。

表4-9 模块名称和种类号

模块名称	模块种类号
主控模块	01
直流电机驱动模块	02
循迹传感器模块	03
舵机驱动模块	04

由于在同一个系统中，同时存在多个相同种类的模块，为此需要区分相同种类的模块，给相同种类的模块起不同的ID号。由于本项目中的控制系统不可能非常庞大，所以约定ID号范围为0～15，相同种类的模块在控制系统中最多有16个，但是循迹传感器模块是个

特例,其 ID 号范围为 0～8。此处需注意,模块种类号是约定死的,不能修改,但是 ID 号是可以修改的,模块 ID 号的修改需要借助“DL. exe”上位机软件。

模块 ID 号的修改步骤如下。

步骤 1:将串口模块上的“RXD、TXD、GND、3. 3V”引脚分别与模块上标注“T、R、G、V”的引脚一一对应相连(RXD-T、TXD-R、GND-G、3. 3V-V)。

步骤 2:将 USB 转 TTL 模块插入计算机 USB 口,并打开“DL. exe”软件。示意图如图 4-82 所示。

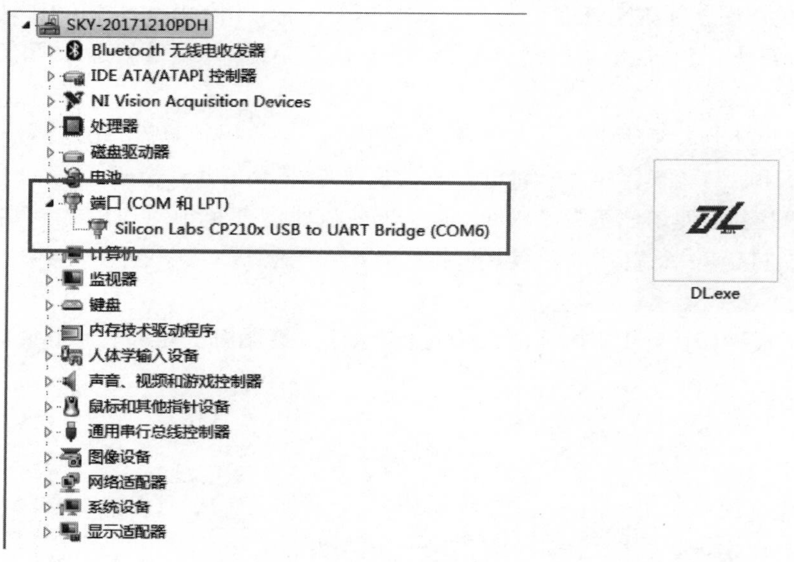

图 4-82　启动“DL. exe”

步骤 3:在串口设置中选择相应的串口号,设置波特率为 115200,并单击“打开串口”按钮。示意图如图 4-83 所示。

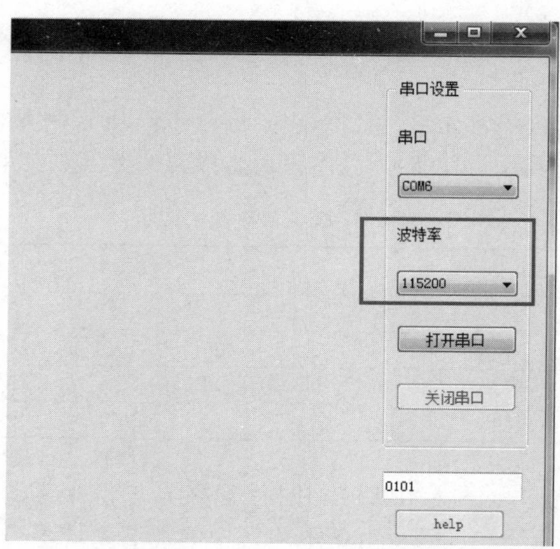

图 4-83　设置波特率

步骤4：输入模块种类号与原始ID号，由于此处以直流电机驱动模块为例，因此模块种类号为2，模块ID号初始默认为1，因此我们输入0201，从中可以发现这个四位数前两位为模块种类号，后两位为ID号。然后单击“help”按钮。示意图如图4-84所示。

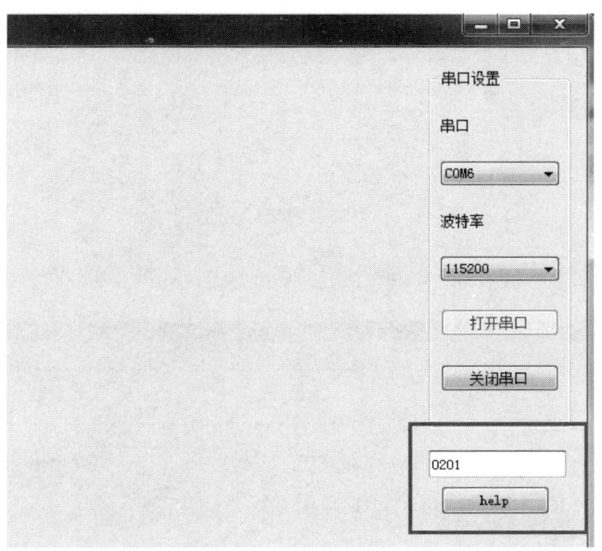

图4-84　输入模块种类号与原始ID

步骤5：单击“sequence”选项的“get”按钮，获取模块本身的ID号。注意此处的ID号是以ASCII码(ASCII码表见附录1)的形式表述的。其中48为ASCII的0，49为ASCII码的1，因为模块ID号就是01。示意图如图4-85所示。

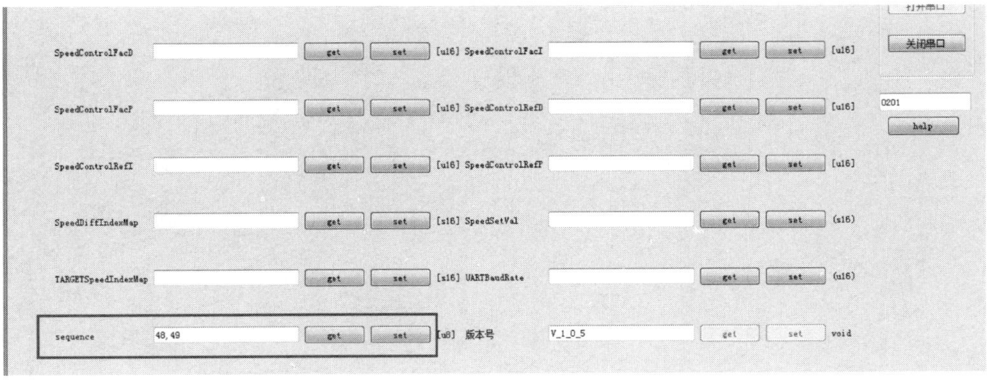

图4-85　获取模块本身ID

步骤6：假设将本模块ID号修改为02，则需要在“sequence”选项中输入48，50，单击“sequence”选项的“set”按钮，此时ID号设置完毕。我们可以再次单击“sequence”选项的“get”按钮获取模块本身的ID号，便可发现ID号已经修改完毕，但是此时修改的ID号并未保存。示意图如图4-86所示。

步骤7：为了对我们刚才设置的ID号进行保存，选择“DataStorageFlg”选项，并输入1(这个1为保存标志，无论把ID号修改为多少，只要进行保存，此选项永远输入1)，单击

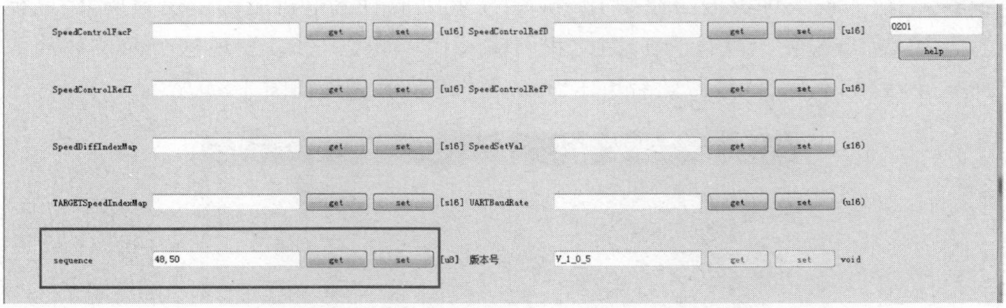

图 4-86 修改 ID 值

“set”按钮，此时新的 ID 号保存完毕，整个 ID 修改流程完毕。示意图如图 4-87 所示。

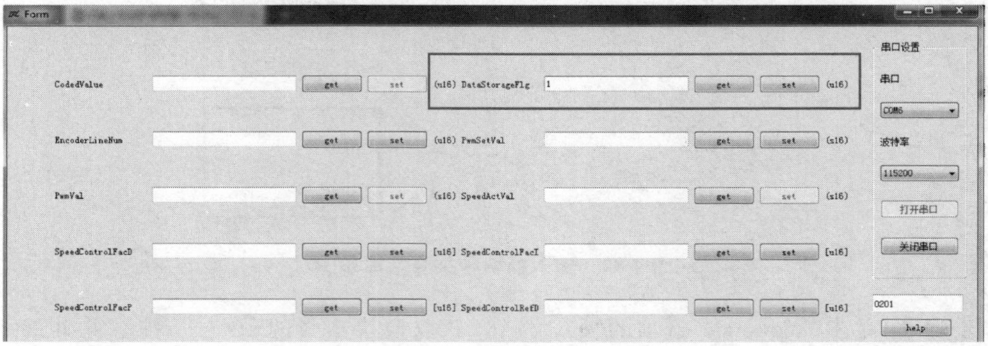

图 4-87 保存 ID 号

第 5 章

智能物流机器人控制程序编写

本章主要涉及机器人控制程序编写，首先介绍了编程用 IDE 软件 Keil MDK 以及意法公司为 STM32 系列芯片底层驱动开发的 STM32CubeMX 软件的安装以及简单使用；然后对底盘运动控制与机械臂运动控制的相关子程序做了较为详细的功能说明，同时对常用的简单滤波算法做了介绍；最后对机器人控制中的核心算法——PID 算法做了较为详细的介绍。

5.1 编程软件介绍

5.1.1 Keil MDK 介绍

Keil 是德国知名软件公司 Keil(2005 年并入 ARM 公司，但是 ARM 公司已经于 2016 年被日本软银收购，2020 年日本软银又将 ARM 公司出售给了英伟达公司。)开发的微控制器软件开发平台，是目前 ARM 内核单片机开发的主流工具。Keil 提供了包括 C 编译器、宏汇编、连接器、库管理和一个功能强大的仿真调试器在内的完整开发方案，通过一个集成开发环境(Keil μVision)将这些功能组合在一起。

Keil MDK 是一个专为微控制器开发的工具(图 5-1)，它的设备数据库中有很多厂商的芯片，为满足基于 MCU 进行嵌入式软件开发的工程师需求而设计，支持 ARM7、ARM9、Cortex-M4/M3/M1/M0、Cortex-R0/R3/R4 等 ARM 微控制器内核。

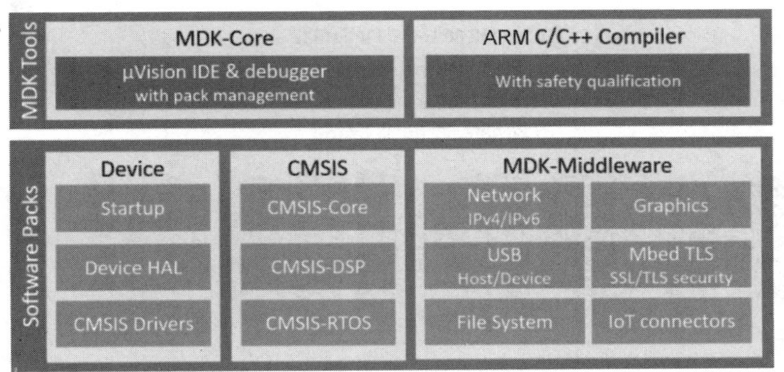

图 5-1 Keil MDK 软件模块构成

Keil μVision 与 Keil MDK 的关系类似于我们常见的办公软件“office”与“word”的关系。后续的控制程序编写主要借助 Keil MDK 来进行，其主要特点如下：

（1）完美支持 Cortex-M、Cortex-R4、ARM7 和 ARM9 系列器件；

（2）行业领先的 ARM C/C++编译工具链；

（3）确定的 Keil RTX ，小封装实时操作系统（带源码）；

（4）μVision5 IDE 集成开发环境、调试器和仿真环境；

（5）TCP/IP 网络套件提供多种协议和各种应用；

（6）提供带标准驱动类的 USB 设备和 USB 主机栈；

（7）为带图形用户接口的嵌入式系统提供了完善的 GUI 库支持；

（8）ULINKpro 可实时分析运行中的应用程序，且能记录 Cortex-M 指令的每一次执行；

（9）提供关于程序运行的完整代码覆盖率信息；

（10）执行分析工具和性能分析器可使程序得到最优化；

（11）大量的项目例程帮助读者快速熟悉 MDK 强大的内置特征；

（12）符合 CMSIS（Cortex 微控制器软件接口标准）。

5.1.2 STM32CubeMX 介绍

意法半导体（ST）公司成立于 1987 年，是意大利 SGS 半导体公司和法国汤姆逊半导体合并后的新企业，大名鼎鼎的 STM32 系列芯片就是该公司的杰作。STM32CubeMX 是 ST 公司于 2014 年推出的一个图形化的工具，也是配置和初始化 STM32 外设的 C 语言代码生成器（STM32 configuration and initialization C code generation），能自动生成开发初期关于芯片相关的一些初始化代码（图 5-2）。

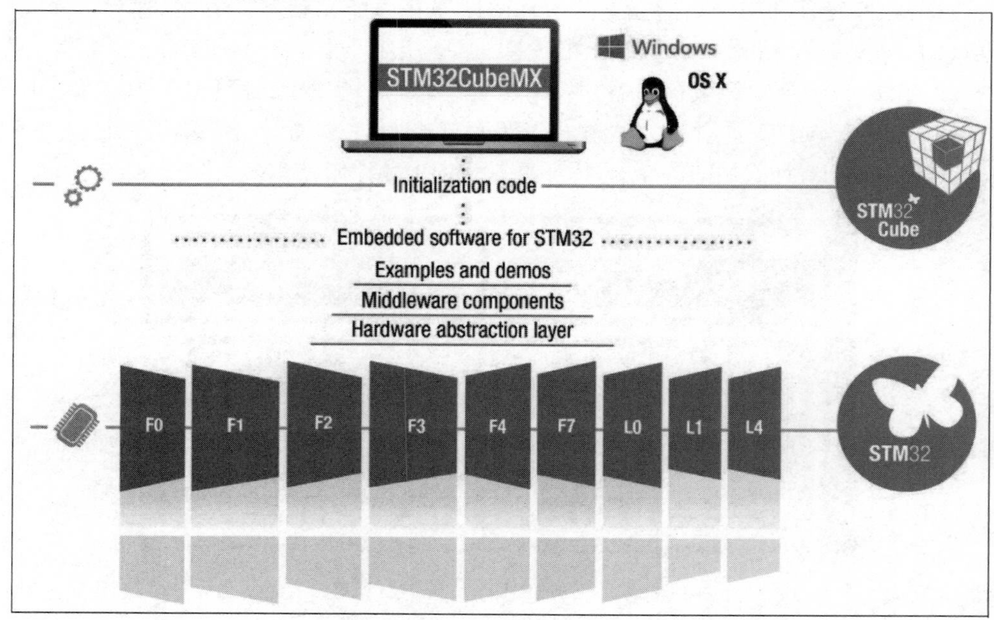

图 5-2 STM32CubeMX 软件

从图 5-2 可以看得出，它支持 STM32 所有系列的芯片，包含示例和样本（examples and demos）、中间组件（middleware components）、硬件抽象层（hardware abstraction layer）。由于后续编程的硬件对象为 STM32 芯片，因此使用 STM32CubeMX 对 STM32 芯片进行配置及生成初始化代码将大大缩短开发周期，STM32CubeMX 的特性如下：

（1）直观选择 STM32 微控制器；

（2）微控制器图形化配置；

（3）自动处理引脚冲突；

（4）动态设置确定的时钟树；

（5）可以动态设置外围和中间件模式并初始化；

（6）功耗预测；

（7）C 代码工程生成器覆盖了 STM32 微控制器初始化编译软件，如 IAR、KEIL、GCC；

（8）可独立使用或作为 Eclipse 插件使用。

5.2　编程软件安装

5.2.1　Keil MDK 安装

1. Keil MDK 软件本体安装步骤

步骤 1：双击 MDK 安装文件 ，进入安装界面，具体操作如图 5-3 所示。

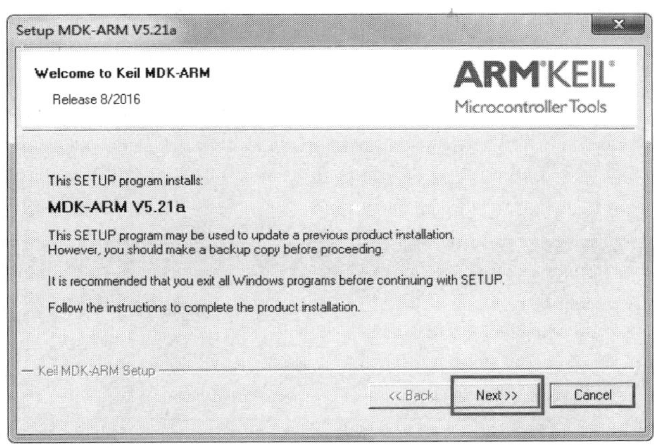

图 5-3　进入安装界面

步骤 2：直接单击“Next >>”按钮，进入下一安装界面，具体操作如图 5-4 所示。

步骤 3：勾选“I agree to all the items of the preceding License Agreement”，单击“Next >>”按钮，进入下一安装界面，具体操作如图 5-5 所示。

步骤 4：选择核心部件与相关库包安装位置，单击“Next >>”按钮，进入下一安装界面，具体操作如图 5-6 所示。

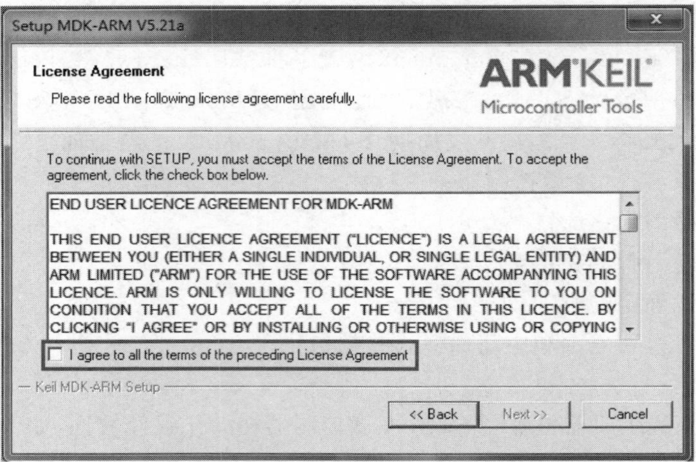

图 5-4 接受许可协议界面

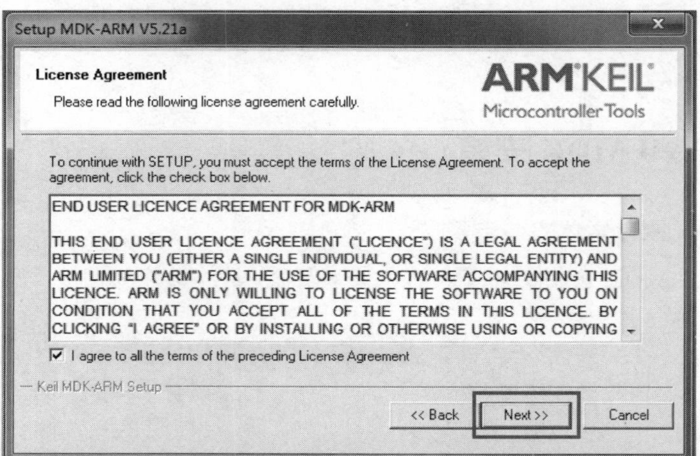

图 5-5 接受许可协议

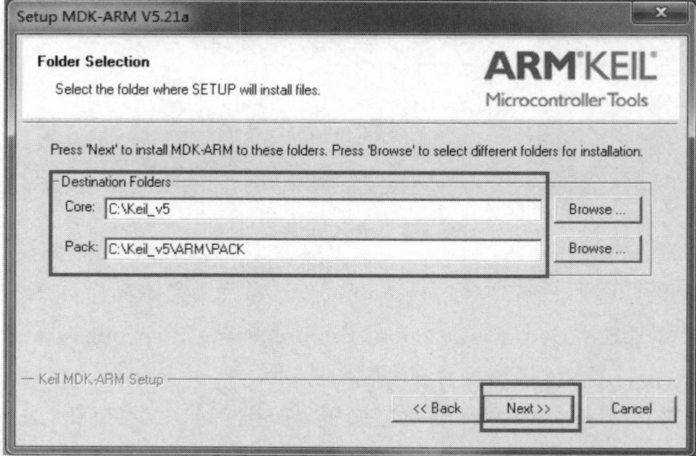

图 5-6 选择安装路径

步骤5：在"First Name""Last Name""Company Name""E-mail"中填入任意数据后，单击"Next >>"按钮，进入下一安装界面，具体操作如图5-7所示。

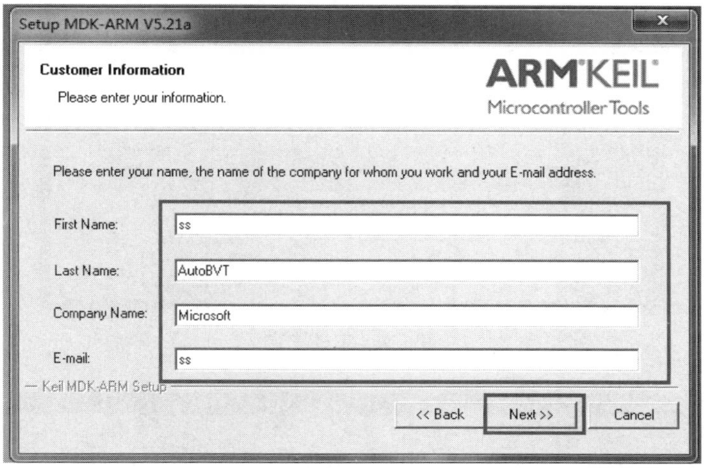

图5-7 输入用户信息

步骤6：等待安装完毕，安装完毕后自动进入下一安装界面，具体操作如图5-8所示。

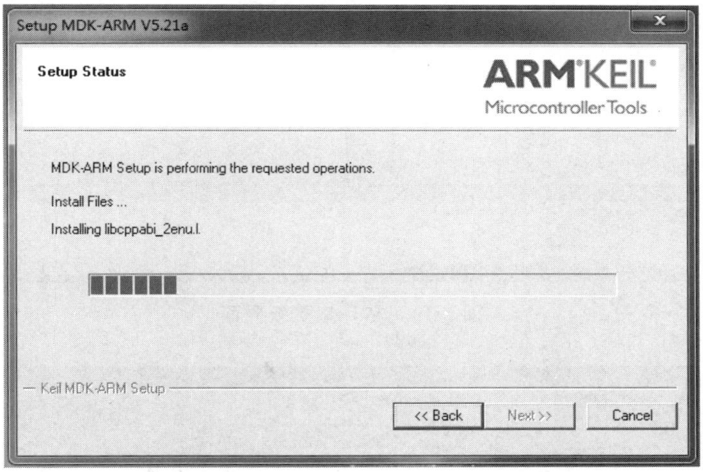

图5-8 软件安装界面

步骤7：单击"Finish"按钮，软件主体安装完毕，具体操作如图5-9所示。

2. Keil MDK相关PACK安装步骤

步骤1：MDK首次安装后，有可能会自动跳出如下界面，说明系统自动进入芯片库更新，具体如图5-10所示。

步骤2：如果安装完毕系统未自动出现该界面，可通过单击桌面上的 图标，运行Keil软件，单击"Pack Installer"同样会出现步骤一的界面，具体如图5-11所示。

步骤3：由于MDK支持较多芯片，但是我们主要是将MDK用于STM32相关芯片的编程，因此通过"https://www.keil.com/dd2/pack/"预先下载相关库文件保存于压缩包"MDK_

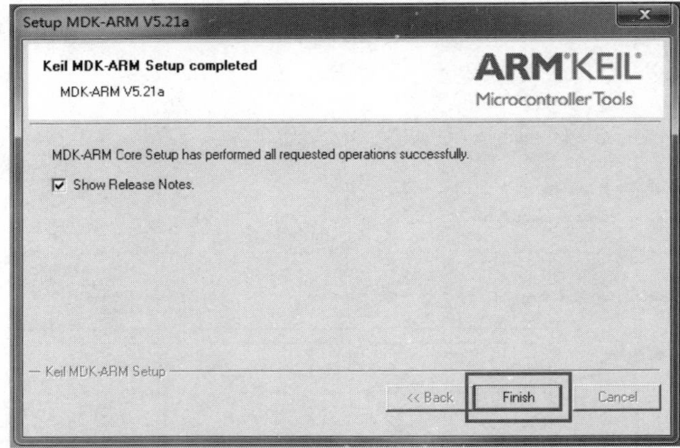

图 5-9　完成安装

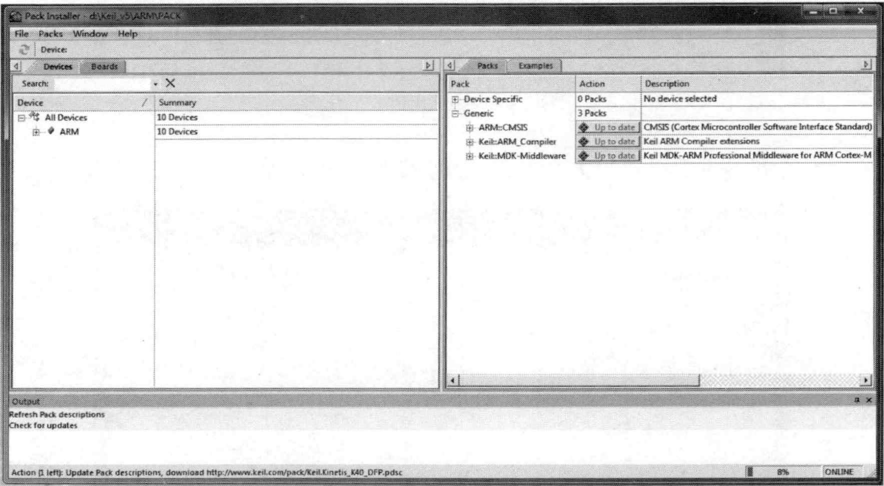

图 5-10　芯片库更新界面

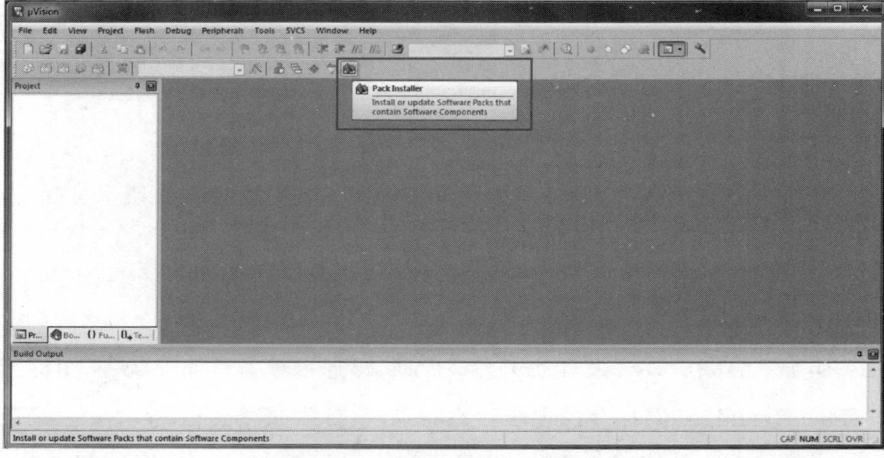

图 5-11　芯片库更新界面操作

PACK. zip”中，将该文件解压后，会发现 5 个文件 。单击左上角“File”下拉菜单，并单击选择“Import...”。具体如图 5-12 所示。

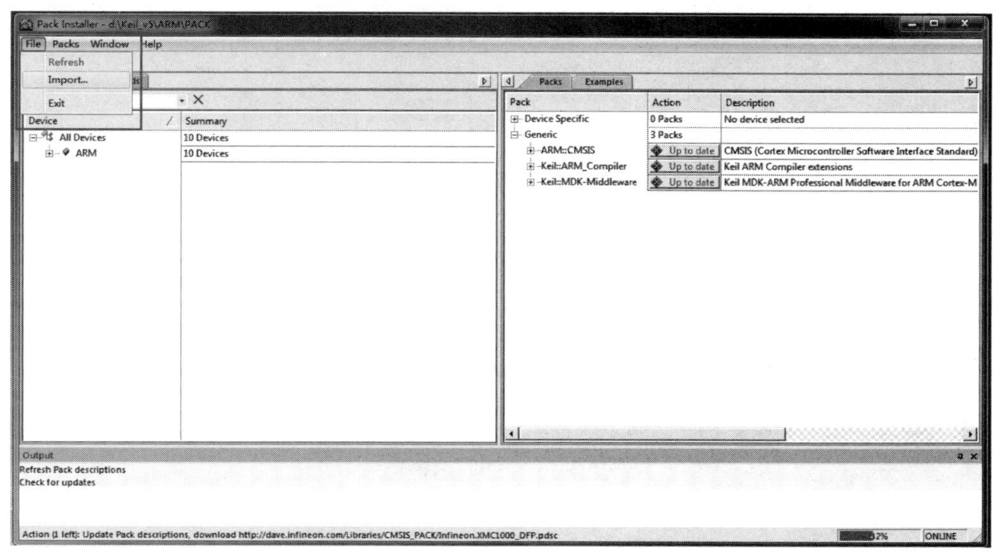

图 5-12　打开“Import...”界面

步骤 4：进入 MDK_PACK 文件夹，选择相关库文件，具体如图 5-13 所示。

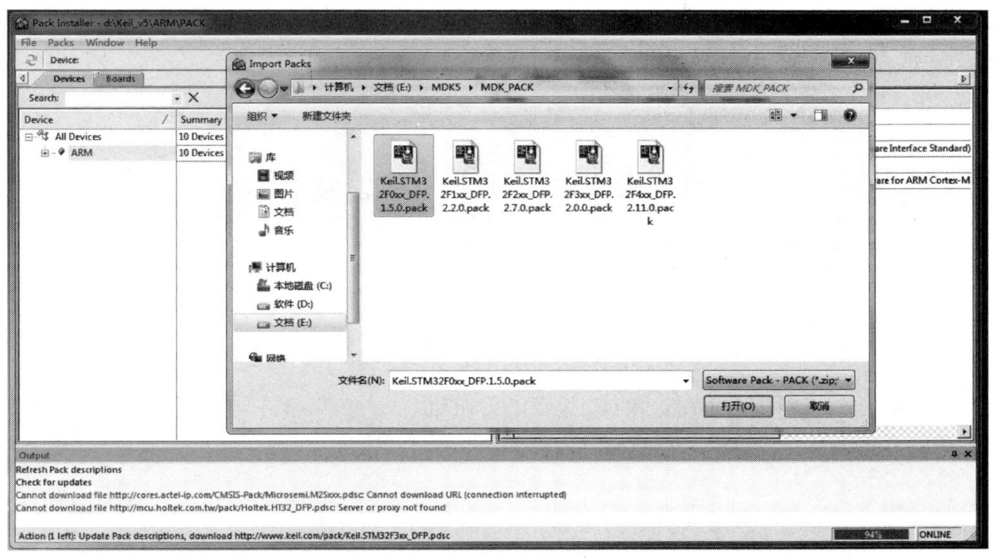

图 5-13　选择相关库文件

步骤 5：双击相关库文件，进行库文件导入操作，导入完毕后如果发现当前库文件非最新版本，可单击右侧“Update”按钮进行库更新操作。具体如图 5-14 所示。

步骤 6：重复步骤 3 至步骤 5，便可将 5 个 PACK 文件安装完毕。

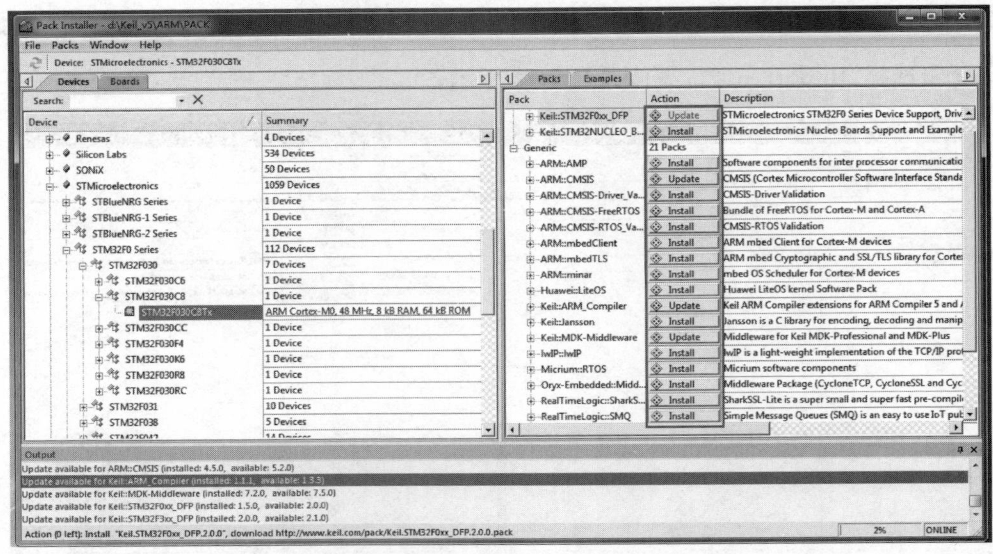

图 5-14 库更新操作

5.2.2 STM32CubeMX 安装

1. STM32CubeMX 本体安装

步骤 1：右击“SetupSTM32CubeMX-5.1.0.exe”文件，并以管理员身份运行。具体操作如图 5-15 所示。

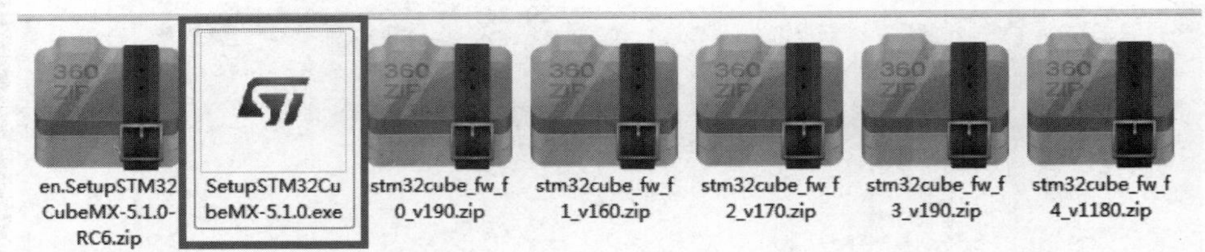

图 5-15 STM32CubeMX 的安装

步骤 2：进入欢迎安装界面，单击“Next”按钮进入下一步，具体操作如图 5-16 所示。

步骤 3：进入另一个协议同意界面，单击“Next”按钮进入下一步，具体操作如图 5-17 所示。

步骤 4：进入安装路径选择，单击“Next”按钮进入下一步，具体操作如图 5-18 所示。

步骤 5：选择生成快捷方式，单击“Next”按钮进入下一步，具体操作如图 5-19 所示。

步骤 6：进入安装流程，安装完毕单击“Next”按钮进入下一步，具体操作如图 5-20 所示。

步骤 7：单击“Done”按钮安装完毕，具体操作如图 5-21 所示。

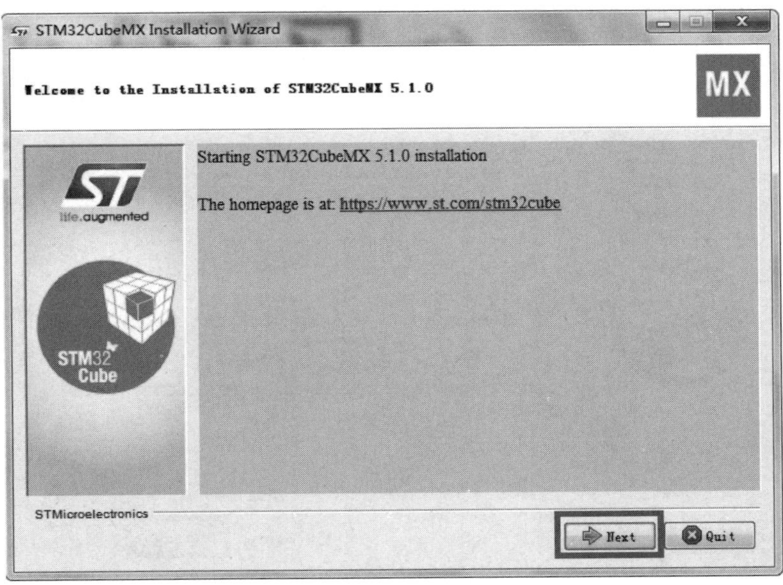

图 5-16　STM32CubeMX 安装界面

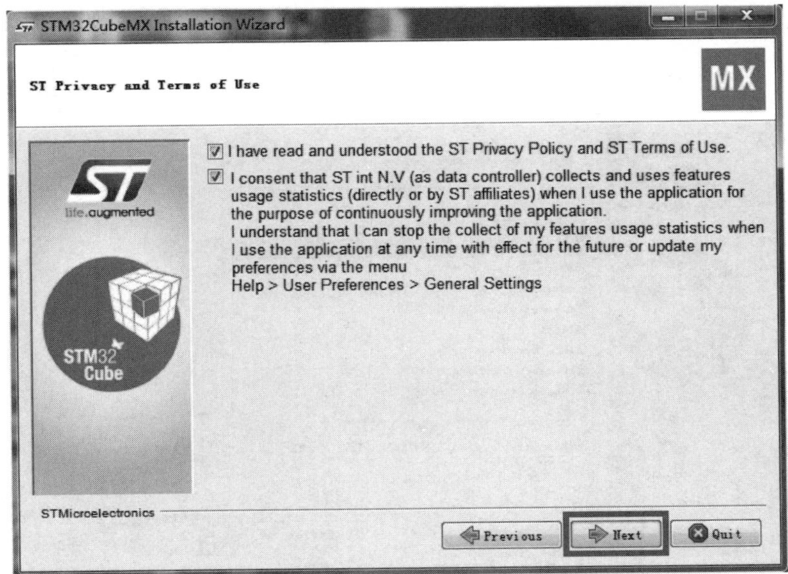

图 5-17　协议同意界面

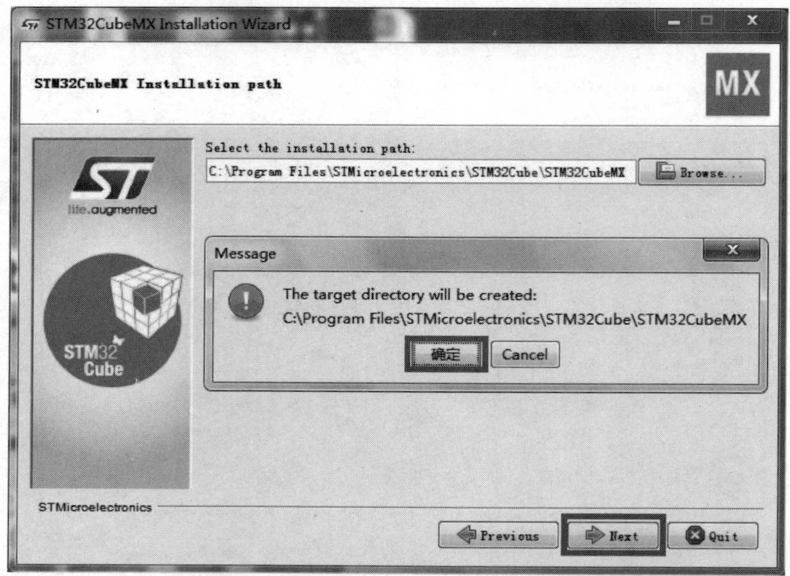

图 5-18 安装路径选择

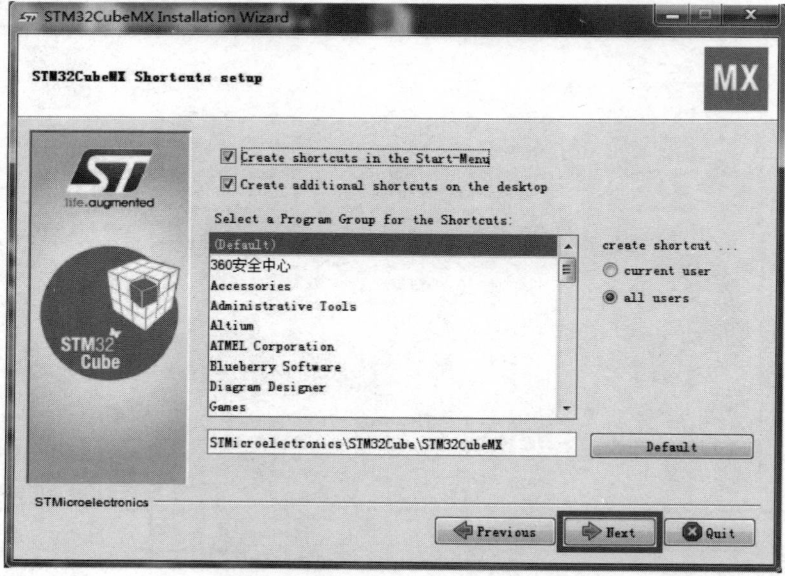

图 5-19 选择生成快捷方式

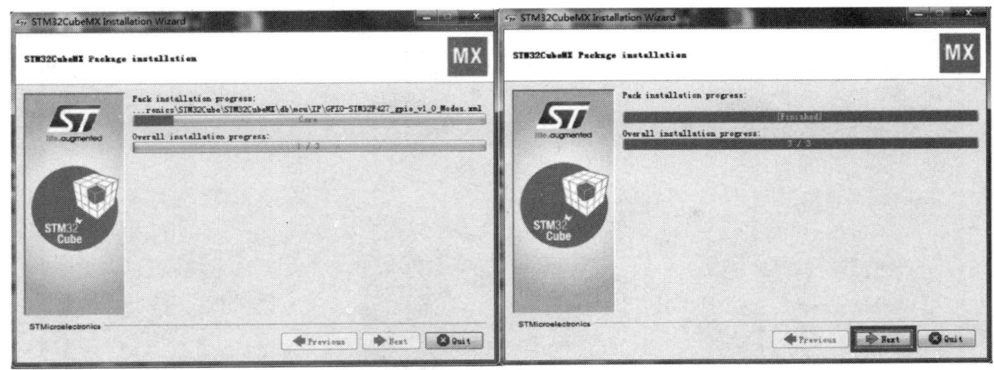

图 5-20 安装过程

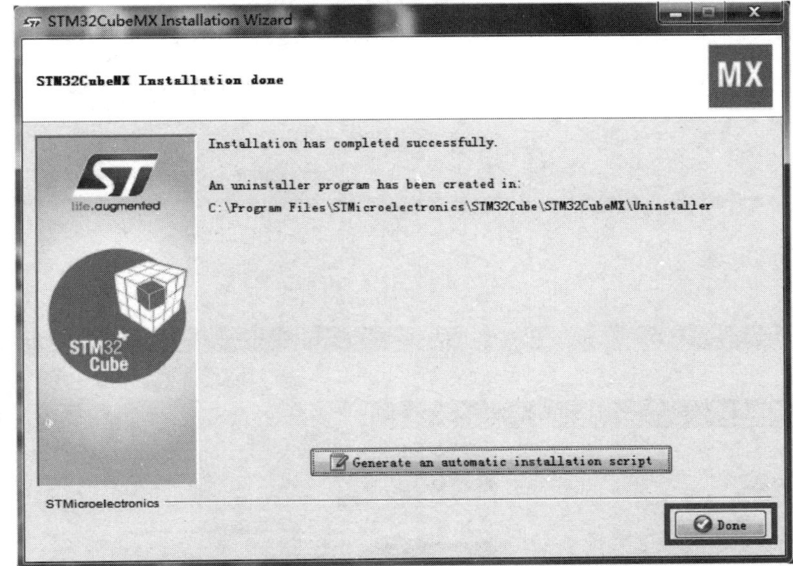

图 5-21 安装完毕

2. STM32CubeMX 库文件安装与升级

步骤 1：双击 STM32CubeMX 快捷方式图标，启动 STM32CubeMX，启动初始界面如图 5-22 所示。

步骤 2：单击"HELP"选择下拉菜单中的"Manage embedded software packages"，具体操作如图 5-23 所示。

步骤 3：安装或升级库文件主要有两种方式，一种为本地升级/安装，一种为在线升级/安装，以 STM32F1 的库文件安装升级为例，单击 STM32F1 前面的三角形，展示如图 5-24 所示。

步骤 4：图 5-24 中，方框 1 中蓝色小方框表明这个库文件已经存在。方框 2 用鼠标单击后会出现小钩，表明这是本次需要安装的库文件，单击方框 3 中的"Install Now"即可实现库文件的在线安装，如图 5-25 所示。（在线安装需要特别注意，由于网络的关系，库文件下

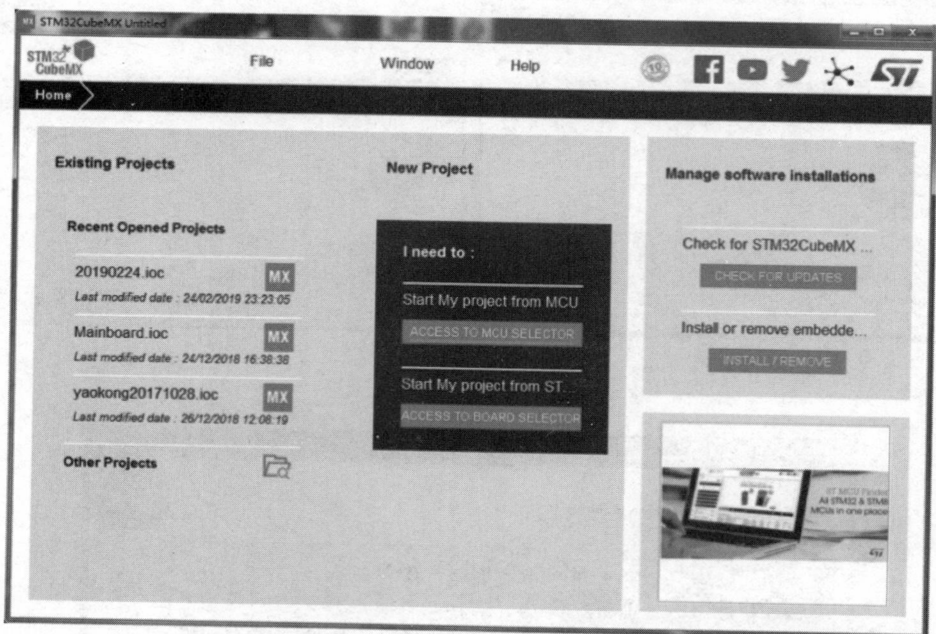

图 5-22 STM32CubeMX 的库安装与升级

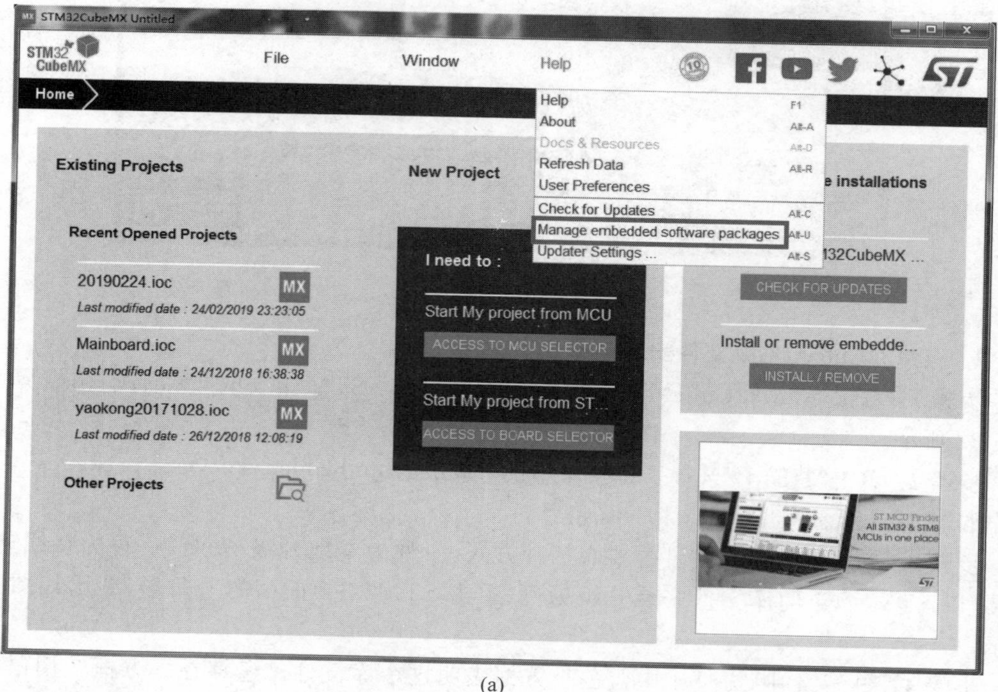

(a)

图 5-23 Manage embedded software packages 界面

(b)

图 5-23（续）

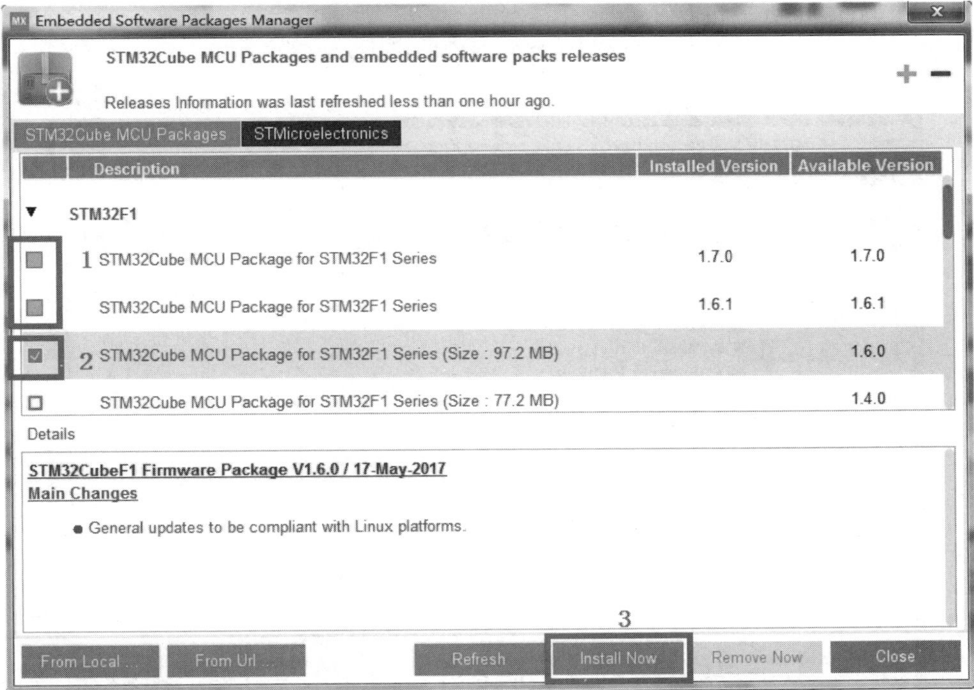

图 5-24　安装或升级选择

载可能会很慢，也很可能出现中途断连。）

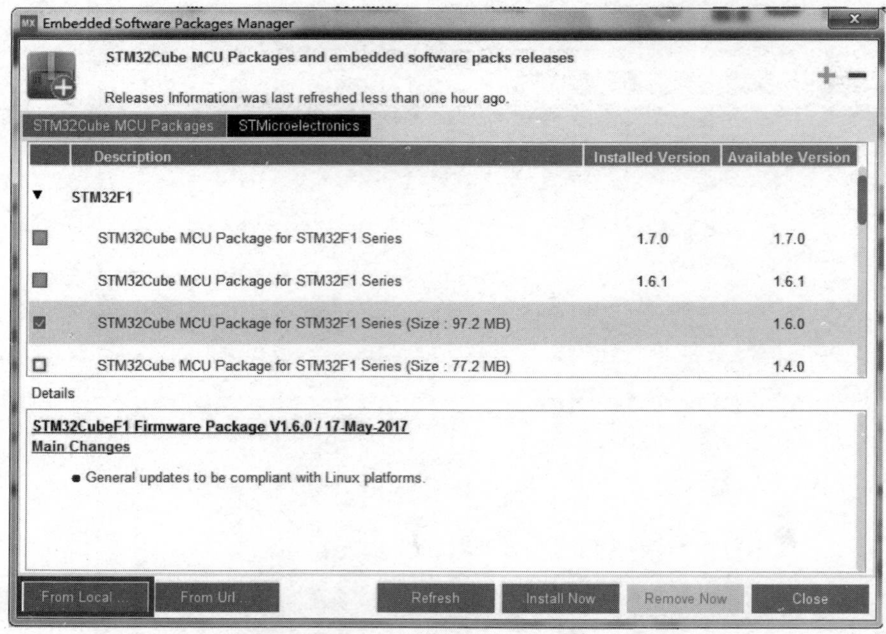

图 5-25 选择进行库文件安装方式

步骤 5：如果相关的库文件已经下载至本地计算机中，则可选择“From Local”进行本地库文件安装，具体如图 5-26 所示。

步骤 6：选择相关的库文件并单击“打开”按钮等待安装完成即可，具体如图 5-27 所示。

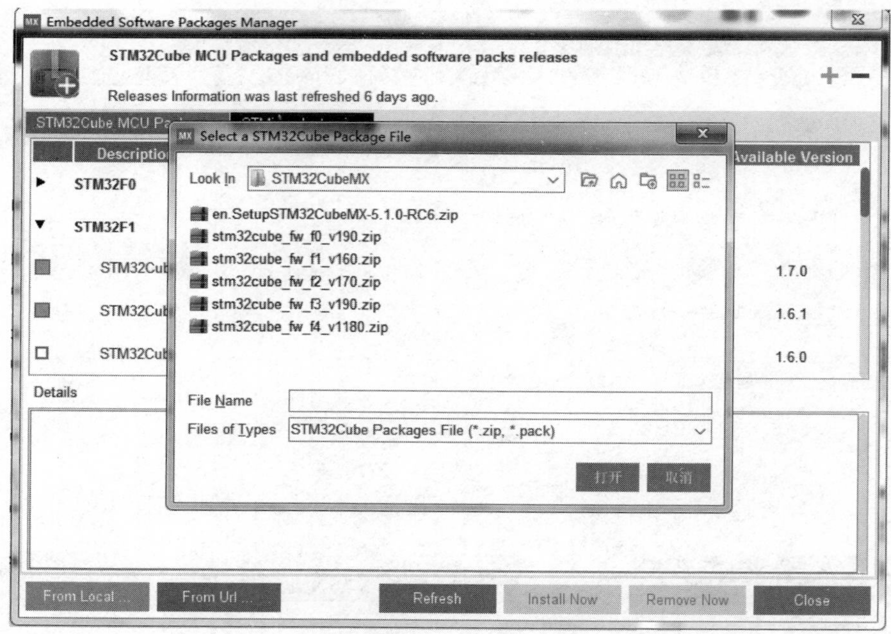

图 5-26 选择“From Local”进行本地库文件安装

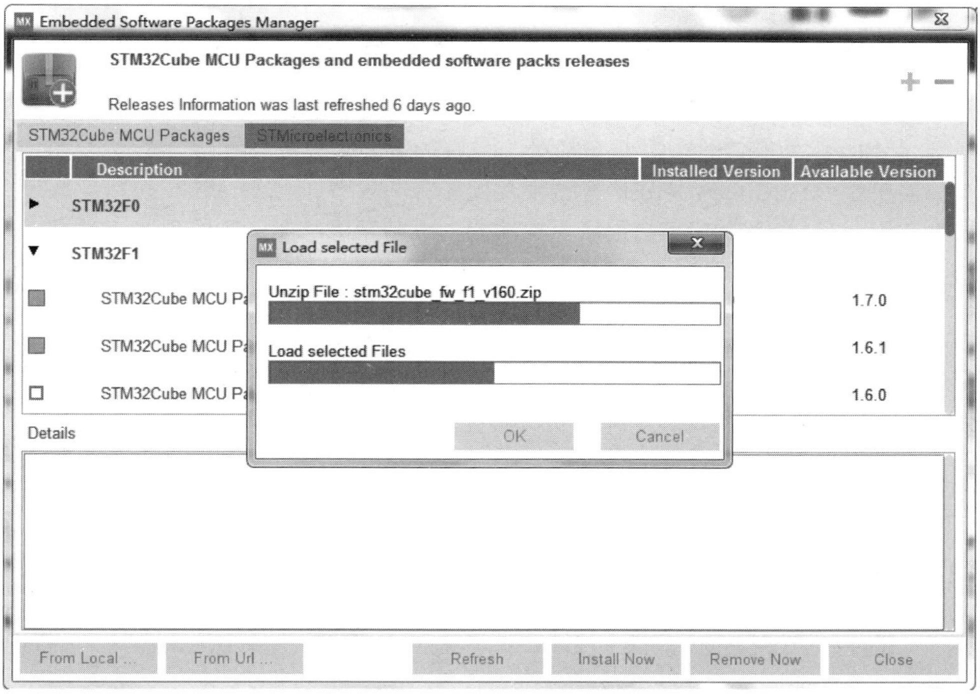

(a)

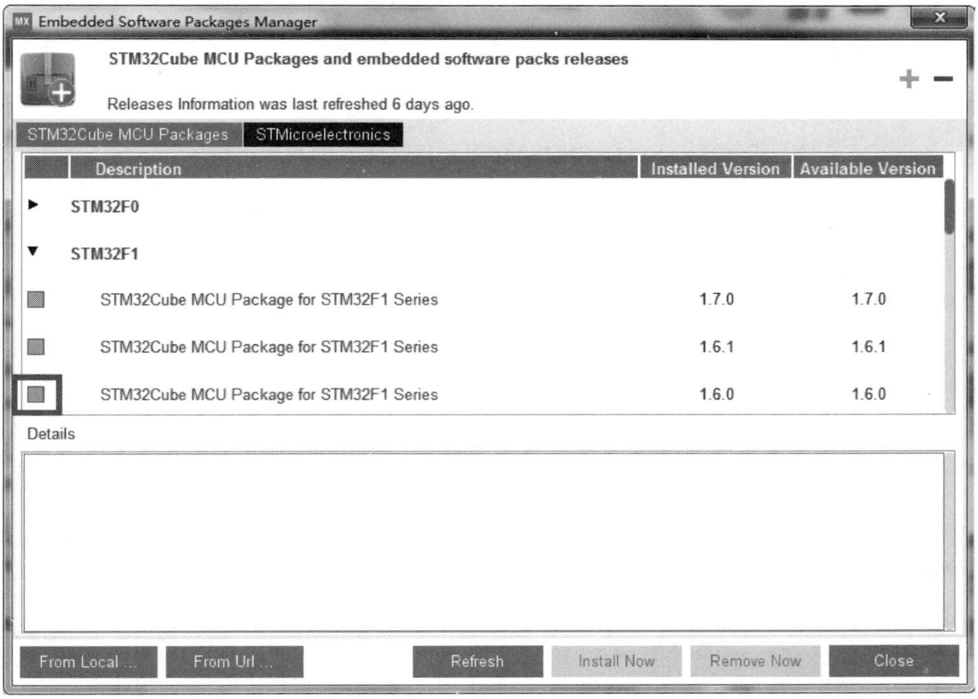

(b)

图 5-27　选择相关的库文件安装

5.3 编程软件使用

针对 SMT32 芯片的程序编写，目前较为流行的方法主要分为 3 步：

(1) 使用 STM32CubeMX 软件进行硬件配置；

(2) 使用 STM32CubeMX 的程序生成功能生成基于 Keil MDK 的程序工程；

(3) 在 Keil MDK 中编写具体的用户应用程序。

下面以 STM32F103R8T6 主控板上的 LED 闪烁控制程序为例，进行 STM32CubeMX 与 Keil MDK 软件使用的介绍。针对单片机的编程需要紧密结合其具体硬件，STM32F103R8T6 主控板上最小系统及与 LED 相关的电路如图 5-28 所示。

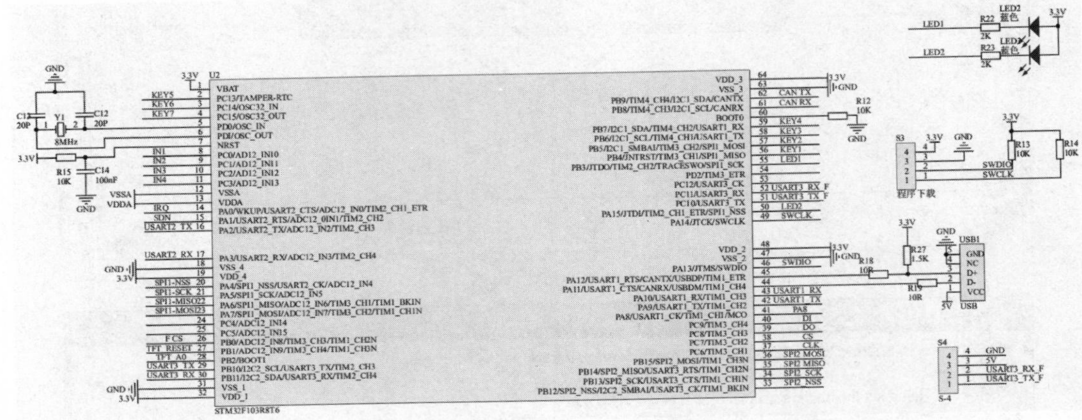

图 5-28 STM32F103R8T6 最小系统及 LED 控制电路

5.3.1 STM32CubeMX 的使用

使用 STM32CubeMX 对 STM32F103R8T6 进行硬件配置的具体步骤如下：

步骤 1：启动软件后，单击“File”栏，在其下拉菜单中单击“New Project”生成新的项目工程，如图 5-29 所示。但是可能会出现下载选择文件的提示框，可直接单击“Cancel”按钮取消，如图 5-30 所示。

步骤 2：选择本次新建工程所用的 STM32 芯片，如果已经明确知道芯片型号，可在搜索栏直接输入该芯片型号，如图 5-31 所示。

步骤 3：双击红框中新建工程所用的 STM32 芯片，软件自动进入芯片设置界面，如图 5-32 所示。出现芯片引脚示意图后，可通过鼠标滚轮滚动缩放芯片示意图的大小，通过长按鼠标右键并移动鼠标即可实现芯片示意图的拖动。

步骤 4：设置下载仿真模式，其中下载仿真模式的具体设置与下载器种类与型号有关，如图 5-33 所示。

步骤 5：设置 RCC 模式，所设置的模式与硬件电路及应用有关，此例中 HSE 使用外部晶振，LSE 不使用，如图 5-34 所示。

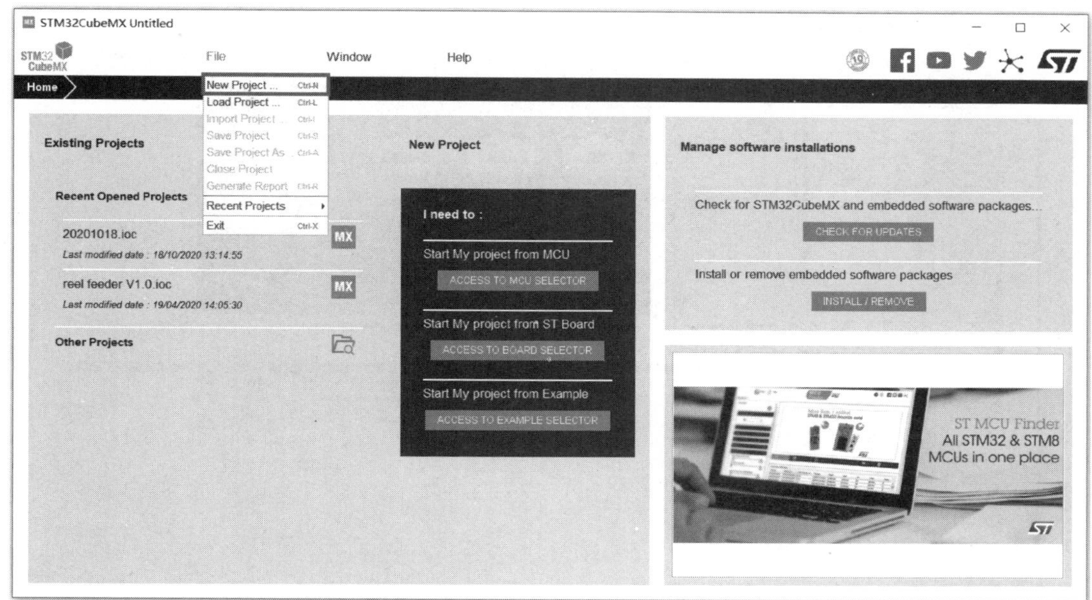

图 5-29　新建工程

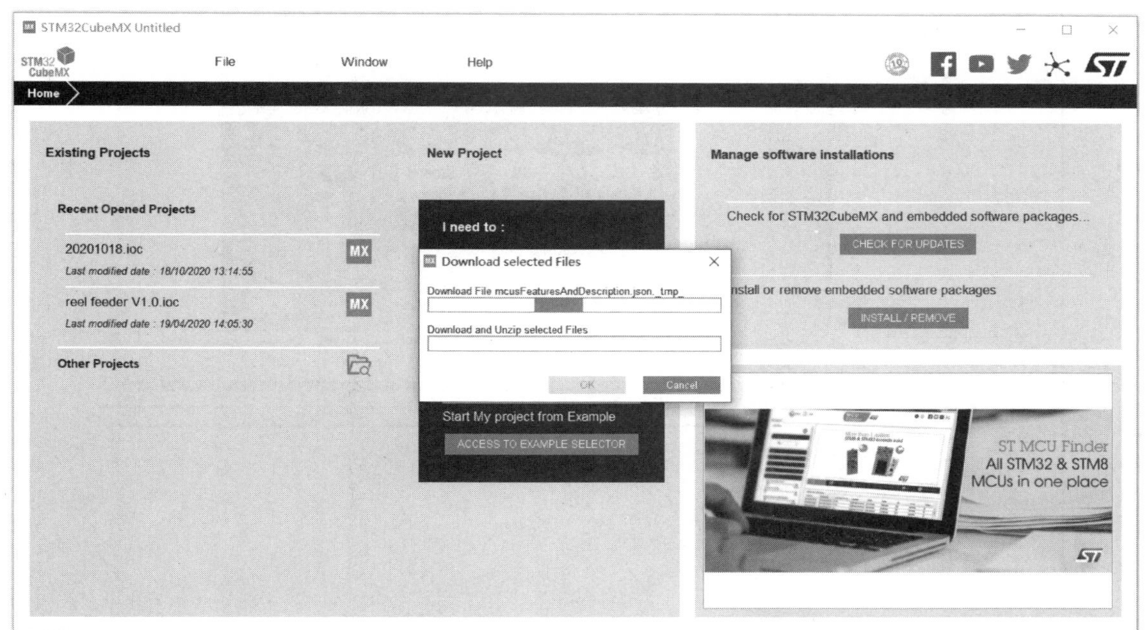

图 5-30　取消下载选择文件

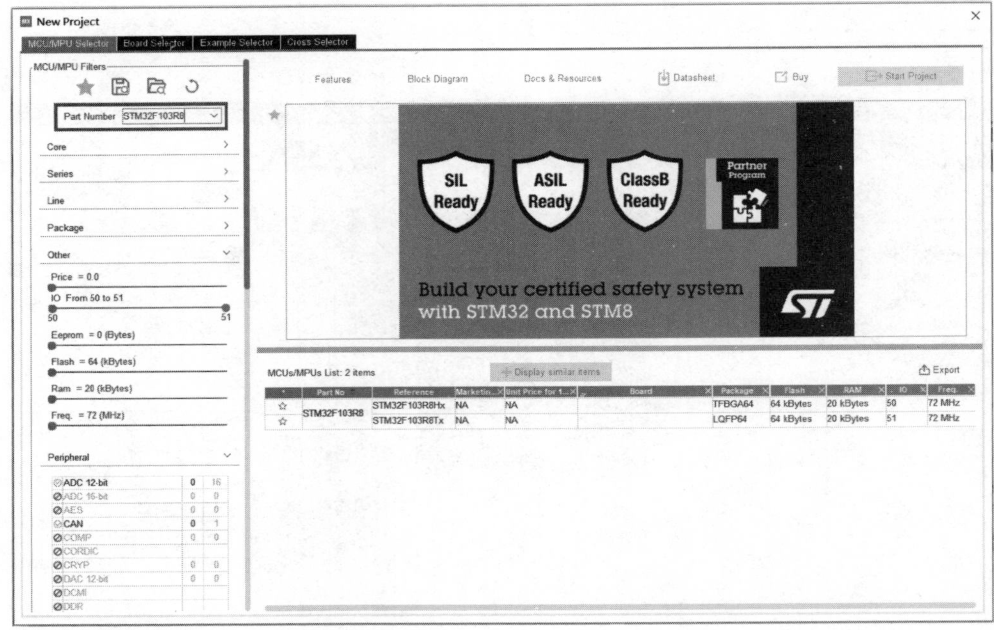

图 5-31　选择芯片

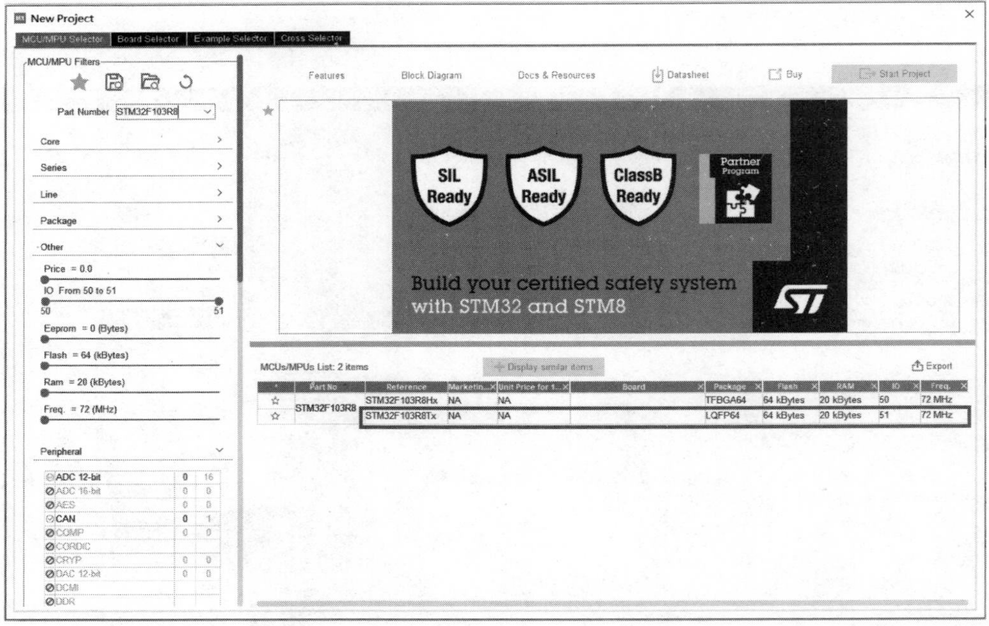

(a)

图 5-32　导入芯片

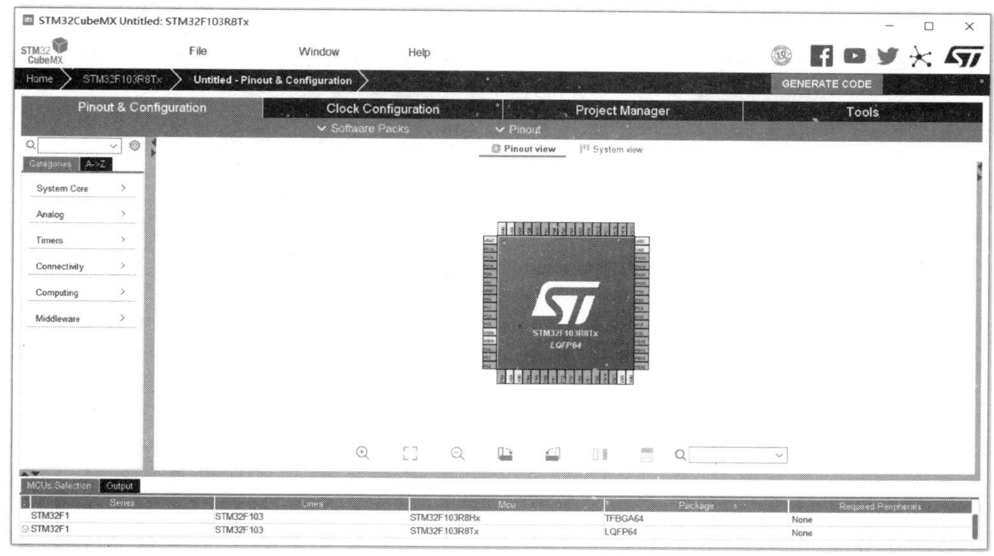

(b)

图 5-32(续)

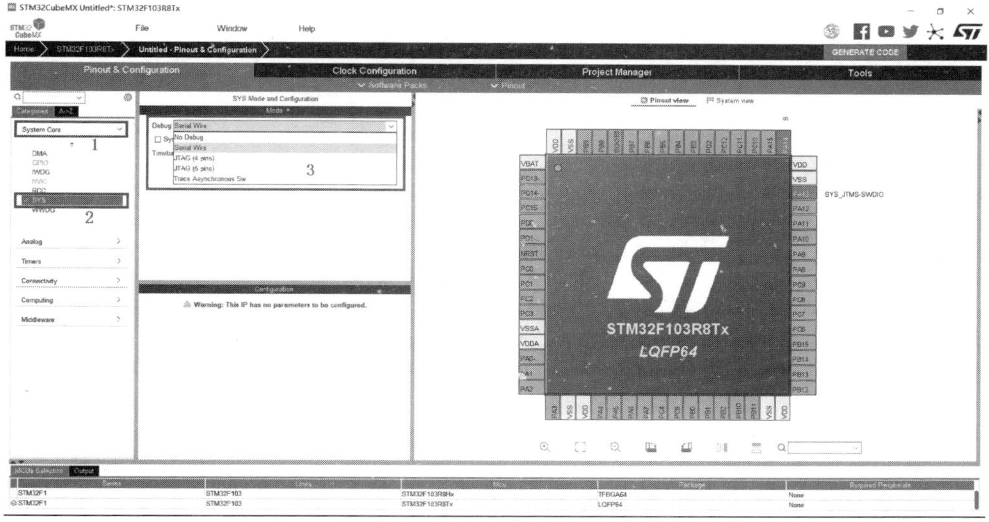

图 5-33　设置下载仿真模式

步骤 6：设置时钟，一般我们将时钟设置到允许范围内的最高值，因此将第 4 个框处的值直接设置为 72MHz，其他部分的值会自动修改，如图 5-35 所示。

步骤 7：设置工程名称、工程文件保存位置及编译软件，如图 5-36 所示。(此处特别注意，工程保存路径千万不要包含中文，否则在生成代码时会出现问题!!)

步骤 8：设置工程代码生成规则，一般设置为"只包含必须的库文件""每一种硬件资源单独生成一个初始化的".C"与".H"文件"，如图 5-37 所示。

图 5-34　设置 RCC 模式

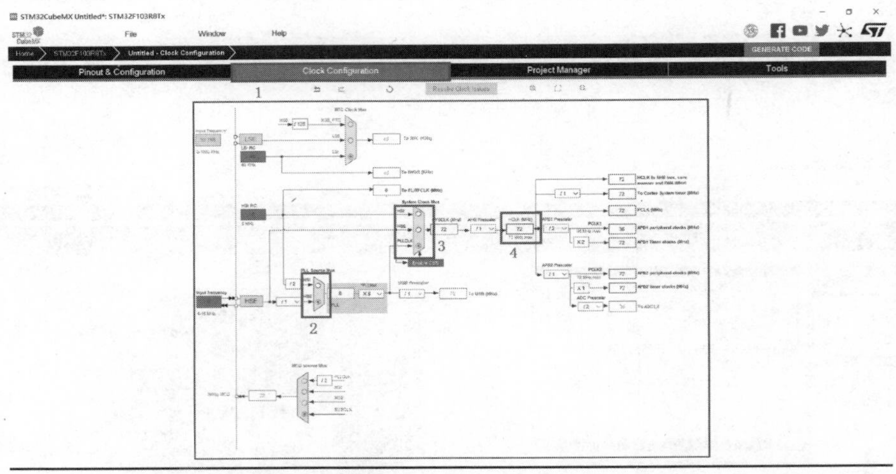

图 5-35　设置时钟

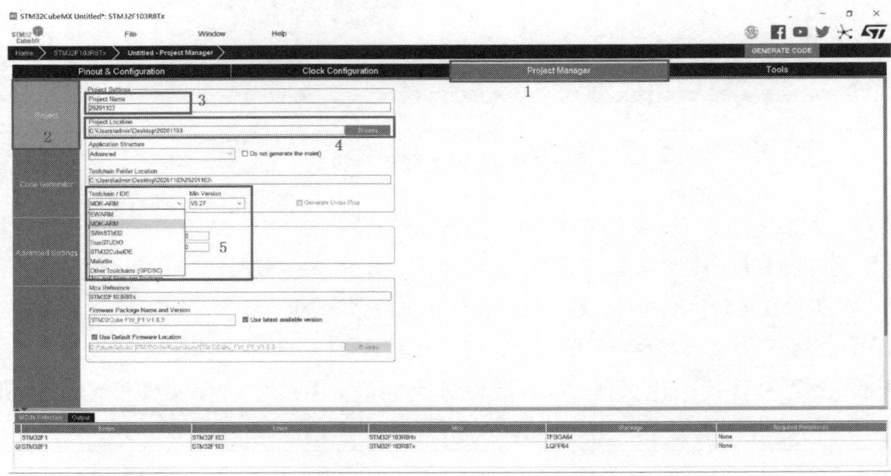

图 5-36　设置工程名称

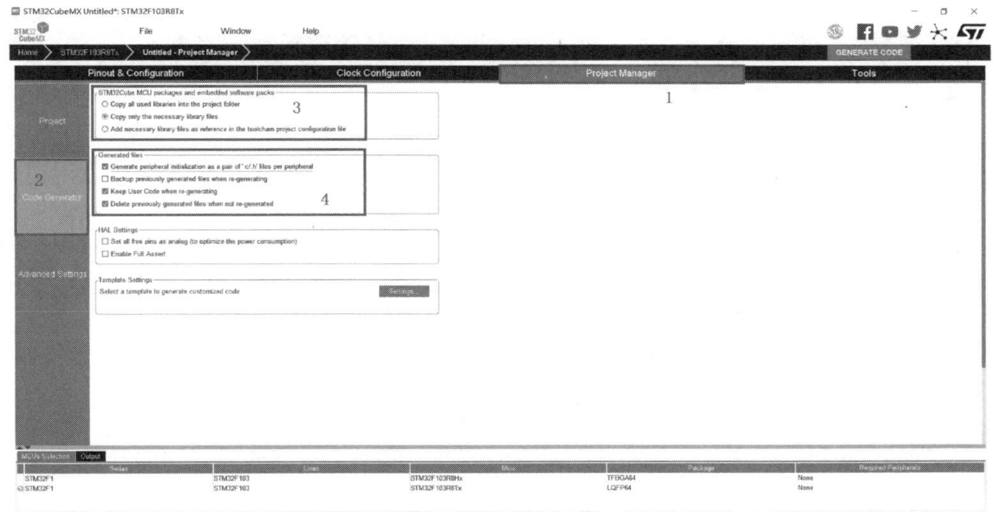

图 5-37　设置工程代码生成规则

步骤 9：根据硬件电路原理图，控制两个发光二极管的单片机引脚为 PB3、PA15，因此我们将 PB3 与 PA15 设置为输出模式，单击软件中芯片 PB3 引脚，并选择“GPIO_Output”，PA15 操作与 PB3 相同，如图 5-38 所示。

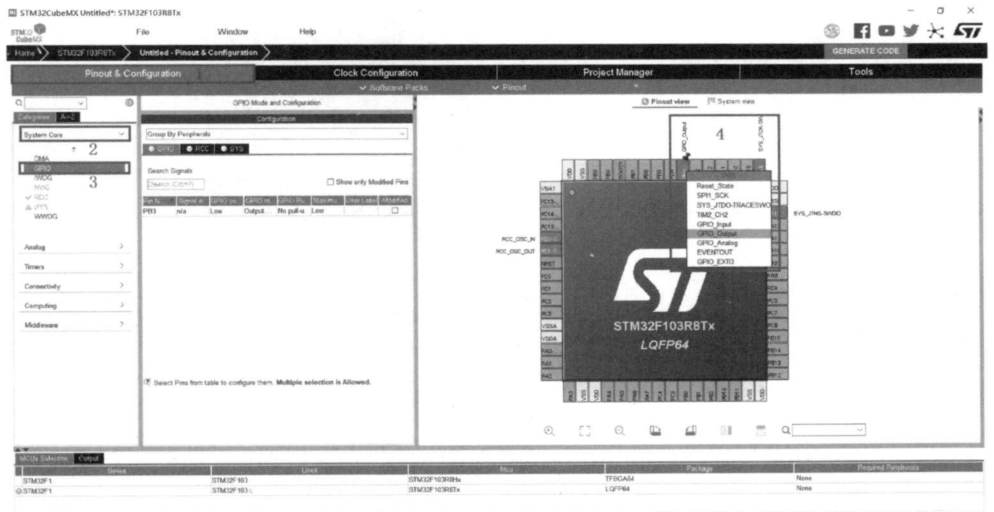

图 5-38　设置元件属性

步骤 10：修改 PB3、PA15 引脚的相关参数与用户标签名称，方便在编程过程中的辨认，此处以 PB3 为例，PA15 操作与 PB3 相同。单击方框处，进入 PB3 引脚的相关参数与用户标签名称修改界面，如图 5-39 所示。

步骤 11：框 1 将 PB3 初始输出状态修改为低电平；框 2 输出模式为推挽模式；框 3 引脚内部上拉；框 4 输出速度为低速；框 5 用户标签为 LED1，用户标签相当于给引脚取个“绰号”，方便编程人员能根据其名称判断引脚具体功能，操作如图 5-40 所示。

图 5-39 修改元件引脚的相关参数

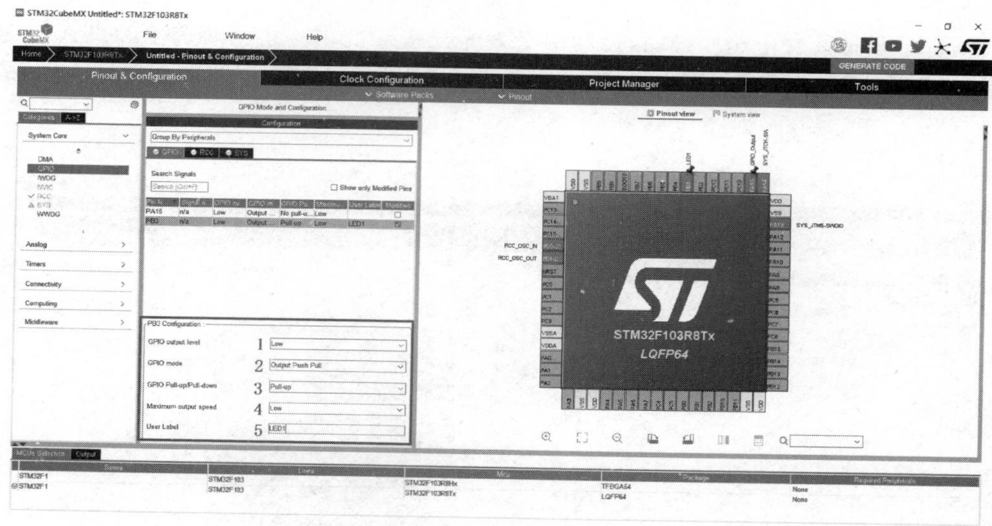

图 5-40 输出状态修改

步骤 12：引脚设置完毕后，可发现芯片图中的引脚标签名称已经修改为 LED1 与 LED2，此时本项目的硬件设置完毕，可直接单击生成工程代码按钮生成工程代码，操作如图 5-41 所示。

步骤 13：工程代码生成完毕后，软件会自动提醒是否打开工程所在的文件夹或直接打开工程，操作如图 5-42 所示。

步骤 14：对应工程保存路径下保存的文件及文件夹如图 5-43 所示。

其中扩展名为"ioc"的文件为 STM32CubeMX 软件自身的工程文件，其余几个文件夹中所包含的文件为基于 Keil MDK 的源代码文件，其中 MDK-ARM 文件夹中扩展名为"uvprojx"的文件就是 MDK 的工程文件。

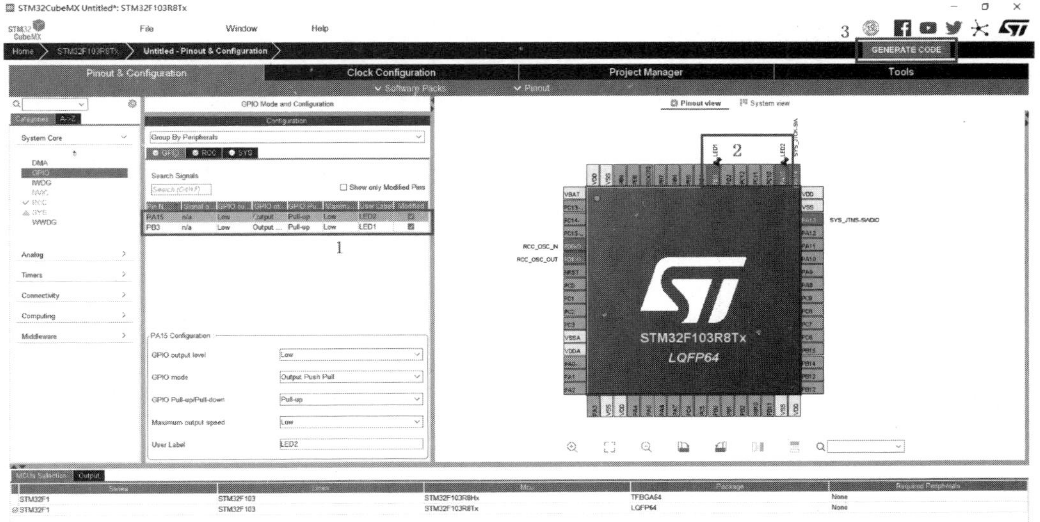

图 5-41　生成工程代码

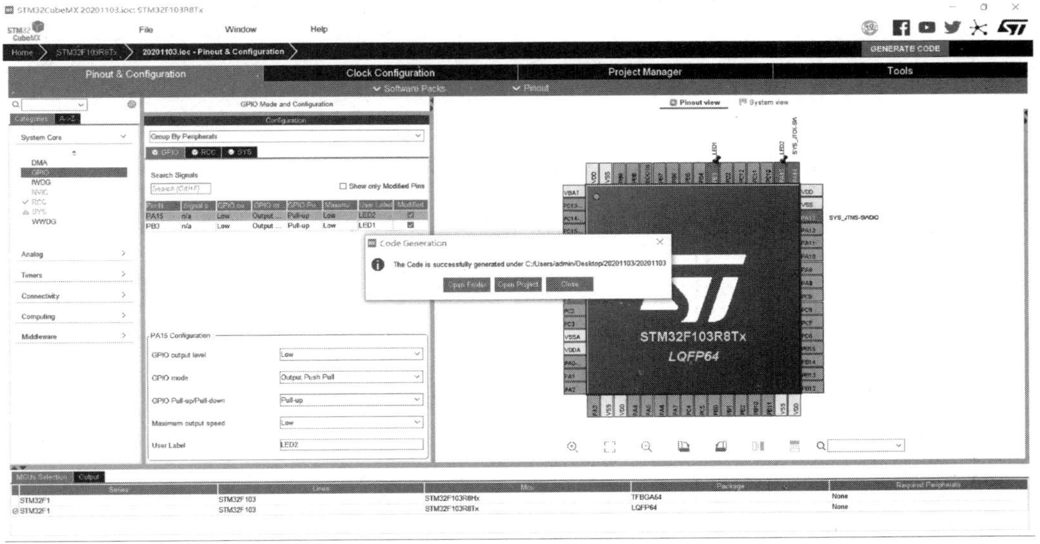

图 5-42　打开工程

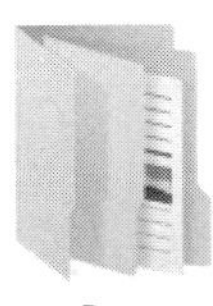
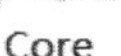

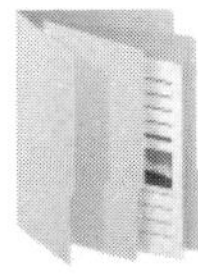
Drivers

MDK-ARM

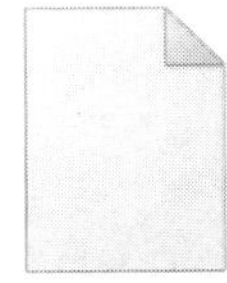
.mxproject

20201103.ioc

图 5-43　具体程序文件

5.3.2 Keil MDK 的使用

在 STM32CubeMX 生成的 MDK-ARM 文件夹中，双击扩展名为“uvprojx”的文件，Keil MDK 会自动启动并打开 STM32CubeMX 生成的程序工程，此时编程人员即可在 Keil MDK 下进行应用程序的开发。Keil MDK 功能丰富，但是对于学习人员，只要掌握其基础操作便可进行正常的程序开发，而 STM32CubeMX 软件自动生成的 Keil MDK 程序工程进一步简化了 Keil MDK 的操作。此处不再介绍完全通过 Keil MDK 新建工程的步骤，而是直接在 STM32CubeMX 软件自动生成的 Keil MDK 程序工程基础上讲解 Keil MDK 的基础操作，具体步骤如下。

步骤 1：打开 STM32CubeMX 生成的程序工程后，Keil MDK 展现的界面如图 5-44 所示。

图 5-44 工程打开界面

图 5-44 区域 1 为菜单栏，区域 2 为功能快捷键，区域 3 为工程工作空间，区域 4 为程序编写区，区域 5 为编译输出窗口，区域 6 指示所选的调试方式。

步骤 2：单击工程工作空间(图 5-44 中区域 3)中的文件夹，找到并打开“main.c”文件找到主程序，如图 5-45 所示。

步骤 3：单击编译快捷键，将“.c”文件关联的“.h”头文件直接显示在工程工作空间，如图 5-46 所示。

图 5-46 中的区域 1 有 4 个编译按钮代表 4 种编译方式，从左至右分别为编译当前文件、编译修改的文件、编译全部文件、按照批处理文件编译，最右边快捷键为停止当前编译。一般选择“编译修改的文件”即可，首次编译后可以发现图 5-46 中区域 2 中的“.c”文件左边生成了“+”号，单击该“+”号便可看到该“.c”文件所包含的头文件。

编译结果提示输出在图 5-46 中的区域 3，并给出编译结果的提示，当前提示为“0 Error(s)，0 Warning(s)”表明编译正常。

图 5-45　工程主程序

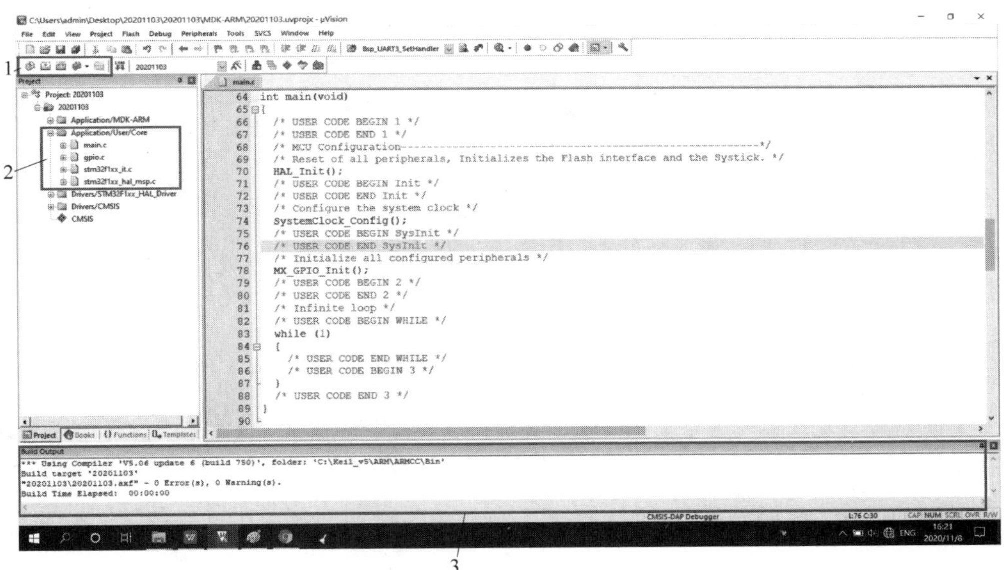

图 5-46　工程编译结果

步骤 4：程序编写区可同时打开多个“. c”“. h”文件，编程人员可在该区域编写具体的功能程序，以主控电路中 LED1 与 LED2 闪烁程序为例，其具体编写内容如图 5-47 所示。

单击图 5-47 区域 3 中不同文件，便可直接显示在程序编写区，单击区域 1 中的不同文件可切换显示不同文件中的具体内容。

如想自行管理（添加/删除）工程文件夹及“. c”文件，可通过快捷键“Manage Project Items”进行“. c”文件管理，如图 5-48 所示。

单击图 5-48 区域 1 中的快捷键，便可进入“Manage Project Items”。在区域 4 中选择具体组别，然后单击区域 2 中的“Add Files”按钮便可添加“. c”文件。选择对应“. c”文件，单击

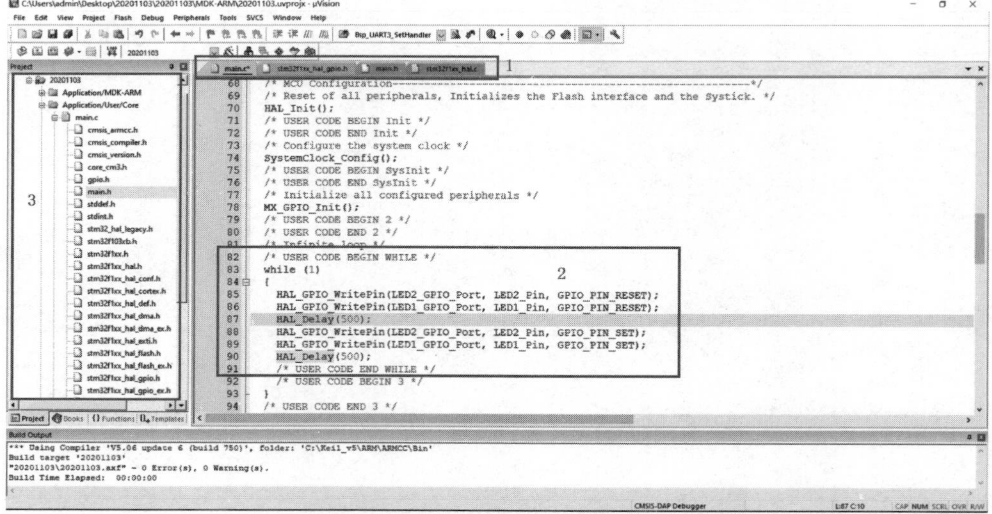

图 5-47　应用程序编写

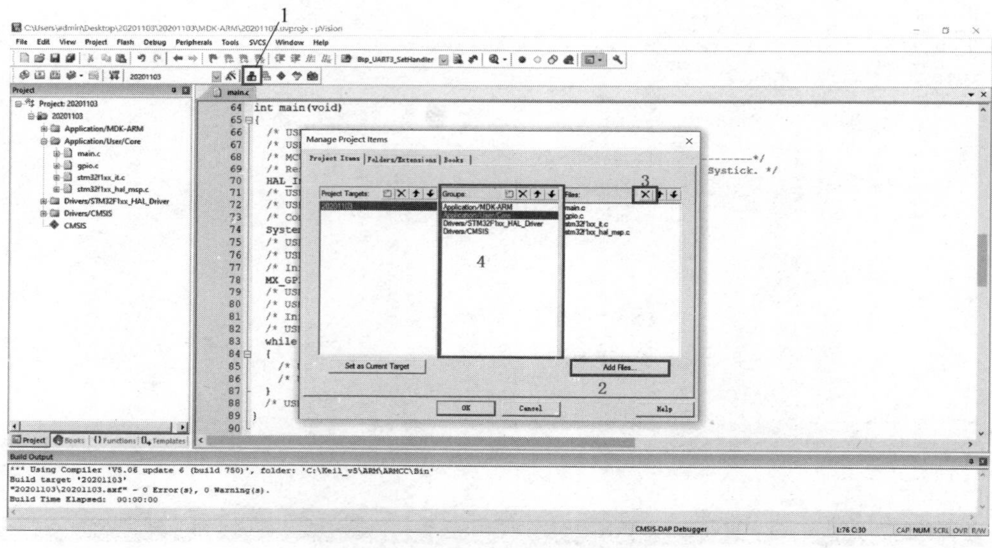

图 5-48　工程文件管理

区域 3 中的删除图标，便可直接删除对应的“.c”文件。

如想自行管理(添加/删除)头文件相关目录，可通过“Target Options...”进行设置，如图 5-49 所示。

单击图 5-49 中区域 1 中“Target Options...”快捷键，选择区域 2 中的“C/C++”，可通过区域 3 进入头文件所在路径选择，如图 5-50 所示。

双击图 5-50 区域 1 进行头文件路径选择，头文件路径添加完毕，单击区域 2 的“OK”按钮完成头文件路径添加。

步骤 5：应用程序编写完毕，编译程序后需要下载程序。首先将 DAP-LINK 下载/仿真器插入计算机 USB 口，在硬件上，将 DAP-LINK 下载/编译器的“3.3V,GND,DIO,CLK”

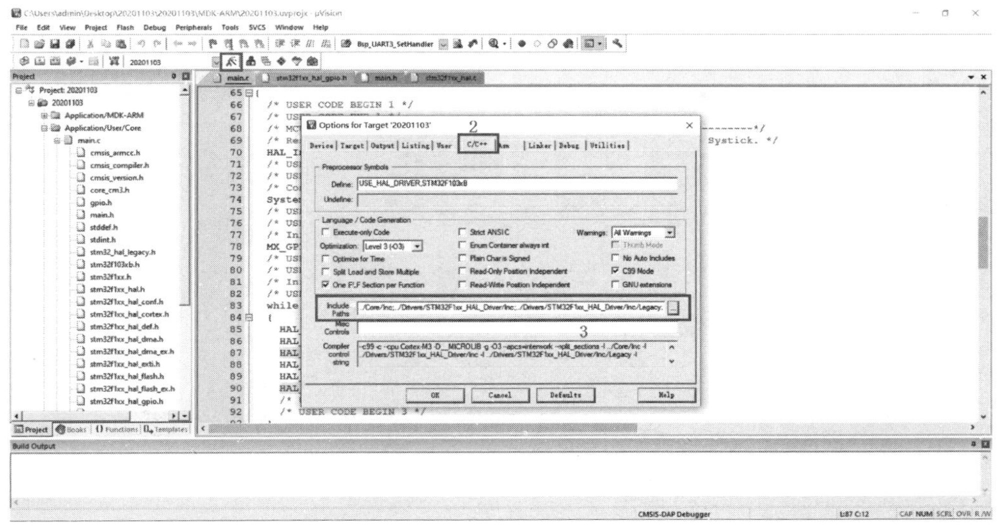

图 5-49　头文件添加设置

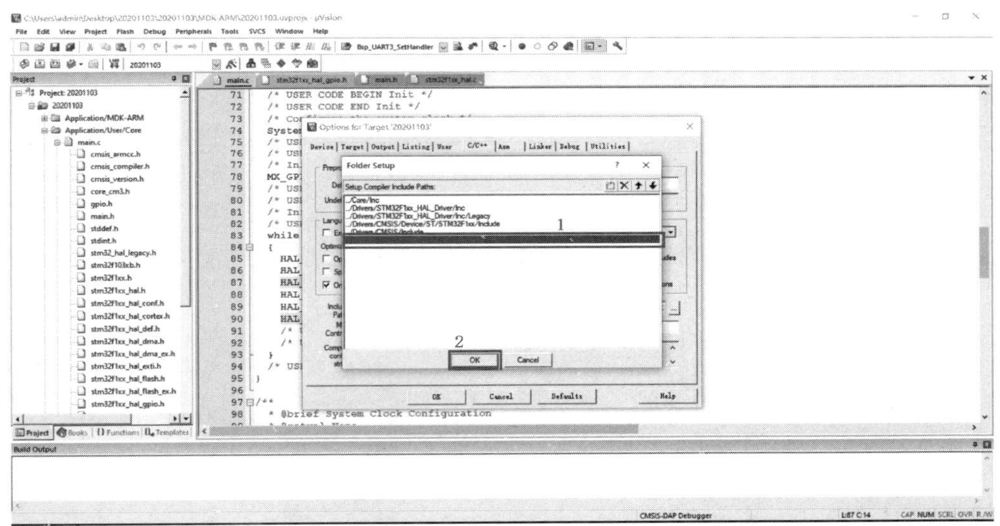

图 5-50　头文件路径选择

4 个引脚，通过下载线与主控模块上对应的 4 个引脚连接，主控模块上标注了“V，G，D，C”(3.3V-V、GND-G、DIO-D、CLK-C)，如图 5-51 所示。

设置“Target Options...”中的“Debug”选项，根据程序调试需求选择软件仿真或硬件调试。由于要进行程序下载，直接选择硬件调试选项，如图 5-52 所示。

步骤 6：图 5-52 中区域 3 为硬件调试选项，区域 2 为软件仿真选项。单击区域 3 中的“Settings”按钮进行下载设置，如图 5-53 所示。

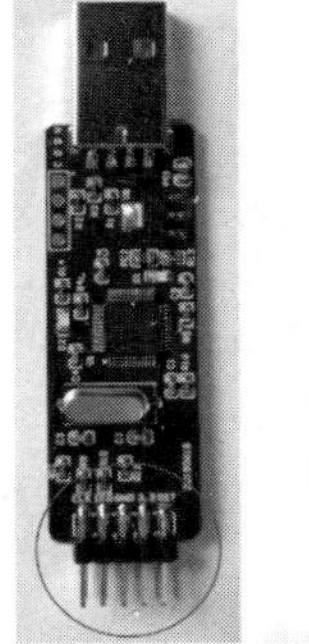

图 5-51　硬件接口

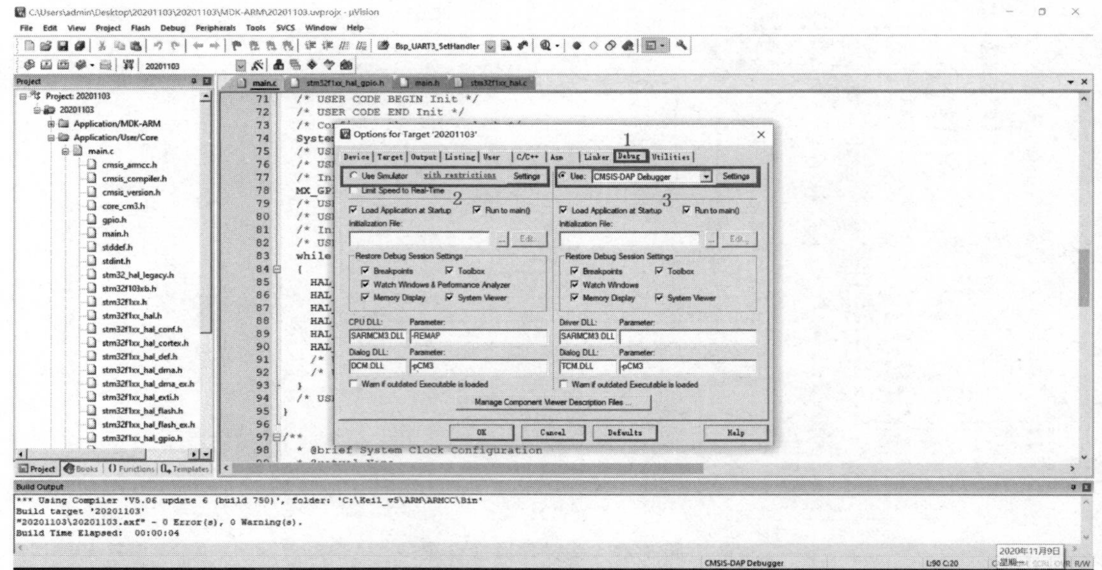

图 5-52 仿真调试选项

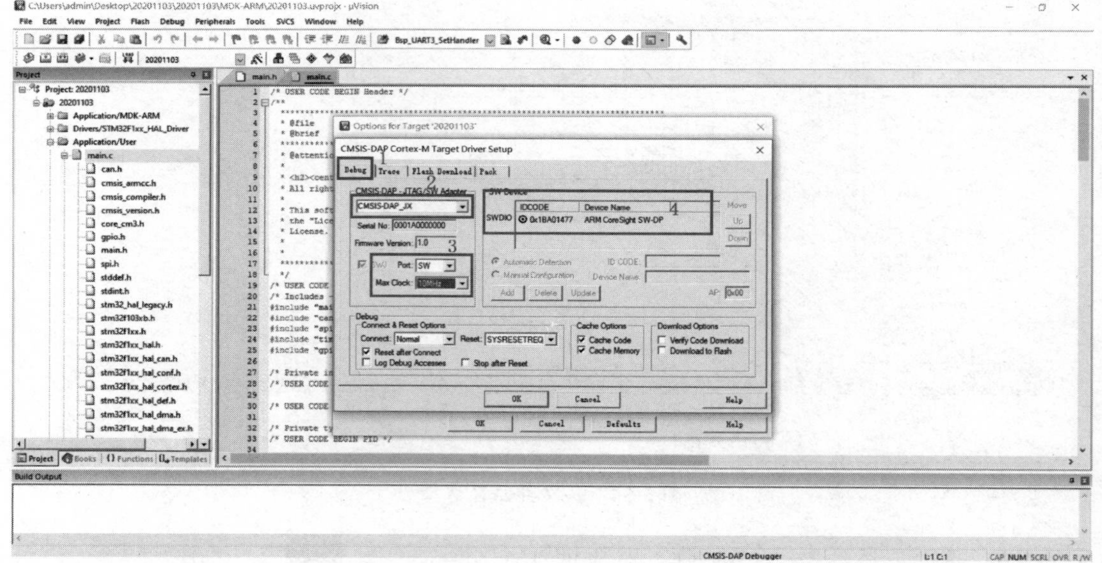

图 5-53 下载设置 1

步骤 7：如需要修改下载功能及芯片型号，设置修改如图 5-54 所示。

图 5-54 中的区域 3 通过鼠标左键单击选中后可直接删除，并通过区域 4 的“Add”按钮添加芯片型号及 FLASH 容量大小。

步骤 8：单击程序下载快捷键，实现程序下载，程序下载成功后会有相应的提示，如图 5-55 所示。

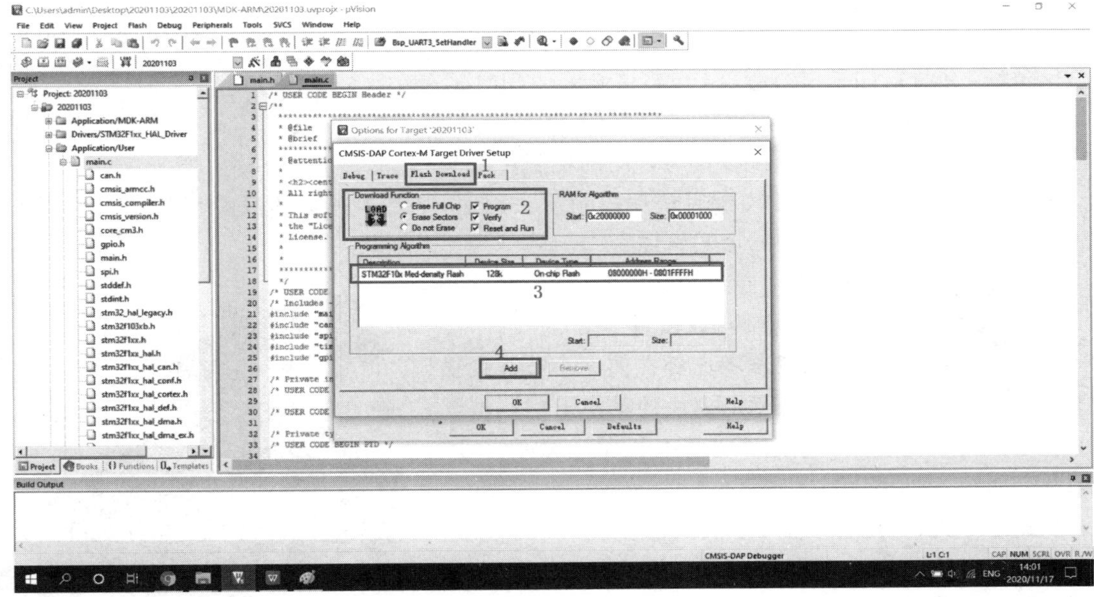

图 5-54　下载设置 2

图 5-55　程序下载

5.4　底盘控制程序编写

由于系统控制模式采用混合式控制模式，底盘控制主要涉及 4 个直流电机驱动模块的控制，因此对整个底盘的控制实现步骤主要如下(机械机构与控制系统已经组装搭建完毕)：

第 1 步：修改直流电机驱动模块 ID 号；

第 2 步：使用 STM32CubeMX 完成主控板主控芯片的初始化，为了调试方便，外设初始化包括 I/O 口(LED、按钮)、SPI(液晶显示)、TIM、CAN；

第 3 步：根据模块通信协议，使用 Keil MDK 编写 CAN 通信程序，实现对直流电机驱动模块的控制，从而实现电机转速与转向的控制；

第 4 步：使用 Keil MDK 编写运动控制算法程序，主要根据具体底盘模型的目标运动状态，计算得到每个电机的转速与转向。

通过以上 4 步便可实现底盘运动控制。

1. 第 1 步：电机驱动模块 ID 设置

电机驱动模块 ID 设置步骤已经在前面小节详细描述，此处主要约定 4 个电机驱动模块的具体 ID 号，根据小车电机安装位置，与电机对应的电机驱动模块的 ID 号设置如图 5-56 所示。

确定车头、车尾方向后，车头向前车尾向后。车头右侧电机对应电机驱动模块 ID 号为 1，车头左侧电机对应电机驱动模块 ID 号为 2，车尾右侧电机对应电机驱动模块 ID 号为 4，车尾左侧电机对应电机驱动模块 ID 号为 3。

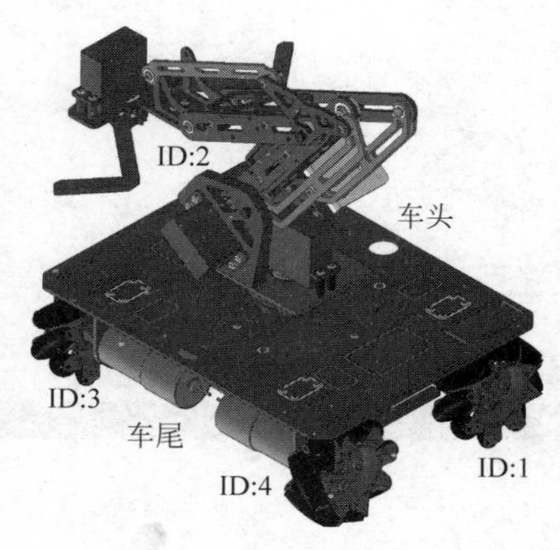

图 5-56 电机驱动 ID 设置

2. 第 2 步：主控板主控芯片初始化设置

步骤 1：设置“RCC”，如图 5-57 所示。

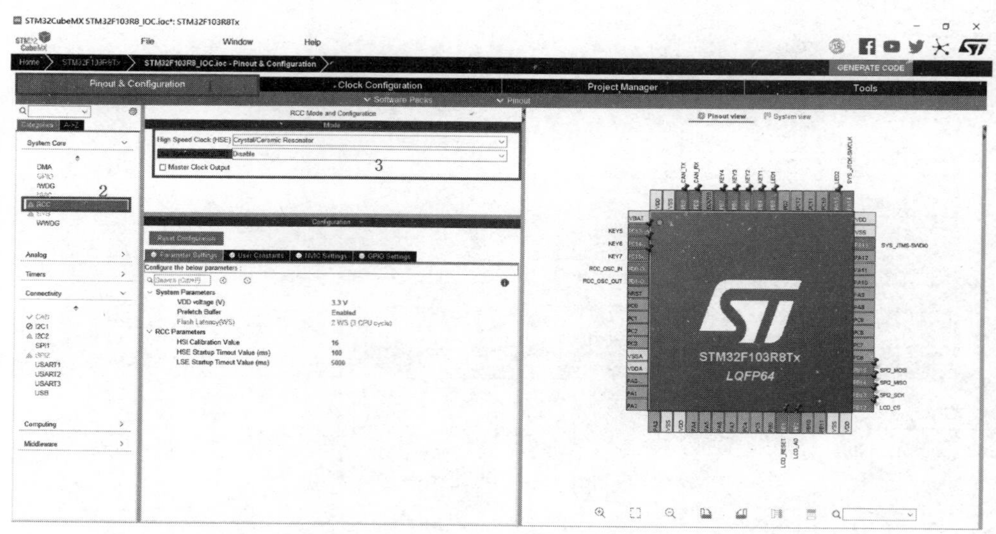

图 5-57 RCC 设置

步骤 2：设置“SYS”，如图 5-58 所示。

步骤 3：时钟设置，如图 5-59 所示。

步骤 4：普通 I/O 口设置，如图 5-60 所示。

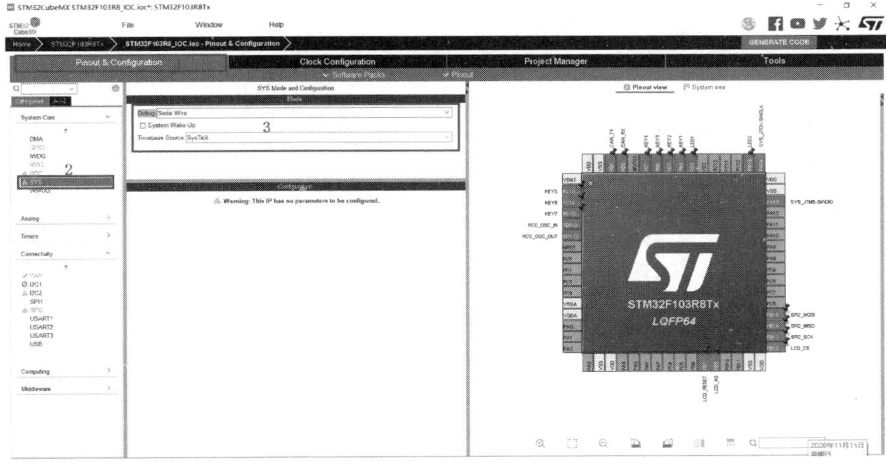

图 5-58　SYS 设置

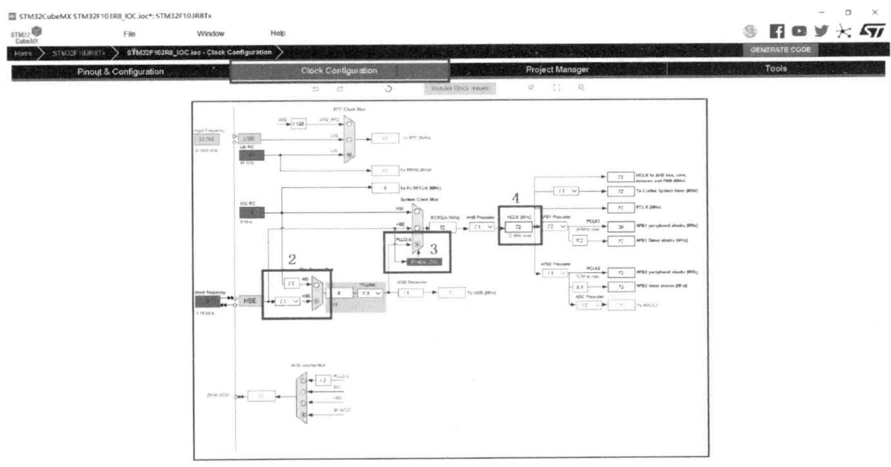

图 5-59　时钟设置

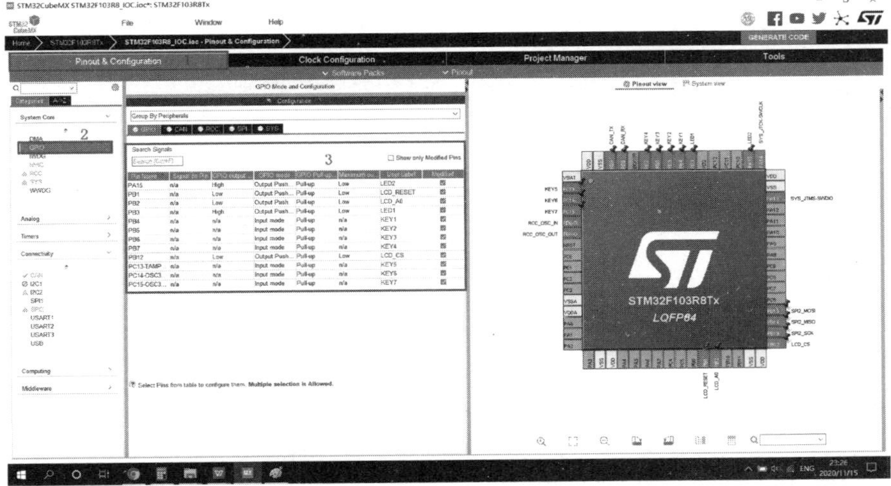

图 5-60　普通 I/O 口设置

步骤 5：SPI2 设置，如图 5-61 所示。

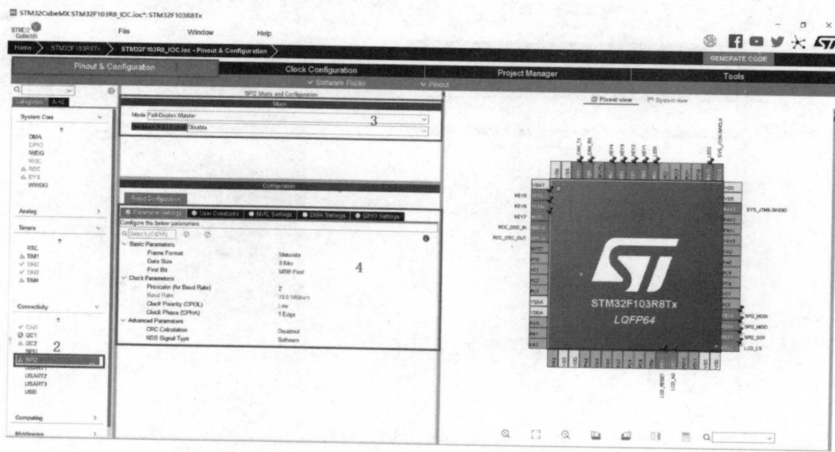

图 5-61　SPI2 设置

步骤 6：TIM2 设置，如图 5-62 所示。

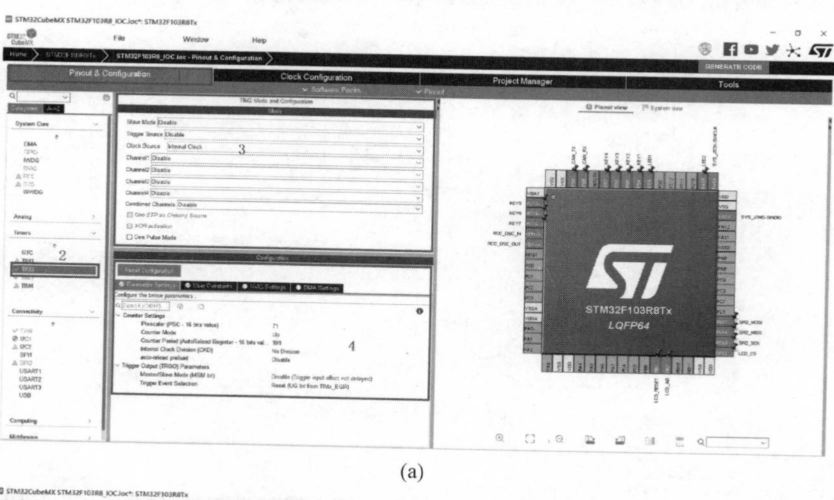

(a)

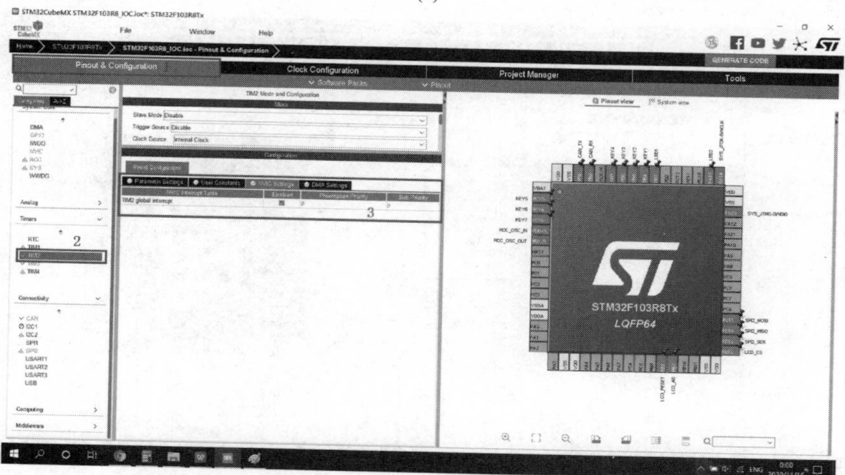

(b)

图 5-62　TIM2 设置

从图 5-61 可以发现 TIM2 的中断功能被使能，并且其中断触发时间为 1ms。

步骤 7：CAN 设置，如图 5-63 所示。

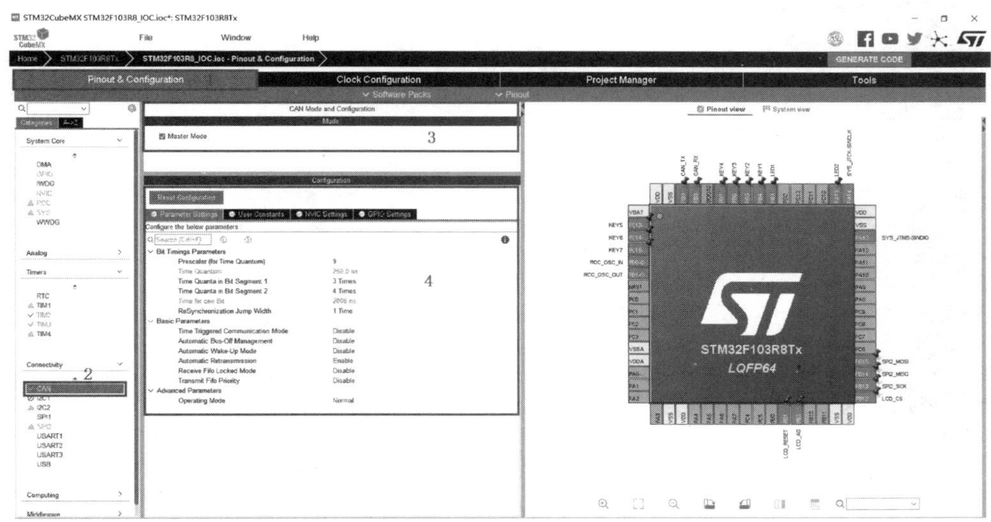

图 5-63　CAN 设置

CAN 设置的核心参数为波特率，其计算方式为：波特率＝Fpclk1/((tsjw＋tbs1＋tbs2) * brp)，因此按照图 5-63 设置所获取的 CAN 波特率＝36MHz/((1＋3＋4)×9)＝500kb/s，并且开启 CAN 接收中断。

步骤 8：工程设置并单击代码生成按钮生成基于 Keil MDK 的工程代码，如图 5-64～图 5-66 所示。

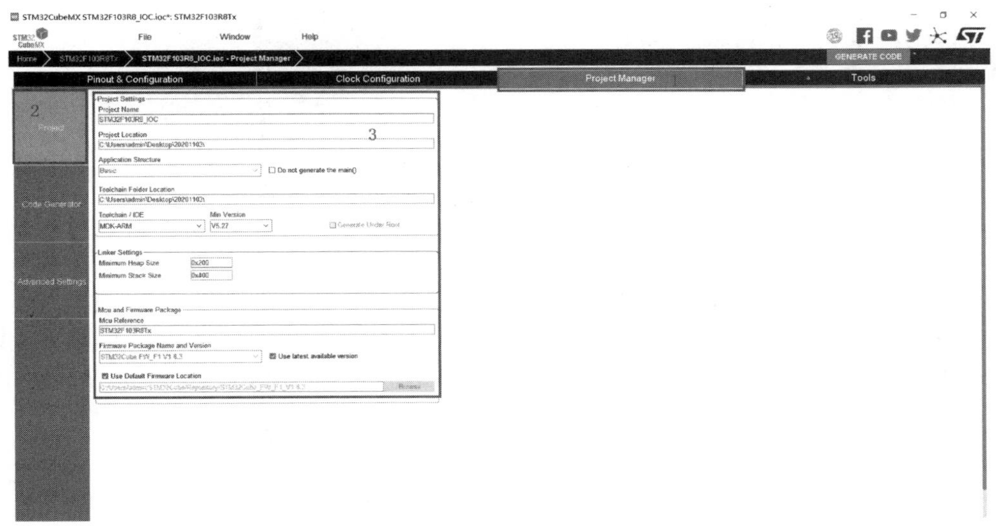

图 5-64　工程设置 1

3. 第 3 步：使用 Keil MDK 编写电机控制程序

电机控制程序主要针对主控板主控芯片的程序进行编写，其作用为通过主控芯片的

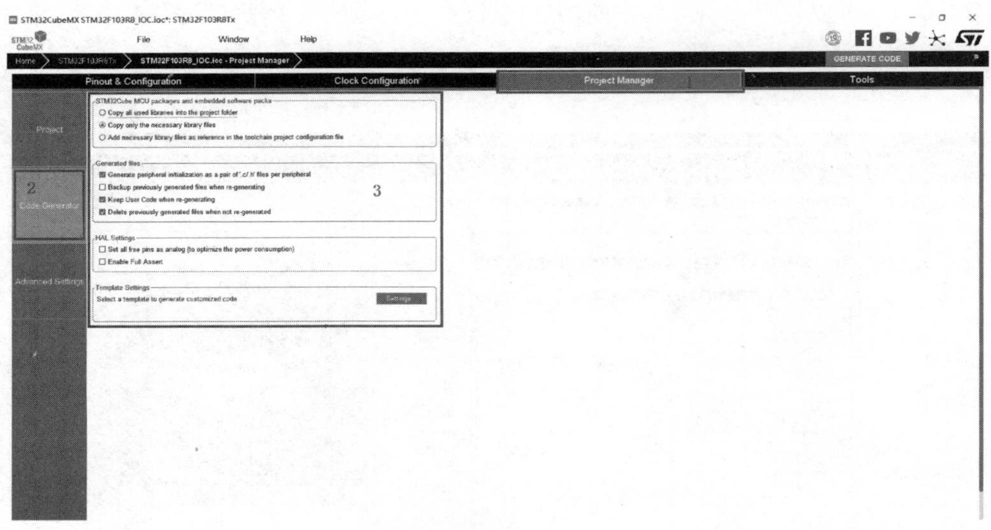

图 5-65 工程设置 2

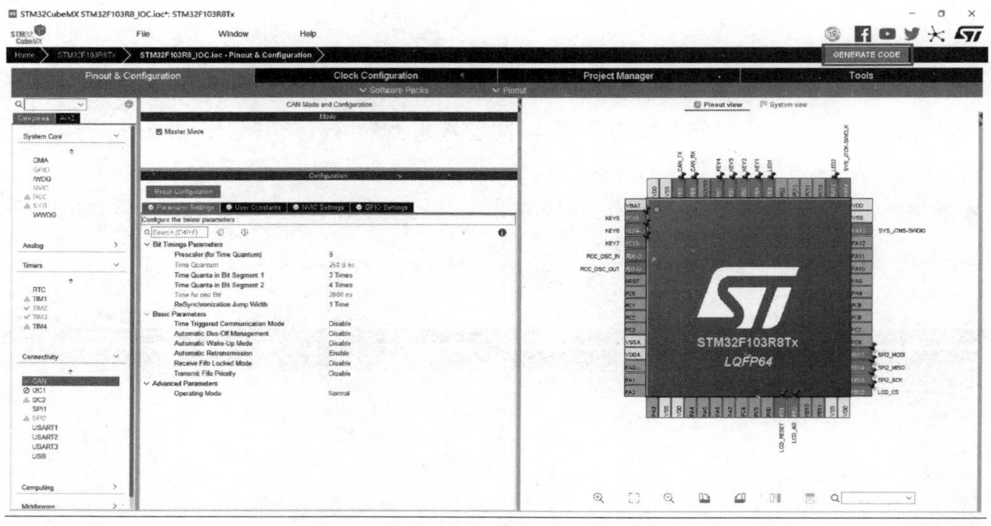

图 5-66 代码生成

CAN 发送相关命令与参数，从而实现电机驱动模块的控制，最终实现电机的正反转与转速控制。本小节不具体讲解如何将程序从零开始实现，而是讲解如何实现别人程序的移植，具体步骤如下。

步骤 1：首先在工程工作空间新建 3 个组：APP、BSP、CAN_Communication，如图 5-67 所示。

步骤 2：在 BSP 组中添加 bsp_hal_gpio. c、bsp_hal_time. c、bsp_hal_can. c 3 个文件，如图 5-68 所示。在 APP 组中添加 app. c 文件，如图 5-69 所示。在 CAN_Communication 组中添加 CAN _ Communication. c、CAN _ Communication _ canconfig. c、SLAVE _ DCMotorMiniwatt. c 3 个文件，如图 5-70 所示。以上所有文件都包含在移植过来的程序文

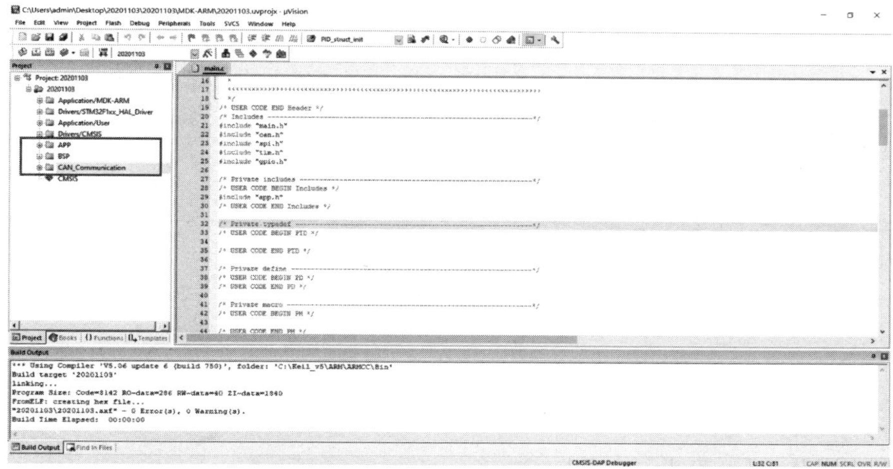

图 5-67　添加工作组

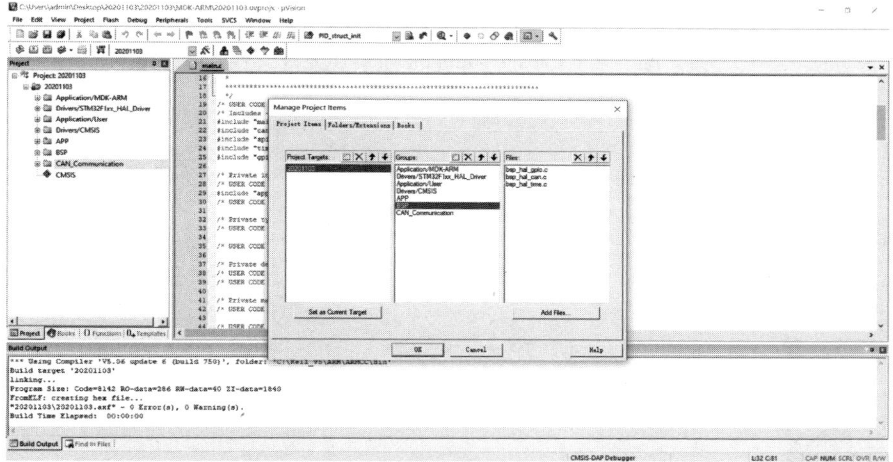

图 5-68　BSP 组添加文件

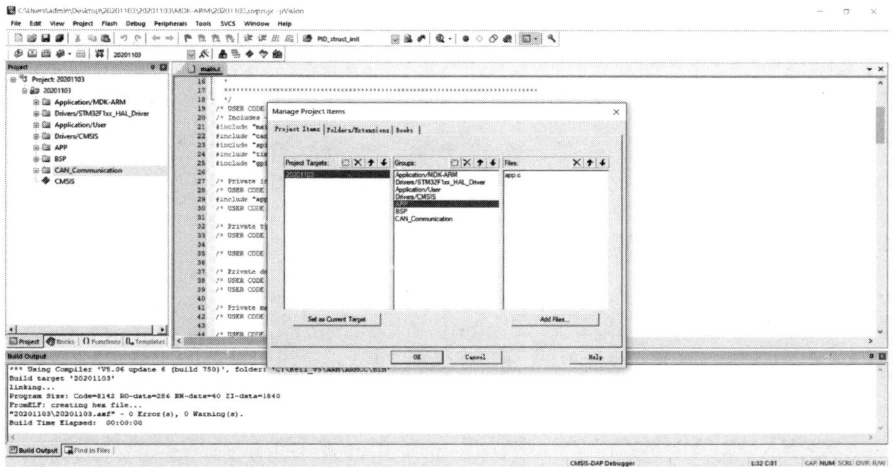

图 5-69　APP 组添加文件

件夹中，如图 5-71 所示。

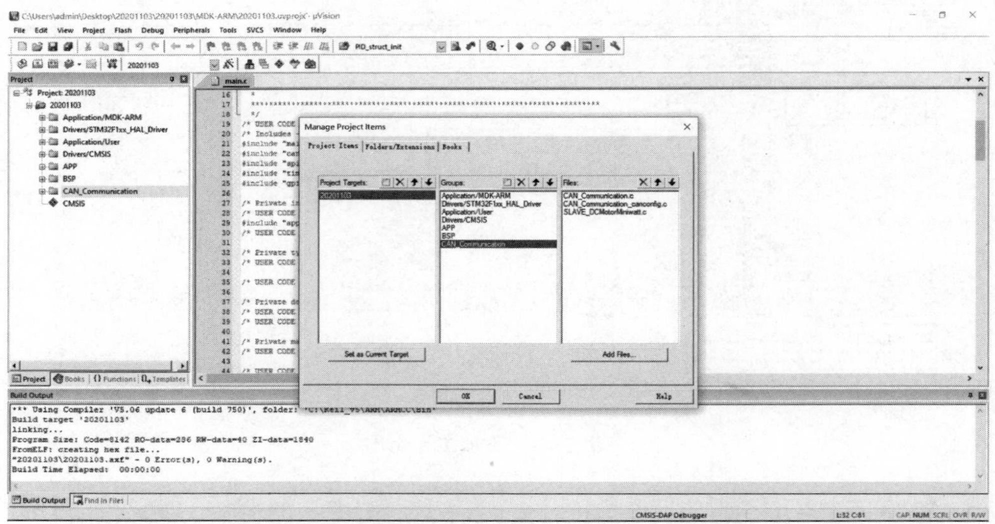

图 5-70 CAN_Communication 组添加文件

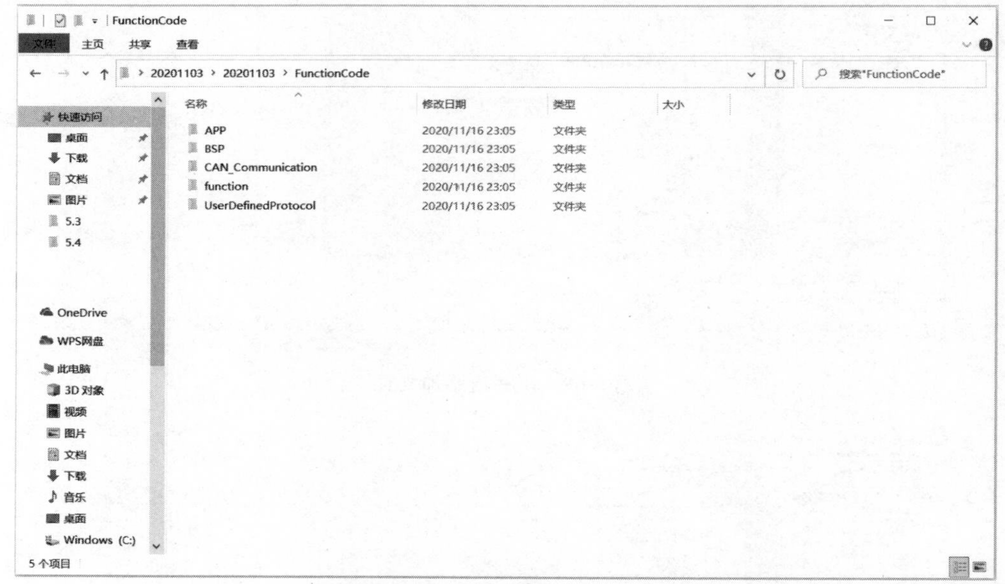

图 5-71 移植文件所在文件夹

步骤 3：添加相关移植文件的头文件路径，通过“Target Options...”下辖的“C/C++”项进行添加，如图 5-72 所示。

步骤 4：关联相关头文件（此处以在“main.c”文件包含“app.h”文件为例，其余的头文件关联已经在移植的文件中预先完成），如图 5-73 所示。

此处需要注意，在使用“#include”命令包含某个头文件时，如果其书写方式为“#include‘XXXXXX/YYYYYY’”，则在添加头文件路径时，只需包含“/”前面的文件夹所在路径即可，如图 5-74 所示。

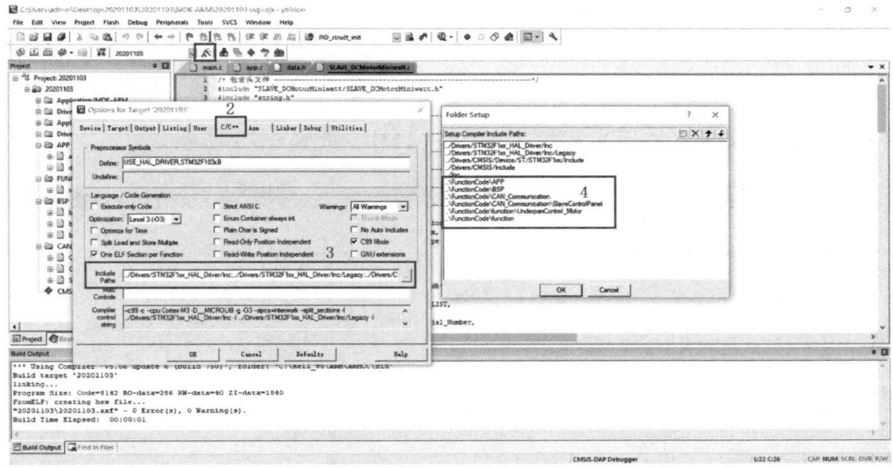

图 5-72　添加头文件路径

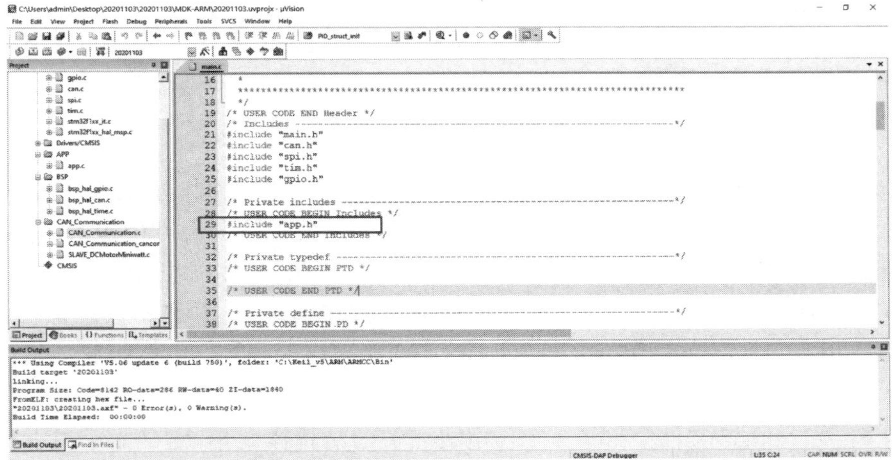

图 5-73　关联头文件

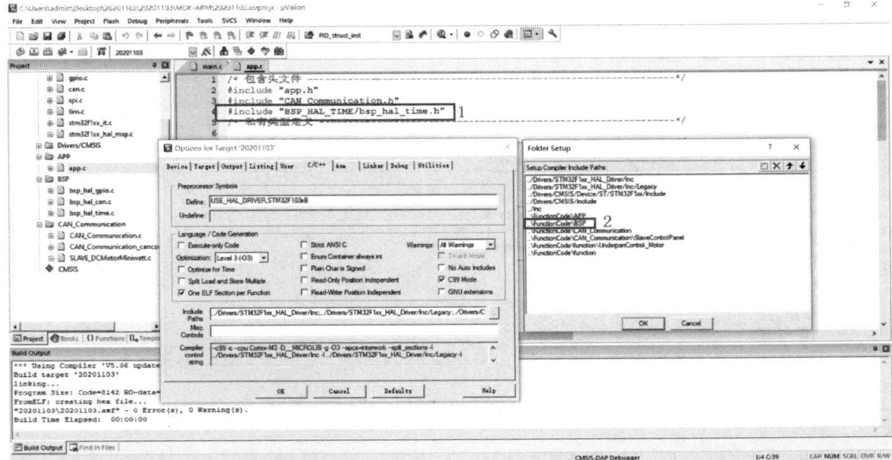

图 5-74　头文件路径

图 5-74 区域 1 的命令形式为“#include "BSP_HAL_TIME/bsp_hal_time.h"”，因此在包含头文件路径时，只需包含“BSP_HAL_TIME”文件夹的上一层路径即可，即为图 5-74 区域 2 中的“BSP”文件夹路径。

步骤 5：将应用程序添加至主程序的 while(1)中，如图 5-75 所示。

main.c* | app.c | SLAVE_DCMotorMiniwatt.h | CAN_Communication.c | CAN_Communication.h | CAN_Communication_canconfig.h | SLAVE_DCMotorMiniwatt.c

```
int main(void)
{
  /* MCU Configuration----------------------------------------------------------*/
  /* Reset of all peripherals, Initializes the Flash interface and the Systick. */
  HAL_Init();
  /* Configure the system clock */
  SystemClock_Config();
  /* Initialize all configured peripherals */
  MX_GPIO_Init();
  MX_CAN_Init();
  MX_SPI2_Init();
  MX_TIM2_Init();
  MX_TIM3_Init();
  /* USER CODE BEGIN 2 */
  /* USER CODE END 2 */
  /* Infinite loop */
  /* USER CODE BEGIN WHILE */
  while (1)
  {
    ApplicationProgram_main();
    /* USER CODE END WHILE */
    /* USER CODE BEGIN 3 */
  }
```

图 5-75　添加应用程序

“ApplicationProgram_main()”应用程序定义在“app. c”文件中，同时该程序也在“app. h”文件中做了声明，因此一旦想在“main. c”中调用该程序则需要在“main. c”中包含“app. h”头文件，具体可参考图 5-73。另外此处需注意，后续所有的功能，都将围绕“ApplicationProgram_main()”应用程序展开，为此整个工程的“main()”主程序的“while(1)”中只包含唯一的一个子程序“ApplicationProgram_main()”，而该程序定义在“app. c”文件中，因此后续的应用程序编写就从“main. c”文件转移至“app. c”文件中。

步骤 6：在“app. c”文件中定义 4 个与电机相关的结构体变量，定义 4 个与电机转速相关的变量，如图 5-76 所示。

app.c | CAN_Communication.c | bsp_hal_time.c | SLAVE_DCMotorMiniwatt.c | SLAVE_DCMotorMiniwatt.h

```
/* 包含头文件 ----------------------------------------------------------------*/
#include "app.h"
#include "CAN_Communication.h"
#include "BSP_HAL_TIME/bsp_hal_time.h"
/* 私有类型定义 --------------------------------------------------------------*/

/* 私有宏定义 ----------------------------------------------------------------*/

/* 私有变量 ------------------------------------------------------------------*/
/*******直流电机驱动模块数据声明*******/
DCMotorMiniwattDef_t DCMotorMiniwatt1_S;
DCMotorMiniwattDef_t DCMotorMiniwatt2_S;
DCMotorMiniwattDef_t DCMotorMiniwatt3_S;
DCMotorMiniwattDef_t DCMotorMiniwatt4_S;

int16_t MotorSpeed1 = 100;
int16_t MotorSpeed2 = 100;
int16_t MotorSpeed3 = 100;
int16_t MotorSpeed4 = 100;
/* 扩展变量 ------------------------------------------------------------------*/



/* 函数体 --------------------------------------------------------------------*/
/*******************************************************************************
```

图 5-76　结构体、变量定义

在定义与电机相关结构体时，可以发现“DCMotorMiniwattDef_t”结构体类型是在“SLAVE_DCMotorMiniwatt. h”头文件中定义的，但是“app. c”中并未包含“SLAVE_DCMotorMiniwatt. h”头文件。这里需要注意，“app. c”中虽然并未直接包含“SLAVE_DCMotorMiniwatt. h”头文件，但是其包含了“CAN_Communication. h”头文件，而“CAN_Communication. h”包含了“CAN_Communication_canconfig. h”头文件，“CAN_Communication_canconfig. h”包含了“SLAVE_DCMotorMiniwatt. h”头文件，因此通过层层包含关系可以发现“app. c”与“SLAVE_DCMotorMiniwatt. h”头文件已经关联。

步骤 7：通过“ApplicationProgram_Iint()”函数，进行电机驱动模块控制数据初始化；CAN 通信初始化；将中断具体执行的程序传递到定时器中断回调函数中并启动定时器，具体初始化程序如图 5-77 所示。

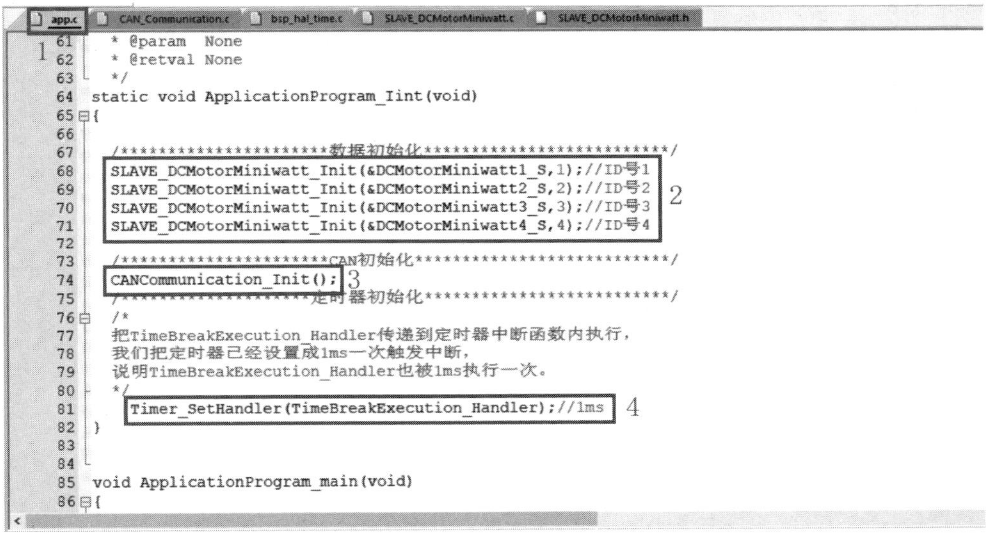

app.c　CAN_Communication.c　bsp_hal_time.c　SLAVE_DCMotorMiniwatt.c　SLAVE_DCMotorMiniwatt.h

```
  * @param  None
  * @retval None
  */
static void ApplicationProgram_Iint(void)
{

  /**********************数据初始化**************************/
  SLAVE_DCMotorMiniwatt_Init(&DCMotorMiniwatt1_S,1);//ID号1
  SLAVE_DCMotorMiniwatt_Init(&DCMotorMiniwatt2_S,2);//ID号2
  SLAVE_DCMotorMiniwatt_Init(&DCMotorMiniwatt3_S,3);//ID号3
  SLAVE_DCMotorMiniwatt_Init(&DCMotorMiniwatt4_S,4);//ID号4

  /**********************CAN初始化**************************/
  CANCommunication_Init();
  /*********************定时器初始化*************************/
  /*
  把TimeBreakExecution_Handler传递到定时器中断函数内执行，
  我们把定时器已经设置成1ms一次触发中断，
  说明TimeBreakExecution_Handler也被1ms执行一次。
  */
    Timer_SetHandler(TimeBreakExecution_Handler);//1ms
}


void ApplicationProgram_main(void)
{
```

图 5-77　应用层初始化程序

电机驱动模块数据初始化函数说明如表 5-1 所示。

表 5-1　电机驱动模块数据初始化函数说明

函数原型	uint8_t SLAVE_DCMotorMiniwatt_Init(DCMotorMiniwattDef_t * handle,uint8_t list)
功能概述	声明并初始化直流有刷电机控制模块通信数据
参数说明	handle：指向直流有刷电机控制模块通信数据的指针 list：直流有刷电机控制模块对应 ID 号
返回值	1：成功 0：失败(数据已经声明过)

图 5-77 区域 4 中的 Timer_SetHandler(TimeBreakExecution_Handler)，实际是将 TimeBreakExecution_Handler()传递至定时器中断的回调函数内部执行，并启动定时器，如图 5-78 所示。TimeBreakExecution_Handler()的具体内容如图 5-79 所示。

此处需注意，图 5-78 区域 2 中的 TIMER，实际是在 bsp_hal_time. h 文件中宏定义的 htim3，当然也可以将此处的 TIMER 直接修改为 htim3。

```
main.c | app.c | CAN_Communication_canconfig.h | CAN_Communication.c | bsp_hal_time.c   1

/* 扩展变量 -------------------------------------------------------------------*/

/* 私有函数原形 ---------------------------------------------------------------*/

/* 函数体 ---------------------------------------------------------------------*/
/****************定时中断初始化************************/
void Timer_SetHandler(VoidFuncVoid func)
{
  TimeCallBackFunc = func;          ⇦   2
  HAL_TIM_Base_Start_IT(&TIMER);
}

/***********TIM溢出中断****************/
void HAL_TIM_PeriodElapsedCallback(TIM_HandleTypeDef *htim)//HAL
{
  if(TIMER.Instance == htim->Instance)
  {
    if(NULL != TimeCallBackFunc)                 3
    {
      TimeCallBackFunc();    ⇦
    }
  }
}
```

图 5-78　定时器中断相关程序 1

```
main.c | app.c 1 | CAN_Communication_canconfig.h | CAN_Communication.c | bsp_hal_time.c

*****************************************************************************************/
/**
  * @brief  定时中断事件
  * @param  None
  * @retval None
  */                                        2
static void Time3_BreakExecution_Handler(void)
{
  //==========CAN扫描================================
   Tim_GetCurrentTimeAdd_Scan1MS();//CAN相关的时间计数
  CANCommunication_Scan();//CAN数据发送
}

/****************************************************************************************

                                   应用主函数

*****************************************************************************************/
/**
  * @brief  应用初始化
  * @param  None
  * @retval None
  */
static void ApplicationProgram_Iint(void)
{
```

图 5-79　定时器中断相关程序 2

步骤 8：设置 CAN 通信所需的帧数据空间，由于主控板与 1 个电机驱动模块的 CAN 通信需要 3 帧数据空间，4 个电机驱动模块共需要 12 帧数据空间，外加 1 帧的基础数据空间，因此最小需要 13 帧数据空间，具体帧数据空间设置在“CAN_Communication_canconfig.h”文件中完成，如图 5-80 所示。

步骤 9：完成以上步骤后电机控制的程序移植基本完成，可通过将修改电机转速的子程序“SLAVE_DCMotorMiniwatt_SpeedSet(DCMotorMiniwattDef_t * handle,int16_t val)”加入“ApplicationProgram_main()”程序，从而实现电机转速与转向控制，如图 5-81 所示。

电机转速控制函数具体说明如表 5-2 所示。

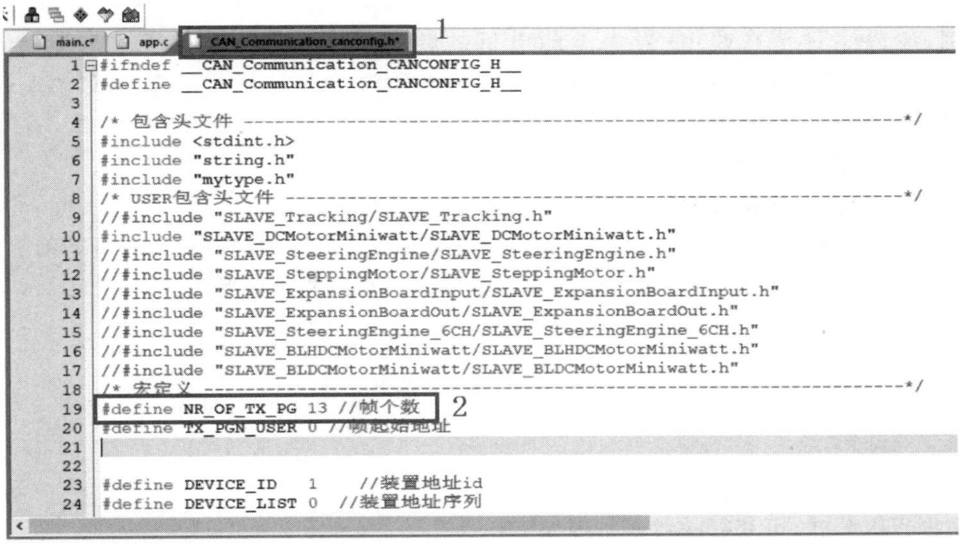
main.c*
app.c
CAN_Communication_canconfig.h*
1
#ifndef __CAN_Communication_CANCONFIG_H__
#define __CAN_Communication_CANCONFIG_H__
/* 包含头文件 ---*/
#include <stdint.h>
#include "string.h"
#include "mytype.h"
/* USER包含头文件 ---*/
//#include "SLAVE_Tracking/SLAVE_Tracking.h"
#include "SLAVE_DCMotorMiniwatt/SLAVE_DCMotorMiniwatt.h"
//#include "SLAVE_SteeringEngine/SLAVE_SteeringEngine.h"
//#include "SLAVE_SteppingMotor/SLAVE_SteppingMotor.h"
//#include "SLAVE_ExpansionBoardInput/SLAVE_ExpansionBoardInput.h"
//#include "SLAVE_ExpansionBoardOut/SLAVE_ExpansionBoardOut.h"
//#include "SLAVE_SteeringEngine_6CH/SLAVE_SteeringEngine_6CH.h"
//#include "SLAVE_BLHDCMotorMiniwatt/SLAVE_BLHDCMotorMiniwatt.h"
//#include "SLAVE_BLDCMotorMiniwatt/SLAVE_BLDCMotorMiniwatt.h"
/* 宏定义 ---*/
#define NR_OF_TX_PG 13 //帧个数
2
#define TX_PGN_USER 0 //帧起始地址
#define DEVICE_ID 1 //装置地址id
#define DEVICE_LIST 0 //装置地址序列

图 5-80　帧数据空间设置

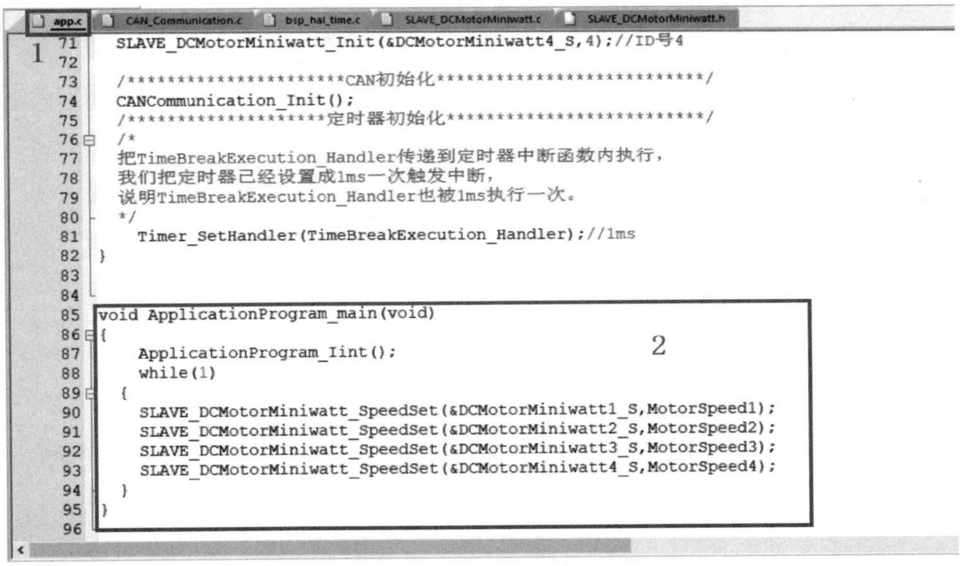
app.c
CAN_Communication.c
bsp_hal_time.c
SLAVE_DCMotorMiniwatt.c
SLAVE_DCMotorMiniwatt.h
1
SLAVE_DCMotorMiniwatt_Init(&DCMotorMiniwatt4_S,4);//ID号4
/**********************CAN初始化**************************/
CANCommunication_Init();
/********************定时器初始化************************/
/*
把TimeBreakExecution_Handler传递到定时器中断函数内执行，
我们把定时器已经设置成1ms一次触发中断，
说明TimeBreakExecution_Handler也被1ms执行一次。
*/
Timer_SetHandler(TimeBreakExecution_Handler);//1ms
}
void ApplicationProgram_main(void)
{
ApplicationProgram_Iint();
while(1)
{
SLAVE_DCMotorMiniwatt_SpeedSet(&DCMotorMiniwatt1_S,MotorSpeed1);
SLAVE_DCMotorMiniwatt_SpeedSet(&DCMotorMiniwatt2_S,MotorSpeed2);
SLAVE_DCMotorMiniwatt_SpeedSet(&DCMotorMiniwatt3_S,MotorSpeed3);
SLAVE_DCMotorMiniwatt_SpeedSet(&DCMotorMiniwatt4_S,MotorSpeed4);
}
}
2

图 5-81　电机转速控制程序

表 5-2　电机转速控制函数具体说明

函数原型	void SLAVE_DCMotorMiniwatt_SpeedSet(DCMotorMiniwattDef_t * handle,int16_t val)
功能概述	修改对应直流有刷电机控制模块的速度值
参数说明	handle：指向直流有刷电机控制模块通信数据的指针 val：电机速度值，正数为正转，负数为反转，速度范围是－300～300
返回值	无

以“SLAVE_DCMotorMiniwatt_SpeedSet(&DCMotorMiniwatt1_S,MotorSpeed1)”程序为例,该程序只是修改 ID 号为 1 的电机的转速(MotorSpeed1 大于 0 为正转,小于 0 为反转,绝对值为转速值),但是该转速值并未通过该程序而是直接通过 CAN 下发给电机驱动模块。主控板的 CAN 发送是周期执行的,具体执行程序为图 5-79 中的“CANCommunication_Scan()”。

4. 第 4 步:使用 Keil MDK 编写底盘运动控制程序

麦克纳姆轮底盘的运动控制程序编写,必须建立在底盘运动的运动学解析基础上,通过前面章节我们可以获得 4 个电机的转速与底盘运动状态的公式如下:

$$
\begin{cases}
v_{w_1} = v_{t_y} - v_{t_x} + \omega(a+b) \\
v_{w_2} = v_{t_y} + v_{t_x} - \omega(a+b) \\
v_{w_3} = v_{t_y} - v_{t_x} - \omega(a+b) \\
v_{w_4} = v_{t_y} + v_{t_x} + \omega(a+b)
\end{cases}
$$

根据以上公式,可获得的代码实现如下:

```
handle->speed1 = y_axisbuf - x_axisbuf + (yawbuf * handle->yawfac);
handle->speed2 = y_axisbuf + x_axisbuf - (yawbuf * handle->yawfac);
handle->speed3 = y_axisbuf - x_axisbuf - (yawbuf * handle->yawfac);
handle->speed4 = y_axisbuf + x_axisbuf + (yawbuf * handle->yawfac);

AbsSpeed1 = Absolute_Value(handle->speed1);
AbsSpeed2 = Absolute_Value(handle->speed2);
AbsSpeed3 = Absolute_Value(handle->speed3);
AbsSpeed4 = Absolute_Value(handle->speed4);

if(AbsSpeed1 > AbsSpeed2)
  SpeedMax = AbsSpeed1;
else
  SpeedMax = AbsSpeed2;
if(SpeedMax < AbsSpeed3)
  SpeedMax = AbsSpeed3;
if(SpeedMax < AbsSpeed4)
  SpeedMax = AbsSpeed4;

if(SpeedMax > handle->MaxLinearSpeed)
{
    handle->speed1 = handle->speed1 * handle->MaxLinearSpeed / SpeedMax;
    handle->speed2 = handle->speed2 * handle->MaxLinearSpeed / SpeedMax;
    handle->speed3 = handle->speed3 * handle->MaxLinearSpeed / SpeedMax;
    handle->speed4 = handle->speed4 * handle->MaxLinearSpeed / SpeedMax;
}
```

具体的程序移植编写步骤如下。

步骤 1:新建 FUNCTION 组,并添加 UnderpanControl_Motor. c、separate_button. c、pid. c 3 个文件,在 APP 组中新添加 data. c 文件,同时修改 app. c 中包含的头文件,如图 5-82 所示。

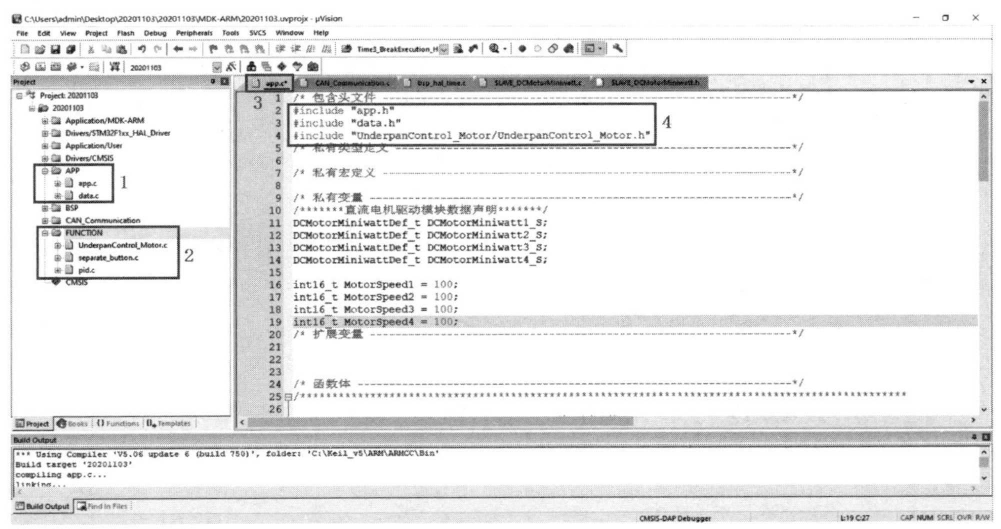

图 5-82 添加工作组及相关文件

步骤 2：添加相关头文件路径，主要为 data. h、separate_button. h、UnderpanControl_Motor. h、pid. h 等相关头文件的路径，如图 5-83 所示。

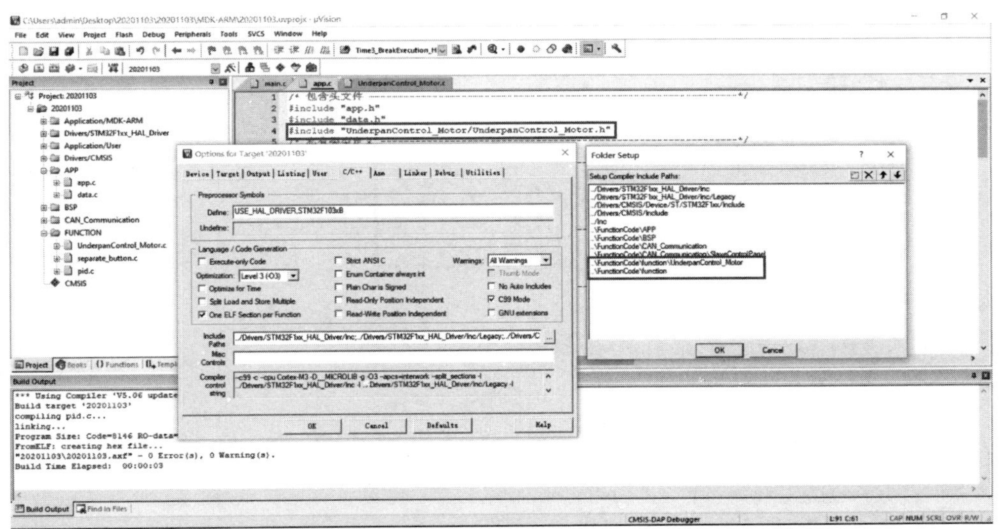

图 5-83 添加相关头文件路径

步骤 3：修改在“app. c”中关于电机参数变量的定义，主要操作为删除电机转速变量，添加定义底盘运动数据结构变量。因为此时已经不需要直接控制电机转速与转向，而是直接控制小车运动状态，具体的电机控制已经体现在小车底盘运动状态控制的程序中了，如图 5-84 所示。

步骤 4：添加底盘运动控制初始化函数，如图 5-85 所示。

底盘运动控制初始化函数具体说明如表 5-3 所示。

app.c* CAN_Communication.c bsp_hal_time.c SLAVE_DCMotorMiniwatt.c SLAVE_DCMotorMiniwatt.h

```
/* 包含头文件 ----------------------------------------------------------------*/
#include "app.h"
#include "data.h"
#include "UnderpanControl_Motor/UnderpanControl_Motor.h"
/* 私有类型定义 --------------------------------------------------------------*/

/* 私有宏定义 ----------------------------------------------------------------*/

/* 私有变量 ------------------------------------------------------------------*/
/*******直流电机驱动模块数据声明*******/
DCMotorMiniwattDef_t DCMotorMiniwatt1_S;
DCMotorMiniwattDef_t DCMotorMiniwatt2_S;
DCMotorMiniwattDef_t DCMotorMiniwatt3_S;
DCMotorMiniwattDef_t DCMotorMiniwatt4_S;
/*******底盘控制数据声明*******/
UnderpanPostureDef_t UnderpanPosture_S;
/* 扩展变量 ------------------------------------------------------------------*/



/* 函数体 --------------------------------------------------------------------*/
/******************************************************************************************

                              硬件配置函数

******************************************************************************************/
```

图 5-84 底盘运动数据结构变量定义

app.c*

```
static void ApplicationProgram_Iint(void)
{

  /**********************数据初始化*************************/
  SLAVE_DCMotorMiniwatt_Init(&DCMotorMiniwatt1_S,1);//ID号1
  SLAVE_DCMotorMiniwatt_Init(&DCMotorMiniwatt2_S,2);//ID号2
  SLAVE_DCMotorMiniwatt_Init(&DCMotorMiniwatt3_S,3);//ID号3
  SLAVE_DCMotorMiniwatt_Init(&DCMotorMiniwatt4_S,4);//ID号4
  UnderpanControl_Init(&UnderpanPosture_S,
                       FOUR_DRIVE_McNamara,
            400,
            &DCMotorMiniwatt1_S,  //右上
            &DCMotorMiniwatt2_S,  //左上
            &DCMotorMiniwatt3_S,  //左下
            &DCMotorMiniwatt4_S); //右下
  /**********************CAN初始化*************************/
  CANCommunication_Init();
  /*********************定时器初始化*************************/
  /*
  把TimeBreakExecution_Handler传递到定时器中断函数内执行，
  我们把定时器已经设置成1ms一次触发中断，
  说明TimeBreakExecution_Handler也被1ms执行一次。
  */
    Timer_SetHandler(TimeBreakExecution_Handler);//1ms
}
```

图 5-85 底盘运动控制初始化

表 5-3 底盘运动控制初始化函数具体说明

函数原型	void UnderpanControl_Init(UnderpanPostureDef_t * handle, uint8_t mode, uint16_t Maxlinearspeed, DCMotorMiniwattDef_t * Motor1, DCMotorMiniwattDef_t * Motor2, DCMotorMiniwattDef_t * Motor3, DCMotorMiniwattDef_t * Motor4)

续表

功能概述	初始化底盘控制数据
参数说明	handle：指向底盘控制数据的指针 mode：控制模式 Maxlinearspeed：底盘最大速度限值 Motor1：底盘电机 1 控制数据句柄 Motor2：底盘电机 2 控制数据句柄 Motor3：底盘电机 3 控制数据句柄 Motor4：底盘电机 4 控制数据句柄
返回值	无

步骤 5：定时器中断处理函数中，需要添加底盘扫描函数，如图 5-86 所示。

图 5-86　定时器中断相关程序

底盘控制函数的具体说明如表 5-4 所示。

表 5-4　底盘控制函数的具体说明

函数原型	void UnderpanControl_Scan(UnderpanPostureDef_t * handle)
功能概述	底盘控制扫描函数，1～5ms 扫描一次就行
参数说明	handle：指向底盘控制数据的句柄
返回值	无

步骤 6：修改“ApplicationProgram_main()”程序中的具体内容，控制底盘整体运动状态，如图 5-87 所示。

“ApplicationProgram_main()”程序中 UnderpanPosture_S. y_axis 数值用于设置底盘前进/后退的速度，UnderpanPosture_S. x_axis 数值用于设置底盘左右平移的速度，UnderpanPosture_S. yaw 数值用于设置底盘沿中心转动的转速。通过修改这 3 个参数即可实现小车底盘的整体运动状态控制。

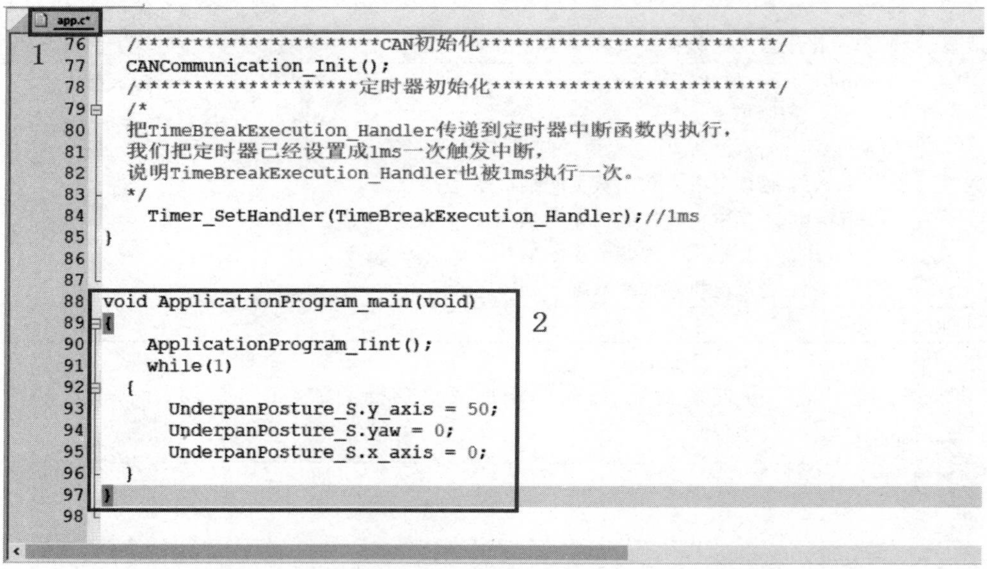

```
app.c*
/**********************CAN初始化****************************/
CANCommunication_Init();
/********************定时器初始化**************************/
/*
把TimeBreakExecution_Handler传递到定时器中断函数内执行,
我们把定时器已经设置成1ms一次触发中断,
说明TimeBreakExecution_Handler也被1ms执行一次。
*/
  Timer_SetHandler(TimeBreakExecution_Handler);//1ms
}


void ApplicationProgram_main(void)
{
    ApplicationProgram_Iint();
    while(1)
    {
      UnderpanPosture_S.y_axis = 50;
      UnderpanPosture_S.yaw = 0;
      UnderpanPosture_S.x_axis = 0;
    }
}
```

图 5-87　底盘运动控制程序

步骤 7：将以上程序编译并下载至主控板，上电后观察 4 个电机转动方向是否正确，如出现电机转动方向与程序控制方向相反，可能是由于电机电源线接反导致，此时无须在硬件上对电机接线进行修改，只需修改 UnderpanControl_Motor. h 中的宏定义即可，如图 5-88 所示。

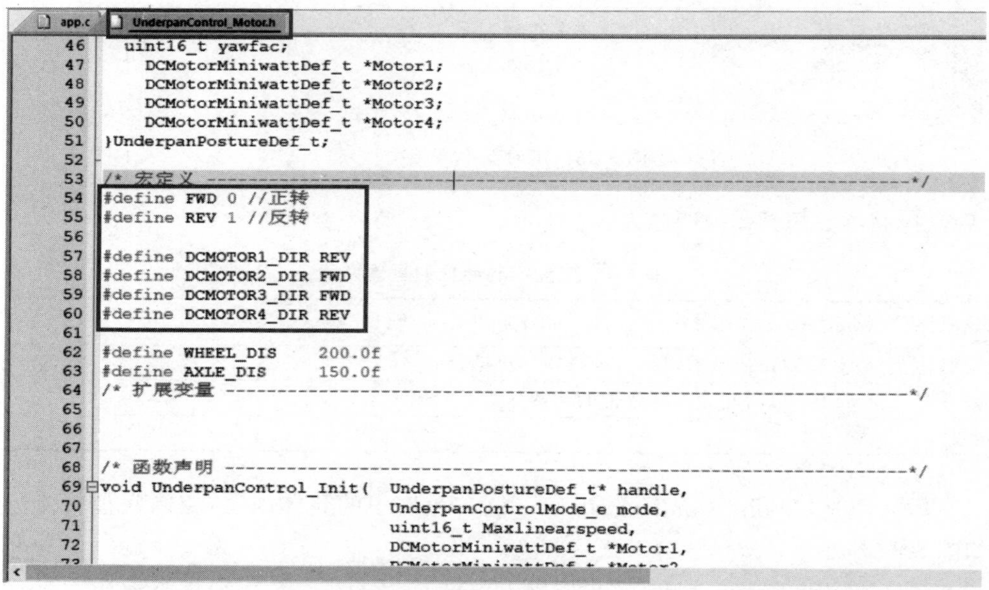

```
app.c  UnderpanControl_Motor.h
  uint16_t yawfac;
    DCMotorMiniwattDef_t *Motor1;
    DCMotorMiniwattDef_t *Motor2;
    DCMotorMiniwattDef_t *Motor3;
    DCMotorMiniwattDef_t *Motor4;
}UnderpanPostureDef_t;

/* 宏定义 -----------------------------------------------------------------*/
#define FWD 0 //正转
#define REV 1 //反转

#define DCMOTOR1_DIR REV
#define DCMOTOR2_DIR FWD
#define DCMOTOR3_DIR FWD
#define DCMOTOR4_DIR REV

#define WHEEL_DIS    200.0f
#define AXLE_DIS     150.0f
/* 扩展变量 ---------------------------------------------------------------*/



/* 函数声明 ---------------------------------------------------------------*/
void UnderpanControl_Init(  UnderpanPostureDef_t* handle,
                            UnderpanControlMode_e mode,
                            uint16_t Maxlinearspeed,
                            DCMotorMiniwattDef_t *Motor1,
                            DCMotorMiniwattDef_t *Motor2
```

图 5-88　电机转向设置

DCMOTOR1_DIR～DCMOTOR4_DIR 对应 ID 号为 1～4 的电机转向，电机接线正确情况下这 4 个宏定义值如图 5-88 所示，一旦出现电机反转则将对应宏定义值取反。

步骤 8：最后编写具体的底盘状态控制程序，void ApplicationProgram_main(void)中的代码修改如下：

```
Void ApplicationProgram_main(void)
{
    ApplicationProgram_Iint();

    while(1)
    {
        while(KEY_4() == 1)
        {
            HAL_Delay(10);
        }
        UnderpanPosture_S.y_axis = 50;    //前进
        HAL_Delay(1500);
        UnderpanPosture_S.y_axis = 0;
        HAL_Delay(500);
        UnderpanPosture_S.y_axis = -50; //后退
        HAL_Delay(1500);
        UnderpanPosture_S.y_axis = 0;
        HAL_Delay(500);

        UnderpanPosture_S.x_axis = 50;    //右平移
        HAL_Delay(1500);
        UnderpanPosture_S.x_axis = 0;
        HAL_Delay(500);
        UnderpanPosture_S.x_axis = -50; //左平移
        HAL_Delay(1500);
        UnderpanPosture_S.x_axis = 0;
        HAL_Delay(500);

        UnderpanPosture_S.yaw = 50;        //逆时针旋转
        HAL_Delay(1500);
        UnderpanPosture_S.yaw = 0;
        HAL_Delay(500);
        UnderpanPosture_S.yaw = -50;       //顺时针旋转
        HAL_Delay(1500);
        UnderpanPosture_S.yaw = 0;
        HAL_Delay(500);
    }
}
```

下载程序可以看到按下 KEY4 小车开始运动：前进 1.5s；停止 0.5s；后退 1.5s；停止 0.5s；右平移 1.5s；停止 0.5s；左平移 1.5s；停止 0.5s；逆时针旋转 1.5s；停止 0.5s；顺时针旋转 1.5s；停止 0.5s。

5.5　机械臂控制程序编写

连杆机械臂的控制主要涉及 4 个舵机的控制，但是 1 个舵机驱动模块最多可实现 6 个舵机的控制，因此连杆机械臂的控制通过对 1 个舵机驱动模块发送相应命令与数据便可实现，具体程序移植步骤如下。

步骤 1：在底盘运动控制程序的基础上，在 CAN_Communication 组中添加 SLAVE_SteeringEngine_6CH. c 文件，如图 5-89 所示。

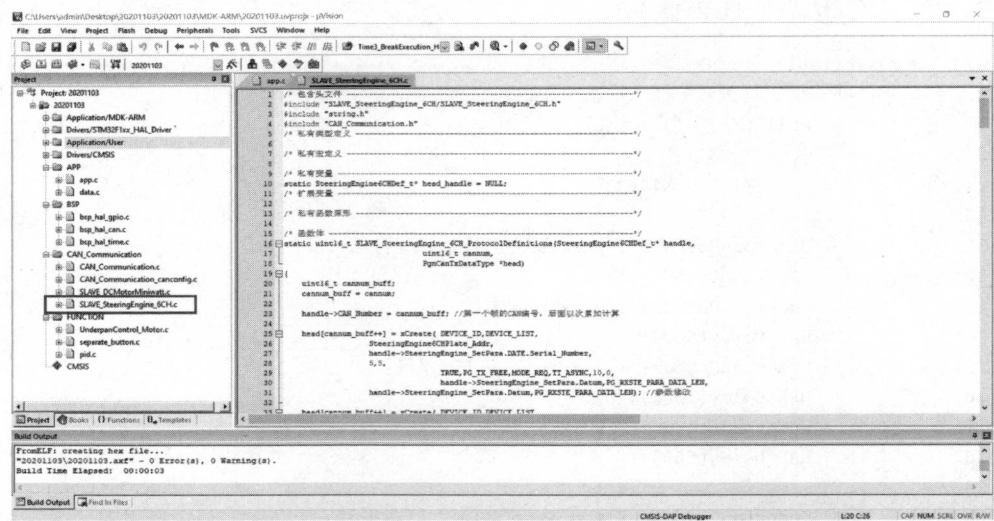

图 5-89 添加舵机控制程序文件

步骤 2：关联相关头文件，如图 5-90 所示。

```
app.c | CAN_Communication_canconfig.h
/* 包含头文件 --------------------------------------------------------------*/
#include <stdint.h>
#include "string.h"
#include "mytype.h"
/* USER包含头文件 ----------------------------------------------------------*/
//#include "SLAVE_Tracking/SLAVE_Tracking.h"
#include "SLAVE_DCMotorMiniwatt/SLAVE_DCMotorMiniwatt.h"
//#include "SLAVE_SteeringEngine/SLAVE_SteeringEngine.h"
//#include "SLAVE_SteppingMotor/SLAVE_SteppingMotor.h"
//#include "SLAVE_ExpansionBoardInput/SLAVE_ExpansionBoardInput.h"
//#include "SLAVE_ExpansionBoardOut/SLAVE_ExpansionBoardOut.h"
#include "SLAVE_SteeringEngine_6CH/SLAVE_SteeringEngine_6CH.h"
//#include "SLAVE_BLHDCMotorMiniwatt/SLAVE_BLHDCMotorMiniwatt.h"
//#include "SLAVE_BLDCMotorMiniwatt/SLAVE_BLDCMotorMiniwatt.h"
/* 宏定义 ------------------------------------------------------------------*/
#define NR_OF_TX_PG 13//帧个数
#define TX_PGN_USER 0 //帧起始地址


#define DEVICE_ID    1    //装置地址id
#define DEVICE_LIST  0  //装置地址序列

#define PG_TX_FREE      0      // buffer free, no transmission stands on
#define PG_TX_REQ       1      // a TX PG is entered into buffer but controler isn't activated
#define PG_TX_TxING     2      // stands on in the controler and trasmission is active
#define PG_TX_SUC       3      // the TX interrupt occurs - message was successful sent

```

图 5-90 关联相关头文件

由于包含该头文件时采用"SLAVE_SteeringEngine_6CH/SLAVE_SteeringEngine_6CH. h"的形式，而文件夹"SLAVE_SteeringEngine_6CH"与"SLAVE_DCMotorMiniwatt"在同一路径下，因此无须再一次添加该头文件路径，如图 5-91 所示。

步骤 3：增加 CAN 通信所需的帧数据空间，由于主控板与 1 个舵机驱动模块的 CAN

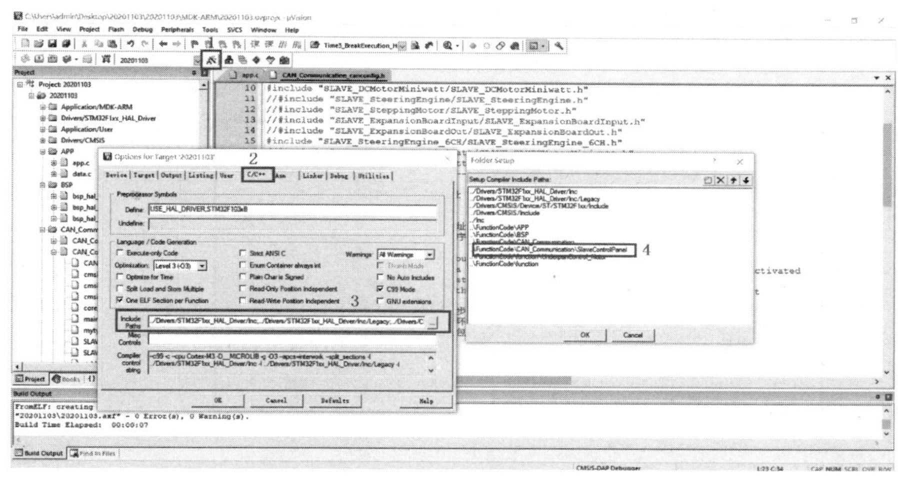

图 5-91　头文件路径

通信需要 4 帧数据空间，因此需要在底盘控制程序 13 帧数据空间的基础上再增加 4 帧数据空间，总共需要 17 帧数据空间。帧数据空间设置在“CAN_Communication_canconfig.h”文件中完成，如图 5-92 所示。

app.c　CAN_Communication_canconfig.h*

```
#ifndef __CAN_Communication_CANCONFIG_H__
#define __CAN_Communication_CANCONFIG_H__

/* 包含头文件 ----------------------------------------------------------------*/
#include <stdint.h>
#include "string.h"
#include "mytype.h"
/* USER包含头文件 ------------------------------------------------------------*/
//#include "SLAVE_Tracking/SLAVE_Tracking.h"
#include "SLAVE_DCMotorMiniwatt/SLAVE_DCMotorMiniwatt.h"
//#include "SLAVE_SteeringEngine/SLAVE_SteeringEngine.h"
//#include "SLAVE_SteppingMotor/SLAVE_SteppingMotor.h"
//#include "SLAVE_ExpansionBoardInput/SLAVE_ExpansionBoardInput.h"
//#include "SLAVE_ExpansionBoardOut/SLAVE_ExpansionBoardOut.h"
#include "SLAVE_SteeringEngine_6CH/SLAVE_SteeringEngine_6CH.h"
//#include "SLAVE_BLHDCMotorMiniwatt/SLAVE_BLHDCMotorMiniwatt.h"
//#include "SLAVE_BLDCMotorMiniwatt/SLAVE_BLDCMotorMiniwatt.h"
/* 宏定义 --------------------------------------------------------------------*/
#define NR_OF_TX_PG 17//帧个数
#define TX_PGN_USER 0 //帧起始地址


#define DEVICE_ID   1    //装置地址id
#define DEVICE_LIST 0  //装置地址序列

#define PG_TX_FREE     0      // buffer free, no transmission stands on
```

图 5-92　帧数据空间设置

步骤 4：在“app.c”文件中添加与舵机控制相关的宏定义，定义 1 个与舵机相关的结构体变量，定义 2 个与舵机角度与转速相关的数组变量，如图 5-93 所示。

其中 SERVO_NUM_MAX 用于描述单个模块可控的最大舵机数；SERVO_CH1～SERVO_CH6 用于描述舵机序号(与舵机驱动模块硬件相关)；SERVO_CLAW、SERVO_ARM2、SERVO_ARM1、SERVO_YAW 用于二次宏定义，从而方便编程人员通过名称识别舵机位置；Servo_Device_S 为用于与舵机控制模块通信数据而定义的结构体；AngleValue[SERVO_NUM_MAX]为用于描述舵机转动角度的数组；AngleTimeValue[SERVO_NUM_MAX]为用于描述舵机转动速度的数组。

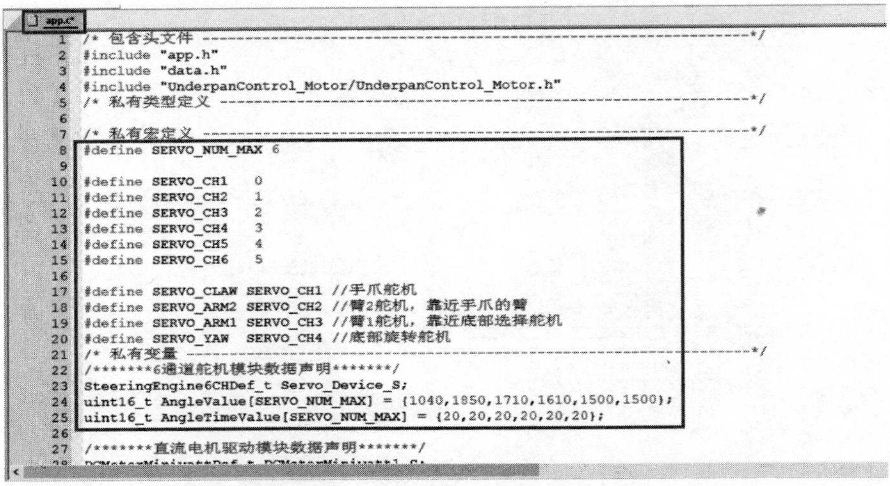

```
app.c*
/* 包含头文件 ----------------------------------------------------------------*/
#include "app.h"
#include "data.h"
#include "UnderpanControl_Motor/UnderpanControl_Motor.h"
/* 私有类型定义 --------------------------------------------------------------*/

/* 私有宏定义 ----------------------------------------------------------------*/
#define SERVO_NUM_MAX 6

#define SERVO_CH1    0
#define SERVO_CH2    1
#define SERVO_CH3    2
#define SERVO_CH4    3
#define SERVO_CH5    4
#define SERVO_CH6    5

#define SERVO_CLAW SERVO_CH1 //手爪舵机
#define SERVO_ARM2 SERVO_CH2 //臂2舵机, 靠近手爪的臂
#define SERVO_ARM1 SERVO_CH3 //臂1舵机, 靠近底部选择舵机
#define SERVO_YAW  SERVO_CH4 //底部旋转舵机
/* 私有变量 ------------------------------------------------------------------*/
/*******6通道舵机模块数据声明*******/
SteeringEngine6CHDef_t Servo_Device_S;
uint16_t AngleValue[SERVO_NUM_MAX] = {1040,1850,1710,1610,1500,1500};
uint16_t AngleTimeValue[SERVO_NUM_MAX] = {20,20,20,20,20,20};

/*******直流电机驱动模块数据声明*******/
```

图 5-93　舵机控制相关数据定义

其中与舵机控制相关的结构体说明如表 5-5 所示。

表 5-5　与舵机控制相关的结构体说明

类型名	SteeringEngine6CHDef_t

类型定义	typedef struct SteeringEngine_6CH_T
	{
	uint8_t CAN_Number;
	
	union
	{
	#define PG_RXSTE_PARA_DATA_LEN 8
	uint8_t Datum[PG_RXSTE_PARA_DATA_LEN];
	struct
	{
	union
	{
	uint8_t byte;
	#define SETPARA_ID_FLG 0x01
	#define SETPARA_MEMORY_FLG 0x02
	#define SETPARA_ACTFULLRUN_FLG 0x04
	#define SETPARA_ACTFULLSTOP_FLG 0x08
	struct{
	uint8_t modifyidflg : 1;
	uint8_t memoryflg : 1;
	uint8_t actFullRunflg : 1;
	uint8_t actFullStopflg : 1;
	uint8_t retain : 4;
	}bit;
	}mode;
	uint8_t Serial_Number;
	uint8_t actFullnum;
	uint8_t retain1;

续表

<table>
<tr><td>类型名</td><td>SteeringEngine6CHDef_t</td></tr>
<tr><td>类型定义</td><td><pre>
            uint8_t retain2;
            uint8_t retain3;
            uint8_t retain4;
            uint8_t retain5;
        }DATE;
}SteeringEngine_SetPara;

    union
{
        #define PG_RXSTE_ServoCtrl_DATA_LEN 8
        uint8_t Datum[PG_RXSTE_ServoCtrl_DATA_LEN];
        struct{
            uint16_t ServoPwmDutySetCh1;
            uint16_t TimeCh1;
            uint16_t ServoPwmDutySetCh2;
            uint16_t TimeCh2;
        }DATE;
  }SteeringEngine_ControlData[3];

  struct SteeringEngine_6CH_T * next;
} SteeringEngine6CHDef_t;
</pre></td></tr>
<tr><td>类型描述</td><td>用于与舵机控制模块通信数据的结构体</td></tr>
<tr><td>取值说明</td><td>CAN_Number：对应舵机控制模块的 ID 号
SteeringEngine_SetPara：参数设置的联合体
SteeringEngine_ControlData：控制舵机数据的联合体
next：指向下一个链表节点的指针</td></tr>
<tr><td>备注</td><td></td></tr>
</table>

步骤 5：添加舵机控制初始化函数，具体如图 5-94 所示。

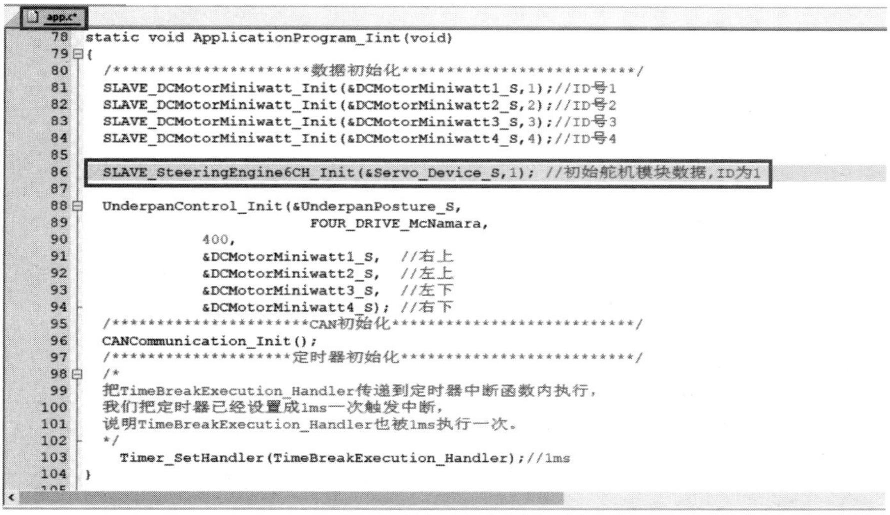

```
app.c*
static void ApplicationProgram_Iint(void)
{
  /**********************数据初始化**************************/
  SLAVE_DCMotorMiniwatt_Init(&DCMotorMiniwatt1_S,1);//ID号1
  SLAVE_DCMotorMiniwatt_Init(&DCMotorMiniwatt2_S,2);//ID号2
  SLAVE_DCMotorMiniwatt_Init(&DCMotorMiniwatt3_S,3);//ID号3
  SLAVE_DCMotorMiniwatt_Init(&DCMotorMiniwatt4_S,4);//ID号4

  SLAVE_SteeringEngine6CH_Init(&Servo_Device_S,1); //初始舵机模块数据,ID为1

  UnderpanControl_Init(&UnderpanPosture_S,
                       FOUR_DRIVE_McNamara,
            400,
            &DCMotorMiniwatt1_S,  //右上
            &DCMotorMiniwatt2_S,  //左上
            &DCMotorMiniwatt3_S,  //左下
            &DCMotorMiniwatt4_S); //右下
  /**********************CAN初始化***************************/
  CANCommunication_Init();
  /********************定时器初始化*************************/
  /*
  把TimeBreakExecution_Handler传递到定时器中断函数内执行,
  我们把定时器已经设置成1ms一次触发中断,
  说明TimeBreakExecution_Handler也被1ms执行一次。
  */
    Timer_SetHandler(TimeBreakExecution_Handler);//1ms
}
```

图 5-94　舵机模块数据初始化

舵机模块数据初始化函数具体说明如表 5-6 所示。

表 5-6 舵机模块数据初始化函数具体说明

函数原型	uint8_t SLAVE_SteeringEngine6CH_Init(SteeringEngineDef_t * handle, uint8_t list)
功能概述	声明并初始化舵机模块通信数据
参数说明	handle：指向舵机模块通信数据指针 list：舵机模块对应 ID 号
返回值	1：成功 0：失败(数据已经声明过)

步骤 6：定时器中断处理函数中，需要添加舵机控制函数，如图 5-95 所示。

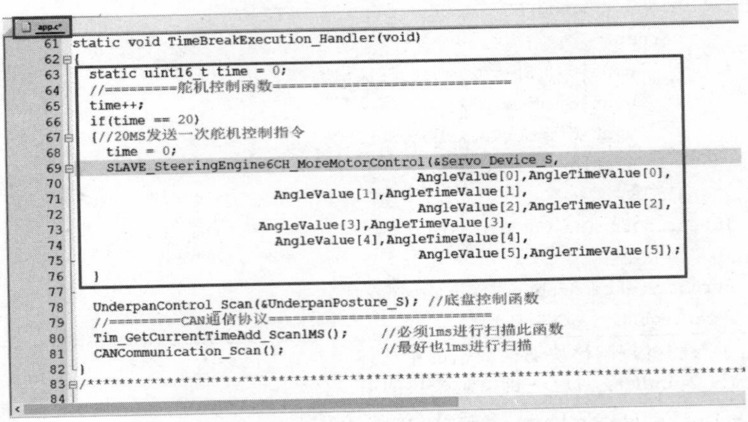

```
app.c*
static void TimeBreakExecution_Handler(void)
{
  static uint16_t time = 0;
  //=========舵机控制函数==============================
  time++;
  if(time == 20)
  {//20MS发送一次舵机控制指令
    time = 0;
    SLAVE_SteeringEngine6CH_MoreMotorControl(&Servo_Device_S,
                                   AngleValue[0],AngleTimeValue[0],
                         AngleValue[1],AngleTimeValue[1],
                                   AngleValue[2],AngleTimeValue[2],
                        AngleValue[3],AngleTimeValue[3],
                         AngleValue[4],AngleTimeValue[4],
                                   AngleValue[5],AngleTimeValue[5]);
  }

  UnderpanControl_Scan(&UnderpanPosture_S); //底盘控制函数
  //=========CAN通信协议=============================
  Tim_GetCurrentTimeAdd_Scan1MS();      //必须1ms进行扫描此函数
  CANCommunication_Scan();              //最好也1ms进行扫描
}
/*******************************************************************************
```

图 5-95 添加舵机控制函数

此处需注意，由于控制对象为角度舵机，而舵机角度的改变往往需要一定的时间，所以舵机控制函数的执行周期不能太短。而 TimeBreakExecution_Handler(void)函数执行周期为 1ms(定时器中断周期)，对舵机控制来说 1ms 的控制周期过短，为此添加静态局部变量 time，使舵机控制函数的执行周期变为 20ms。

舵机控制程序的说明如表 5-7 所示。

表 5-7 舵机控制程序的说明

函数原型	void SLAVE_SteeringEngine6CH_MoreMotorControl(SteeringEngine6CHDef_t * handle, uint16_t ServoPwmDutySetCh1, uint16_t time1, uint16_t ServoPwmDutySetCh2, uint16_t time2, uint16_t ServoPwmDutySetCh3, uint16_t time3, uint16_t ServoPwmDutySetCh4, uint16_t time4, uint16_t ServoPwmDutySetCh5, uint16_t time5, uint16_t ServoPwmDutySetCh6, uint16_t time6);

续表

功能概述	修改舵机模块6路通道的舵机控制数据
参数说明	handle：指向舵机模块通信数据指针 ServoPwmDutySetCh1：通道1的舵机控制值 time1：通道1的舵机运行时间，值越大舵机运行越慢 ServoPwmDutySetCh2：通道2的舵机控制值 time2：通道2的舵机运行时间，值越大舵机运行越慢 ServoPwmDutySetCh3：通道3的舵机控制值 time3：通道3的舵机运行时间，值越大舵机运行越慢 ServoPwmDutySetCh4：通道4的舵机控制值 time4：通道4的舵机运行时间，值越大舵机运行越慢 ServoPwmDutySetCh5：通道5的舵机控制值 time5：通道5的舵机运行时间，值越大舵机运行越慢 ServoPwmDutySetCh6：通道6的舵机控制值 time6：通道6的舵机运行时间，值越大舵机运行越慢
返回值	无

步骤7：在ApplicationProgram_main(void)中删除底盘控制程序，添加修改AngleValue[SERVO_NUM_MAX]数组中对应的值的程序，实现舵机角度的控制，如图5-96所示。

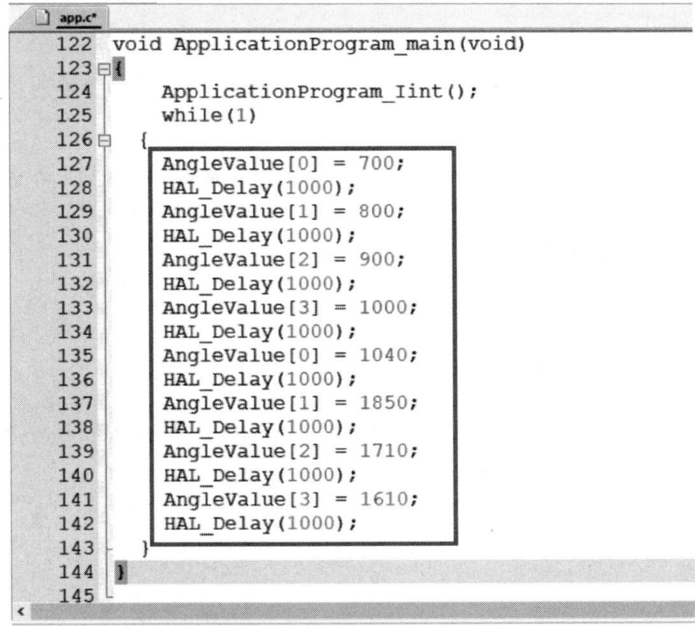

```
void ApplicationProgram_main(void)
{
    ApplicationProgram_Iint();
    while(1)
    {
    AngleValue[0] = 700;
    HAL_Delay(1000);
    AngleValue[1] = 800;
    HAL_Delay(1000);
    AngleValue[2] = 900;
    HAL_Delay(1000);
    AngleValue[3] = 1000;
    HAL_Delay(1000);
    AngleValue[0] = 1040;
    HAL_Delay(1000);
    AngleValue[1] = 1850;
    HAL_Delay(1000);
    AngleValue[2] = 1710;
    HAL_Delay(1000);
    AngleValue[3] = 1610;
    HAL_Delay(1000);
    }
}
```

图5-96　舵机角度修改

将该程序编译后下载至主控板后，打开电源便可发现连杆机械臂的4个舵机周期性地改变角度运动。

5.6 机器人信息处理常用的数字滤波算法

机器人控制系统中传感器部分是主要构成之一，但是传感器数据往往含有各种噪声和干扰，这些噪声和干扰来自被测信号源本身、传感器、外界干扰等。为了进行准确测量和控制，必须消除被测信号中的噪声和干扰，而采用的主要方法就是通过滤波将噪声与干扰滤除。

滤波方式可分为硬件滤波与软件滤波，而软件滤波可通过程序处理实现减少或削弱噪声，因此在可编程芯片急速发展的今天得到极大的发展。本书中的移动机器人主控芯片采用STM32，虽然其核心为CORTEX M3的ARM内核，但是由于其资源有限，因此一般将其归类为高级单片机。

而与单片机相关的常用滤波算法主要有以下几种。

1. 限幅滤波法(又称程序判断滤波法)

限幅滤波法的核心为设置一个阈值 A，当本次输入值 IN_t 与前一次的输入值 IN_{t-1} 的差值大于阈值 A 时，则判定本次输入值无效，用前一次的输入值代替本次输入值；当本次输入值 IN_t 与前一次的输入值 IN_{t-1} 的差值小于阈值 A 时，则判定本次输入值有效。

该种滤波算法的优点在于：能有效克服因偶然因素引起的脉冲干扰；但是其缺点在于：无法抑制周期性干扰，且数据平滑性较差。

具体程序举例如下：

```
#define A 300                                //A 需要根据实际情况做修改
Int16_t filter( Int16_t input_value )
{
    static Int16_t last_value = 0; //last_value 的初始值需要根据实际情况做修改
    if ( ( input_value - last_value > A ) || ( last_value - input_value > A )
        return last_value;
    last_value = input_value;
    return input_value;
}
```

2. 中位值滤波法

中位值滤波法是通过连续采样 N 次数据，然后将 N 个数据按照从小到大进行排序，最终将中间值作为本次数据的有效值。

该种滤波算法的优点在于：能有效克服因偶然因素引起的波动干扰，对变化缓慢的被测参数有良好的滤波效果；但是其缺点在于：对快速变化的被测参数无法起到良好的滤波效果。

具体程序举例如下：

```
/* 排序程序 */
void bubble_sort(int16_t a[], uint8_t n)
{
    uint8_t i,j;
```

```
    int16_t temp;
    for (j = 0; j < n - 1; j++) //用一个嵌套循环来遍历每一对相邻元素(所以冒泡函数慢,时间复
杂度高)
    {
        for (i = 0; i < n - 1 - j; i++)
        {
            if(a[i]> a[i + 1])  //从大到小排就把左边的">"改为"<" !!!
            {
                temp = a[i];    //a[i]与 a[i + 1]交换
                a[i] = a[i + 1];
                a[i + 1] = temp;
            }
        }
    }
}
/ * 滤波程序 * /
int16_t filter( Int16_t input_value[ ], uint8_t N )
{
    bubble_sort(input_value, N);
    return input_value[N/2 + 1];
}
```

3. 算术平均滤波法

算术平均滤波法是通过连续采样 N 次数据,然后将 N 个数据进行算术平均计算,计算获得的平均值即为有效数据最终输出值。从其算法原理可以发现,当 N 值较大时信号平滑度好,但是灵敏度低;当 N 值较小时信号平滑度低,但是灵敏度高。

该种滤波算法的优点在于:适用于具有随机干扰的信号进行滤波,该类信号的特点是信号在某一数值范围附近上下波动;但是其缺点在于:对于测量速度较慢或要求数据计算速度较快的实时控制不适用,且其比较浪费内存空间。

具体程序举例如下:

```
Int16_t filter( Int16_t input_value[ ], uint8_t N )
{
    Int16_t sum_value  =  0;
    uInt8_t i;
    for(i = 0; i < N; i++)
      sum_value +  =  input_value[i];
    return sum_value/N;
}
```

4. 递推平均滤波法(又称滑动平均滤波法)

连续取 N 个采样值并将其看成一个队列,队列的长度固定为 N,每次采样到一个新数据放入队尾,并丢弃原来队首的一次数据(先进先出原则)。然后把队列中的 N 个数据进行算术平均运算,计算获得的平均值即为有效数据最终输出值。

该种滤波算法的优点在于:对周期性干扰有良好的抑制作用,平滑度高,适用于高频振荡的系统;但是其缺点在于:灵敏度低,对偶然出现的脉冲性干扰的抑制作用较差,不易消除由于脉冲干扰所引起的采样值偏差,不适用于脉冲干扰比较严重的场合,且其比较浪费内

存空间。

具体程序举例如下：

```
Int16_t filter( Int16_t value_group[ ], Int16_t new_value, uint8_t N )
{
    static uInt8_t i = 0;
    uInt8_t j = 0;
    Int16_t sum_value = 0;
    value_group[ i++ ] = new_value;
    If(i == N)
      i = 0;
    for(j = 0; j < N; j++)
      sum_value + = value_group[ j];
    return sum_value/N;
}
```

5. 中位值平均滤波法(又称防脉冲干扰平均滤波法)

中位值平均滤波法相当于“中位值滤波法”加“算术平均滤波法”，其具体做法为连续采样 N 个数据，去掉 m（一般 m 取 1）个最大值和 m（一般 m 取 1）个最小值，然后计算 $N-2m$ 个数据的算术平均值。

该种滤波算法的优点在于：融合了“中位值滤波法”与“算术平均滤波法”两种滤波法的优点，可消除由于偶发脉冲干扰所引起的采样值偏差；但是其缺点在于：测量速度较慢，和算术平均滤波法一样比较浪费内存空间。

具体程序举例如下：

```
#define m 1 //m 需要根据实际情况做修改
int16_t filter( Int16_t input_value[ ], uint8_t N )
{
    Int16_t sum_value = 0;
    uInt8_t i;
    bubble_sort(input_value, N); //排序算法见中位值滤波算法相关程序
    for(i = m; i <(N - m); i++)
      sum_value + = input_value[ i];
    return sum_value/(N - 2m);
}
```

6. 限幅平均滤波法

限幅平均滤波法相当于“限幅滤波法”加“递推平均滤波法”，其具体做法是每次采样到的新数据先进行限幅处理，然后再送入队列进行递推平均滤波处理。

该种滤波算法的优点在于：融合了“限幅滤波法”与“递推平均滤波法”两种滤波法的优点，可消除由于偶发脉冲干扰所引起的采样值偏差；但是其缺点在于：比较浪费内存空间。

具体程序参考“限幅滤波法”与“递推平均滤波法”，此处不再赘述。

7. 一阶滞后滤波法

该算法的核心在于设置一个大于 0 小于 1 的小数常量 a，当本次输入值 IN_t 上一次的滤波结果为 Value_{t-1}，则本次的滤波结果为 $\mathrm{Value}_t=(1-a)*\mathrm{IN}_t+\mathrm{a}*\mathrm{Value}_{t-1}$。

该种滤波算法的优点在于：对周期性干扰具有良好的抑制作用，适用于波动频率较高

的场合；但是其缺点在于：相位滞后，灵敏度低，其具体滞后程度取决于 a 值大小，且其不能消除滤波频率高于采样频率 1/2 的干扰信号。

具体程序举例如下：

在计算过程中出现了小数，这会严重影响程序速度，因此可以将小数常量 a 放大整数倍将其变为整数，然后最终滤波计算结果再除以该放大倍数，以提升程序运行速率。

```
#define a 3    //a 实际为 0.3，此处放大 10 倍，用于加快程序运行速度
#define b 7    //b 实际为 0.7，此处放大 10 倍，用于加快程序运行速度
Int16_t filter( Int16_t input_value )
{
    static Int16_t last_value = 0;
    last_value = (b * input_value + a * last_value)/(a + b);
    return last_value;
}
```

8. 加权递推平均滤波法

加权递推平均滤波法是对递推平均滤波法的改进，即不同时刻的数据加以不同的权。通常是，越接近现时刻的数据，权取得越大。给予新采样值的权系数越大，则灵敏度越高，但信号平滑度越低。

该种滤波算法的优点在于：适用于有较大纯滞后时间常数的对象和采样周期较短的系统；但是其缺点在于：对于纯滞后时间常数较小，采样周期较长，变化缓慢的信号不能迅速反映系统当前所受干扰的严重程度，滤波效果差。

具体程序举例如下：

```
#define N 12
uint8_t code coe[N] = {1,2,3,4,5,6,7,8,9,10,11,12};
uint8_t code sum_coe = 1 + 2 + 3 + 4 + 5 + 6 + 7 + 8 + 9 + 10 + 11 + 12;
int16_t filter( Int16_t input_value[], uint8_t n )
{
    Int16_t sum_value = 0;
    uint8_t i;
    for(i = 0; i < n; i++)
      sum_value = input_value[i] * coe[i];
    return sum_value/sum_coe;
}
```

9. 消抖滤波法

消抖滤波算法需要设置一个滤波计数器，将每次采样值与当前有效值比较，如果采样值与当前有效值相等(本条件也可以是采样值与当前有效值的差值是否在一定范围内)，则计数器清零，如果采样值与当前有效值不相等(本条件也可以是采样值与当前有效值的差值是否超出一定范围)，则计数器+1，并判断计数器是否大于上限 N(溢出)，如果计数器溢出，则将本次值替换当前有效值，并清计数器。

该种滤波算法的优点在于：对于变化缓慢的被测参数有较好的滤波效果，可避免在临界值附近控制器的反复开/关跳动或显示器上数值抖动；但是其缺点在于：对于快速变化的参数不适合，如果在计数器溢出的那一次采样到的值恰好是干扰值，则会将干扰值当作有

效值导入系统。

具体程序举例如下：

```
#define N 12
#defube differ 10   //differ 用于判定当前检测值与有效值是否超过这个范围
Int16_t filter( Int16_t input_value, uint8_t n )
{
    static uint8_t i;
    static Int16_t last_value = 0;
    If((input_value - last_value > differ)||(last_value - input_value > differ))
    {
        i++;
        If(i > n)
        {
            i = 0;
            last_value = input_value;
            return input_value;
        }
    }
    else
    {
        i = 0;
        return last_value;
    }
}
```

10. 限幅消抖滤波法

限幅消抖滤波算法相当于“限幅滤波法”加“消抖滤波法”，先限幅，后消抖。

该种滤波算法的优点在于：继承了“限幅滤波法”和“消抖滤波法”的优点，改进了“消抖滤波法”中的某些缺陷，避免将干扰值导入系统；但是其缺点在于：对于快速变化的参数不宜。

具体程序参考“限幅滤波法”与“消抖滤波法”相关例程，此处不再赘述。

5.7 PID 算法案例

5.7.1 PID 算法介绍

1. 模拟 PID

在工业应用中 PID 及其衍生算法是应用最广泛的算法之一，是当之无愧的万能算法，如果能够熟练掌握 PID 算法的设计与实现过程，对于一般的研发人员来讲，应该是足够应对一般研发问题了。

PID 的控制回路包括 3 个部分：反馈（传感器得到的测量结果）、控制器作出决定、通过一个输出设备来作出反应。其具体构成如图 5-97 所示。

控制器从传感器得到测量结果，然后用设定值（需求结果）减去反馈（测量结果）来得到

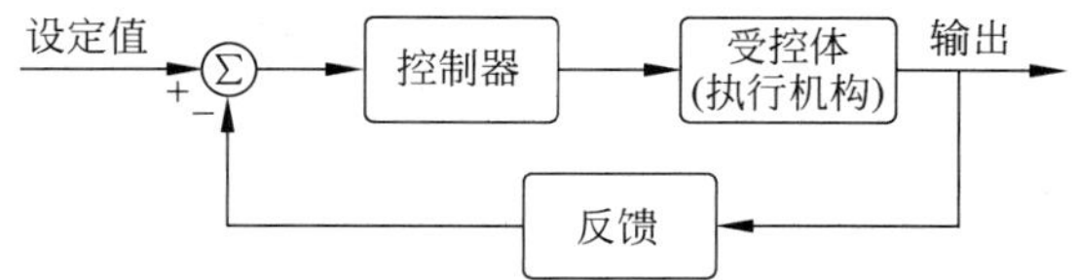

图 5-97　PID 控制回路构成

误差。最后用误差来计算出一个对系统的纠正值来作为输出结果，这样系统就可以从它的输出结果中消除误差。

常规的模拟 PID 控制系统原理框图如图 5-98 所示。

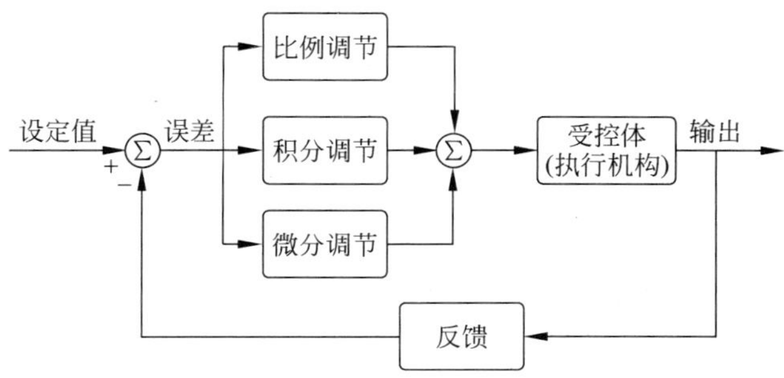

图 5-98　PID 控制系统原理框图

PID 是以它的 3 种纠正算法而命名。受控变数是 3 种算法(比例、积分、微分)相加后的结果，即为其输出，其输出为误差值(设定值减去测量值后的结果)或是由误差值衍生的信号。若定义 $u(t)$为控制输出，PID 算法可以用式(5-1)表示：

$$u(t)=K_p\left[e(t)+\frac{1}{T_i}\int_0^t e(\tau)\mathrm{d}\tau+T_d\frac{\mathrm{d}}{\mathrm{d}t}e(t)\right] \tag{5-1}$$

然后令$\frac{K_p}{T_i}=K_p$，$K_pT_d=K_d$，则可获得下式：

$$u(t)=K_pe(t)+K_i\int_0^t e(\tau)\mathrm{d}\tau+K_d\frac{\mathrm{d}}{\mathrm{d}t}e(t) \tag{5-2}$$

其中，K_p 为比例增益；K_i 为积分增益；K_d 为微分增益；$e(t)$为设定值与反馈值的差值；t 为当前时间；τ 为积分变数，数值从 0 到当前时间。

直接通过式(5-2)比较难以理解 PID 算法中 3 个参数的功能，下面用一个简单的实例来说明。

假设有一架玩具直升机要飞到离地 10m 的房顶位置并保持悬停，这里需要注意直升机的上升力是由螺旋桨的转速提供的，而高度则由安装在直升机上的高度传感器获取。

首先我们只采用比例控制，也就是将 K_i 与 K_d 都取 0，这直接导致 PID 算法公式变为了 $u(t)=K_pe(t)$，这里 K_p 为一个正的常数。直升机起飞时与房顶高度差 $e(t)$为 10m，因此它会让螺旋桨转动而提供升力，而且距离房顶越近这个升力会越小，当直升机到达房顶位置时 $e(t)$为 0，此时直升机的螺旋桨直接就停了，由于没有了螺旋桨提供的上升力，直升机就会掉下来，一旦掉下来误差又产生，螺旋桨又重新打开，直升机会在此上下起伏，并当直升机的上升力等于重力时，直升机就开始悬停在离房顶一定距离的某个位置。

因此这种情况下只有比例项无法让直升机到达预定位置，而添加积分项则会累计过去所有的 $e(t)$ 值，PID 算法公式变为 $u(t)=K_{p}e(t)+K_{i}\int_{0}^{t}e(\tau)\mathrm{d}\tau$，直升机将会慢慢趋近设定值 10m 高度，然后在 10m 高度上下波动一段时间，最后悬停在 10m 高度。此时由于 $e(t)$ 为 0，因此比例项的贡献为 0，让直升机稳定在 10m 高度的输出全部来自积分项。

但是在直升机趋近 10m 高度时，存在上下波动现象，这是由于在积分项作用下直升机存在“过冲”现象，为了缩短这段波动的时间，可以添加微分项，PID 算法公式变为了式(5-1)。微分项的作用相当于添加了“阻尼”效果，这样可以起到阻碍“过冲”的发生，从而有效抑制“过冲”幅度、缩短波动时间，而当直升机稳定在 10m 时，微分项的值也为 0，因为稳定后 $e(t)$ 的变化率为 0。

2. 数字 PID

连续的 PID 算法如要通过软件实现，则需要离散化，因此将式(5-2)离散化后变更为

$$u(t)=K_{p}e(t)+K_{i}\sum_{\tau=0}^{t}e(\tau)+K_{d}[e(t)-e(t-1)] \tag{5-3}$$

我们称式(5-3)为位置式 PID 算法公式，K_{p}、K_{i}、K_{d} 参数含义与式(5-2)一样。$e(t)$ 为当前设置值与反馈值的差值，$e(t-1)$ 为设置值与上一次反馈值的差值。这就是位置式 PID 算法，即用当前系统的实际位置与预期位置的偏差进行 PID 控制。

积分项通过对 $e(t)$ 累加实现，也就是当前的输出 $u(t)$ 与过去的所有状态都有关系。输出的 $u(t)$ 对应的是执行机构的实际位置，一旦控制输出出错（控制对象的当前状态值出现问题），$u(t)$ 的大幅变化会引起系统的大幅变化。

另外，由于输出有可能超过允许值（超过执行机构的输出极限），因此需要对输出进行限幅，而当输出限幅的时候，积分累加部分也应同时进行限幅，以防输出不变而积分项继续累加，也即所谓的积分饱和过深。

将式(5-3)中的 t 修改为 $t-1$ 则可获得下式：

$$u(t-1)=K_{p}e(t-1)+K_{i}\sum_{\tau=0}^{t-1}e(\tau)+K_{d}[e(t-1)-e(t-2)] \tag{5-4}$$

将式(5-3)与式(5-4)相减，便可获取本次控制输出与上次控制输出的差值，具体如下式：

$$\Delta u(t)=K_{p}[e(t)-e(t-1)]+K_{i}e(t)+K_{d}[e(t)-2e(t-1)+e(t-2)] \tag{5-5}$$

我们称式(5-5)为增量式 PID 算法公式，但是这里需要注意，增量式 PID 算法最终的控制输出为 $u(t)=u(t-1)+\Delta u(t)$。

从上述的推导公式可以发现，位置式 PID 算法与增量式 PID 算法在本质上没有任何区别，只是同一个公式的两种表述方式。但是这里有一个前提，即未发生积分饱和现象，也就是计算得到的控制输出未超过执行机构的输出极限，因为一旦超过输出极限，真实的输出值 $u(t)$ 与通过 PID 算法计算得到的值将不一致。

积分饱和时，位置式 PID 算法需要对控制输出与积分项同时限制上下限；而增量式 PID 算法的计算值只与最后 3 个 $e(t)$ 有关，不存在积分项的说法，其积分效果已经体现在输出中了（增量式 PID 算法连续执行，其输出值已经包含积分效果），因此可直接对控制输出设置上下限。

如果位置式PID算法只对控制输出限制上下限，而不对积分项做限制，会导致积分项不停累计差值，积分过饱和现象加深，系统需要更长的时间去退出积分饱和，直接导致系统的波动加剧、波动时间变长。为加深大家的理解，就这种情况做举例说明。

还是以上面那个直升机为例，同时假定控制周期为1s。当直升机起飞时$e(0)$为10，此时直升机螺旋桨最大转速输出。1s后$e(1)$为6，此时直升机螺旋桨最大转速输出。以此类推，k秒后$e(k)$为0，此时直升机螺旋桨还是以较大转速输出，因为比例项虽然为0，但是积分项是累加的，它前面的差值一直为正导致累加值还是非常大，所以导致输出还是螺旋桨的较大输出，从而导致直升机还在上升。$k+1$秒后，$e(k+1)$为-2m，也就是整体高度已经达到12m，超过了我们的设置值10m，此时螺旋桨提供的升力应该要小于重力，让直升机向下，但是积分项的累加值还是非常大，计算得出的螺旋桨输出值还是提供了大于重力的升力，这就会导致直升机继续上升，而后续几个周期由于$e(t)$持续为负，因此积分项的累加值会不断减小，直到直升机开始下降，但是这已经导致了直升机上升高度过高，而且持续时间很长。这个现象就是所谓的积分饱和过深，导致退出积分饱和区所花的时间较长，最终导致系统振荡（超调）幅度大，振荡时间长。

根据上面所述，如果直接认为增量式PID算法比位置式PID算法更好用，那就完全错误。因为前面已经提及，位置式PID算法与增量式PID算法在本质上没有任何区别，位置式PID算法哪怕出现积分饱和，只要做好控制输出与积分项的限制，与增量式PID算法在效果上并无差别。因此改进型的PID算法中就有“抗积分饱和PID”等。

具体应用时选择增量式或位置式PID算法，主要看被控制的对象，也就是执行机构的动作与输出控制到底是需要一个直接对应量还是只需要增加量（或减少量）。但是这种选择往往也只是考虑纯粹的增量式或位置式PID算法本身而言，这里再次强调，PID算法是实践型的算法，如果通过添加逻辑判断、中间值保存以及各种限制，位置式PID算法与增量式PID算法没有任何区别。

5.7.2 PID算法的C语言实现

根据位置式PID算法公式(5-3)，可直接写出带积分项限制的C语言程序，具体如下：

```
typedef struct PID
{
    float P,I,D,limit;    //P为比例项,I为积分项,D为微分项,limit为积分限制
}PID;
typedef struct Error
{
    float Current_Error; //误差累加值
    float Last_Error;    //上一次误差
    float Previous_Error; //上上次误差
}Error;
float PID_Realize(Error * sptr,PID * pid, int32 NowPlace, float Point)
{
    int32 iError,           // 当前误差
    Realize;                //实际输出
    iError = Point - NowPlace;                          // 计算当前误差
```

```
        sptr->Current_Error += iError;                        // 误差积分
        if(sptr->Current_Error > pid->limit)                  //积分限幅
            sptr->Current_Error = pid->limit;
        Else if(sptr->Current_Error < -pid->limit)            //积分限幅
            sptr->Current_Error = -pid->limit;
        Realize = pid->P * iError + pid->I * sptr->Current_Error
         + pid->D * (iError - sptr->Last_Error);              //PID 计算
        sptr->Last_Error = iError;                            // 更新上次误差
        return Realize;                                       // 返回实际值
    }

```

根据增量式 PID 算法公式(5-5),可直接写出 C 语言程序,具体如下:

```
    typedef struct PID
    {
        float P,I,D,limit;          //P 为比例项,I 为积分项,D 为微分项,limit 为积分限制
    }PID;
    typedef struct Error
    {
        float Current_Error;                    //误差累加值
        float Last_Error;                       //上一次误差
        float Previous_Error;                   //上上次误差
    }Error;
    int32 PID_Increase(Error * sptr, PID * pid, int32 NowPlace, int32 Point)
    {
        int32 iError,                           // 当前误差
            Increase;                           //最后得出的实际增量
        iError = Point - NowPlace;              // 计算当前误差
        Increase = pid->P * (iError - sptr->Last_Error) + pid->I * iError
      + pid->D * (iError - 2 * sptr->Last_Error + sptr->Previous_Error);   //PID 计算
        sptr->Previous_Error = sptr->Last_Error; // 更新前次误差
        sptr->Last_Error = iError;              // 更新上次误差
        return Increase;                        // 返回增量
    }
```

第 6 章 智能物流机器人机器视觉

本章主要涉及机器视觉的应用，着重介绍了 MaixPy 与树莓派的基本操作，由于树莓派只是开源硬件，因此介绍了 OpenCV 的应用；然后分别举例说明了基于 MaixPy 与树莓派的视觉应用，具体应用主要包括常见的颜色识别、形状识别、二维码识别等；最后简要介绍了机器视觉的行业应用。

6.1 机器视觉的组成

机器视觉是人工智能正在快速发展的一个分支。机器视觉就是用机器代替人眼来做测量和判断。机器视觉系统通过机器视觉产品(即图像摄取装置)将被摄取目标转换成图像信号，传送给专用的图像处理系统，得到被摄目标的形态信息。图像处理系统根据像素分布和亮度、颜色等信息，将形态信息转变成数字化信号，图像系统对这些信号进行各种运算来抽取目标的特征，进而根据判别的结果来控制现场的设备动作。一个完整的机器视觉系统由光源、镜头、工业相机、计算机、执行器 5 部分组成，如图 6-1 所示。

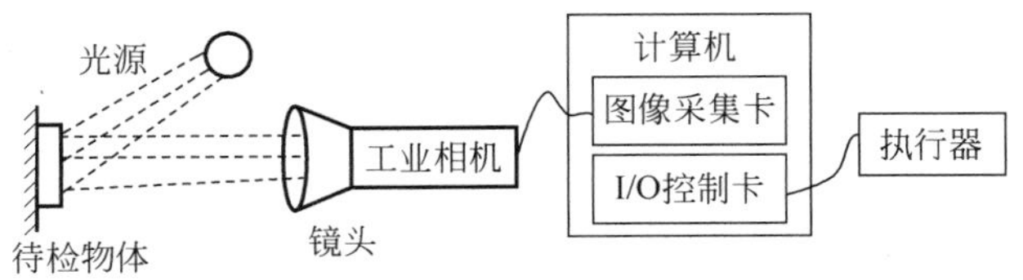

图 6-1　机器视觉系统组成

1）光源

光源产生的光线照射到待检物体表面，使其产生特定的图像或增强其特征。通常使用特定波长的光源，并对光源中发光器件的排列方式进行设计以达到均匀的照射效果。光源是影响机器视觉系统输入的重要因素，它直接影响输入数据的质量和应用效果，针对每个特定的应用实例，要选择相应的照明装置，以达到最佳效果。

2）镜头

镜头用于将被测目标成像至工业相机的感光芯片上。

3）工业相机

工业相机的主要作用是采集图像，将光信号转换成电信号，从而输出图像给计算机。

4）计算机

图像采集卡将摄像机采集的模拟信号转换成数字图像，图像处理算法在计算机中运行，将采集到的图像处理为有意义的结果，根据这些结果通过I/O控制卡驱动执行器进行操作。

5）执行器

执行器根据视觉系统的检测结果去控制被控对象。

6.1.1 光源的选型

光源是机器视觉系统的关键组成部分，它直接影响输入信号的质量。良好的光源照明设计可以使图像中的目标信息与背景信息得到最佳分离，改善整个系统的分辨率，大大降低图像处理的算法难度，提高系统的精度和可靠性。

机器视觉系统中的光源主要有以下作用：

(1) 照亮目标，提高亮度。

(2) 形成有利于图像处理的成像效果。

(3) 克服环境光的干扰，保证图像稳定性。

(4) 用作测量的工具或参照物。

光源的选择一般根据以下几个方面进行：

(1) 了解项目需求，明确要检测或测量的目标。

(2) 了解目标与背景的区别，找出两者之间最可能差异大的光学现象。

(3) 根据光源与目标之间的配合关系，初步确定光源的发光类型。

(4) 通过实际光源测试，确定满足要求的发光方式。

(5) 根据具体情况，确定适用于用户的产品。

光源一般分为可见光源和不可见光源。工业上常用的可见光源有LED、卤素灯、荧光灯等，不可见光源主要为近红外光、紫外光、X射线等。不可见光源主要用来应对一些特定的需求，如管道焊接工艺的检测，由于不可见光的可穿透性，才能到达检测点。

LED光源是目前应用最多的机器视觉光源，它具有效率高、寿命长、防潮抗震、节能环保等特点，是设计照明系统的最佳选择。常用的LED光源主要有3种。

1）LED同轴光源

LED同轴光源基于LED灯的基本性质，经加工设计后，发出的光线平行或垂直照射，均匀，适用于反射度极高的金属表面以及玻璃等，能够清晰地反映凹凸物体的表面图像。

其照明原理为：在同轴灯里面安装一块45°半透半反玻璃。将高亮度、高密度的LED阵列排列在线路板上，形成一个面光源，面光源发出的光线经过透镜之后，照射到半透半反玻璃上，从被测物体上反射的光线垂直向上穿过半透半反玻璃，进入摄像头。这样既消除了反光又避免了图像中产生摄像头的倒影。物体所呈现出清晰的图像，被相机捕获，用于进一步的分析和处理。同轴LED光源成像示意图如图6-2所示。

2）LED条形光源

LED条形光源将高密度LED阵列放置在紧凑的、成直角且可倾斜的矩形照明单元中。LED条形光源可提供斜射照明，亮度高，灵活性大，但调试相对费时。LED条形光源的低角度照射是检测金属表面边缘和突出印刷、破损的理想照明。

其照明原理为：将 LED 以高密度排列在单个条形平面电路板上。根据其设计特点，条形光源的安装角度可以进行调解，并且可以以任意角度照射在被测物体表面，光线的角度和方向可以完全改变所获取的图像。条形 LED 光源成像示意图如图 6-3 所示。

3）低角度方式照明

低角度方式照明采用 LED 环形光源。其安装角度低，接近 180°。在低角度方式下，光源以接近 180°角照明物体，容易突出被测物体的边缘和高度变化，适合被测物体边缘检测和表面光滑物体的划痕检测。低角度方式照明示意图如图 6-4 所示。

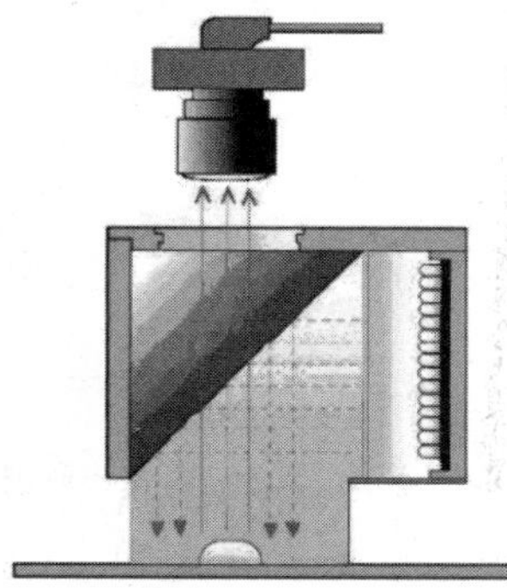

图 6-2　LED 同轴光源成像示意图

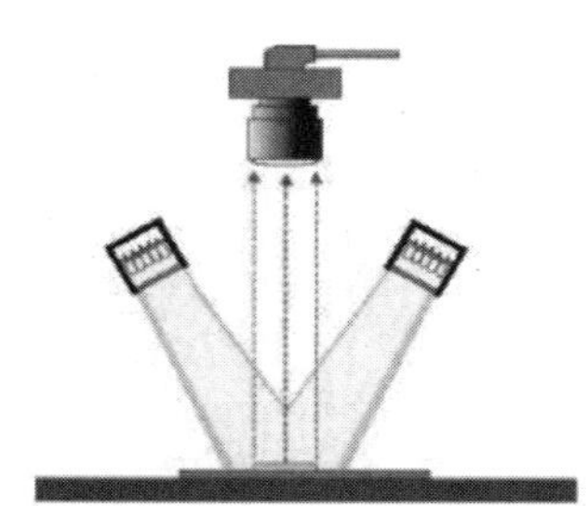

图 6-3　LED 条形光源成像示意图

图 6-4　低角度方式照明示意图

6.1.2　相机的选型

在机器视觉系统中工业相机必不可少，它就像人眼一样，用来捕获图像。相机按其感光器的不同，可分为 CCD(charge coupled device)相机和 CMOS(complementary metal oxide semiconductor)相机。

相机主要根据以下几个方面进行选择：

1）根据应用的不同选择

根据应用的不同选用 CCD 或 CMOS 相机，CCD 相机的成本较高，但成像品质、成像通透性、色彩的丰富性等较 CMOS 相机出色很多，主要应用在运动物体的图像提取，如贴片机机器视觉。CMOS 相机成本低，功耗低。

2）分辨率的选择

根据待观察或待测量物体的精度选择合适的分辨率。

相机像素精度＝单方向视野范围大小/相机单方向分辨率。

单方向视野范围大小＝相机传感器尺寸/镜头倍率。

根据相机的输出，如果是体式观察或机器软件分析识别，分辨率高点更好；若是 VGA 输出或 USB 输出，在显示器上观察还依赖于显示器的分辨率；利用存储卡或拍照功能，相机的分辨率高点更好。

3）相机帧数的选择

当被测物体有运动要求时，要选择帧数高的相机。但一般分辨率越高，帧数越低。

4）与镜头的匹配

传感器芯片尺寸需要小于或等于镜头尺寸，C 或 CS 安装座也要匹配。

6.1.3 镜头的选型

镜头的主要参数有焦距、景深（depth of field，DOF）、分辨率、工作距离、视场（field of view，FOV）等。

焦距是主点到成像面的距离，这个数值决定了摄影范围的不同。数值小，成像面距离主点近，是短焦距镜头，这种情况下的画角是广角，可拍摄广大的场景；相反，主点到成像面的距离远时，是长焦距镜头，画角变窄。

景深，是指镜头能够获得最佳图像时，被摄物体离此最佳焦点前后的距离范围。

分辨率，指镜头清晰分辨被摄景物纤维细节的能力，制约工业镜头分辨率的是光的衍射现象，即衍射光斑。分辨率的单位是线对/毫米（lp/mm）。

工作距离，是指镜头到被摄物体的距离，工作距离越长，成本越高。

视场，表示摄像头所能观测到的最大范围，通常以角度表示。一般说来，视场越大，观测范围越大。

在设计机器视觉系统时，要选择参数与用户需求相匹配的镜头。镜头的选择主要考虑以下几个方面：

（1）视野范围、光学放大倍数及期望的工作距离。在选择镜头时，选择比被测物体视野稍大一点的镜头，有利于运动控制。

（2）景深要求。对于景深有要求的项目，尽可能使用小的光圈；在选择放大倍率的镜头时，在项目许可情况下尽可能选用低倍率镜头。

（3）芯片大小和相机接口。

（4）注意与光源的配合，选配合适的镜头。

（5）可安装空间。根据实际安装空间选择镜头大小。

6.2 机器视觉的工作原理

6.2.1 数字图像

自然界中的图像都是模拟量，在计算机普遍应用之前，电视、电影、照相机等图像记录与传输设备都是使用模拟信号对图像进行处理。但是，计算机只能处理数字量，而不能直接处理模拟图像，所以要在使用计算机处理图像之前进行图像数字化。数字图像就是能够在计算机上显示和处理的图像，可根据其特性分为两大类——位图和矢量图。位图通常使用数字阵列来表示，矢量图由矢量数据库表示。

将一幅图像视为一个二维函数 $f(x,y)$，其中 x 和 y 是空间坐标，而在 x-y 平面中的任意一对空间坐标(x,y)上的幅值 f 称为该点图像的灰度、亮度或强度。此时，如果 $f(x,y)$均为非负有限离散，则称该图像为数字图像（位图）。一个大小为 $M\times N$ 的数字图像是由 M

行 N 列的有限元素组成的，每个元素都有特定的位置和幅值，代表了其所在行列位置上的图像物理信息，如灰度和色彩等。这些元素称为图像元素或像素。

根据每个像素所代表信息的不同，可将图像分为二值图像、灰度图像、RGB 图像以及索引图像等。

1. 二值图像

每个像素只有黑、白两种颜色的图像称为二值图像。在二值图像中，像素只有 0 和 1 两种取值，一般用 0 表示黑色，用 1 表示白色。

2. 灰度图像

在二值图像中进一步加入许多介于黑色与白色之间的颜色深度，就构成了灰度图像。这类图像通常显示为从最暗黑色到最亮的白色的灰度，每种灰度（颜色深度）称为一个灰度级，通常用 L 表示。在灰度图像中，像素可以取 $0 \sim L-1$ 的整数值，根据保存灰度数值所使用的数据类型不同，可能有 256 种取值或者说 2^k 种取值，当 $k=1$ 时即退化为二值图像。

3. RGB 图像

众所周知，自然界中几乎所有颜色都可以由红（Red，R）、绿（Green，G）、蓝（Blue，B）3 种颜色组合而成，通常称它们为 RGB 三原色。计算机显示彩色图像时采用最多的就是 RGB 模型，对于每个像素，通过控制 R、G、B 三原色的合成比例决定该像素的最终显示颜色。对于三原色 RGB 中的每一种颜色，可以像灰度图那样使用 L 个等级来表示含有这种颜色成分的多少。例如对于含有 256 个等级的红色，0 表示不含红色成分，255 表示含有 100%的红色成分。

同样，绿色和蓝色也可以划分为 256 个等级。这样每种原色可以用 8 位二进制数据表示，于是三原色总共需要 24 位二进制数，这样能够表示出的颜色种类数目为 $256 \times 256 \times 256 = 2^{24}$，大约有 1600 万种，已经远远超过普通人所能分辨出的颜色数目。

RGB 颜色代码可以使用十六进制数减少书写长度，按照两位一组的方式依次书写 R、G、B 三种颜色的级别。例如：0xFF0000 代表纯红色，0x00FF00 代表纯绿色，而 0x00FFFF 是青色（这是绿色和蓝色的加和）。当 RGB 三种颜色的浓度一致时，所表示的颜色就退化为灰度，比如 0x808080 就是 50%的灰色，0x000000 为黑色，而 0xFFFFFF 为白色。常见颜色的 RGB 组合值如表 6-1 所示。

表 6-1　常见颜色的 RGB 组合值

颜色	R	G	B
红（0xFF0000）	255	0	0
蓝（0x00FF00）	0	255	0
绿（0xFFFF00）	0	0	255
黄（0xFFFF00）	255	255	0
紫（0xFF00FF）	255	0	255
青（0x00FFFF）	0	255	255
白（0xFFFFFF）	255	255	255
黑（0x000000）	0	0	0
灰（0x808080）	128	128	128

未经压缩的原始 BMP 文件就是使用 RGB 标准给出的 3 个数值来存储图像数据的，称为 RGB 图像。在 RGB 图像中每个像素都是用 24 位二进制数表示，故也称为 24 位真彩色图像。

4. 索引图像

如果对每个像素都直接使用 24 位二进制数表示，图像文件的体积将变得十分庞大。比如，对一个长、宽各为 200 像素，颜色数为 16 的彩色图像，每个像素都用 RGB 三个分量表示，这样每个像素由 3 个字节表示，整个图像就是 200×200×3B=120kB。索引图像则用一张颜色表（16×3 的二维数组）保存这 16 种颜色对应的 RGB 值，在表示图像的矩阵中使用这 16 种颜色在颜色表中的索引（偏移量）作为数据写入相应的行列位置。这样一来，每一个像素所需要使用的二进制数就仅仅为 4 位（0.5 字节），从而整个图像只需要 200×200×0.5B=20kB 就可以存储，而不会影响显示质量。

颜色表就是常说的调色板（palette），Windows 位图中应用到了调色板技术。

对于数字图像 $f(x,y)$ 的定义仅适用于最为一般的情况，即静态的灰度图像。更严格地说，数字图像可以是 2 个变量（对于静止图像）或 3 个变量（对于动态画面）的离散函数。在静态图像的情况下是 $f(x,y)$，而如果是动态画面，则还需要时间参数 t，即 $f(x,y,t)$。函数值可能是一个数值（对于灰度图像），也可能是一个向量（对于彩色图像）。

6.2.2 图像处理

图像处理、图像分析和图像识别是认知科学与计算机科学中的活跃分支。从数字图像处理到数字图像分析，再发展到最前沿的图像识别技术，其核心都是对数字图像中所含有的信息的提取及与其相关的各种辅助过程。

1. 数字图像处理

数字图像处理（digital image processing）就是指使用电子计算机对量化的数字图像进行处理，具体地说就是通过对图像进行各种加工来改善图像的外观，是对图像的修改和增强。图像处理的输入是从传感器或其他来源获取的原始的数字图像，输出是经过处理后的输出图像。处理的目的可能是使输出图像具有更好的效果，以便于人的观察，也可能是为图像分析和识别做准备，此时的图像处理是作为一种预处理步骤，输出图像将进一步进行分析、识别。

2. 数字图像分析

数字图像分析（digital image analysis）是指对图像中感兴趣的目标进行检测和测量，以获得客观的信息。数字图像分析通常是指将一幅图像转化为另一种非图像的抽象形式，例如图像中某物体与测量者的距离、目标对象的计数或其尺寸等。这一概念的外延包括边缘检测和图像分割、特征提取以及几何测量与计数等。

图像分析的输入是经过处理的数字图像，其输出通常不再是数字图像，而是一系列与目标相关的图像特征（目标的描述），如目标的长度、颜色、曲率和个数等。

3. 数字图像识别

数字图像识别（digital image recognition）主要是研究图像中各目标的性质和相互关系，识别出目标对象的类别，从而理解图像的含义。这往往囊括了使用数字图像处理技术的很多应用项目，例如光学字符识别(OCR)、产品质量检验、人脸识别、自动驾驶、医学图像和地貌图像的自动判读理解等。

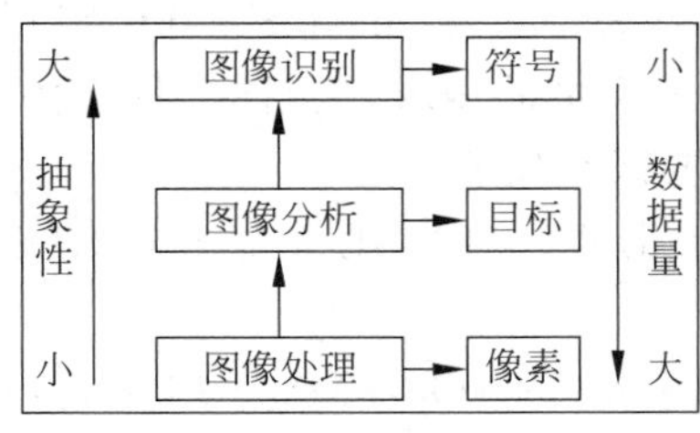

图 6-5　数字图像处理、分析和识别的关系

图像识别是图像分析的延伸，它根据从图像分析中得到的相关描述(特征)对目标进行归类，输出使用者感兴趣的目标类别标号信息(符号)。总而言之，从图像处理到图像分析再到图像识别这个过程，是一个将所含信息抽象化，尝试降低信息熵，提炼有效数据的过程，如图 6-5 所示。从信息论的角度上说，图像应当是物体所含信息的一个概括，而数字图像处理侧重于将这些概括的信息进行变换，例如升高或降低熵值，数字图像分析则是将这些信息抽取出来以供其他过程调用。

6.3　MaixPy 基础

6.3.1　MaixPy 简介

MaixPy 是将 MicroPython 移植到 K210(一款 64 位双核带硬件 FPU 和卷积加速器的 RISC-V CPU)的一个项目，支持 MCU 常规操作，同时在硬件上集成了机器视觉和机器听觉能力。而本书选择 MaixPy 作为机器视觉入门，正是由于该项目所提供的开发板让机器视觉的开发更简便。

图 6-6　MaixPy 硬件开发板

本书选择的 MaixPy 硬件开发板为 Maix BiT(with Mic)，为了更好地发挥 Maix BiT 的性能，我们对 Maix BiT 做了二次开发，增加了可控外部光源与散热风扇，具体如图 6-6 所示。

MaixPy 的具体学习文档可访问 https://maixpy.sipeed.com/zh/。

6.3.2　MaixPy 固件升级

首次对 Maix BiT 进行固件升级，需要做以下准备工作：

准备工作 1

首先需要确保 Maix BiT 开发板通过 TYPE-C 线与计算机相连后能被计算机识别。因为板子是通过 USB 转串口设备与计算机连接，所以需要根据板子的 USB 转串口芯片型号装驱动。在网上搜索"FT2232 驱动"下载安装即可，然后可以在设备管理器中看到串口设备，即表明驱动成功。

准备工作 2

MaixPy 固件升级工具名称为"kflash_gui"，其下载地址为：https://github.com/Sipeed/kflash_gui/releases。升级工具版本可以下载最新版本。下载 kflash_gui 完毕后，会得到一个压缩包，将压缩包解压到一个文件夹，双击 kflash_gui.exe 即可运行。

准备工作 3

固件文件有两种文件格式，分别为.bin 或者.kfpkg 结尾的文件，此处推荐.bin 文件。固件下载地址为“http://cn.dl.sipeed.com/MAIX/MaixPy/release/master”，可以根据更新日期选择最新的固件文件进行下载。为了满足不同开发人员的需求，最新的固件包内包含几个不同命名的固件文件，可根据需求自行选择，其主要区别如下：

maixpy_v*_no_lvgl.bin：MaixPy 固件，不带 LVGL 版本。(LVGL 是嵌入式 GUI 框架，写界面的时候需要用到)

maixpy_v*_full.bin：完整版的 MaixPy 固件(MicroPython＋OpenMV API＋lvgl)。

maixpy_v*_minimum.bin：MaixPy 固件最小集合，不支持 MaixPy IDE，不包含 OpenMV 的相关算法。

固件具体升级步骤如下。

步骤 1：Maix BiT 开发板通过 TYPE-C 线与计算机相连，并在设备管理器中观察串口号，如图 6-7 所示。

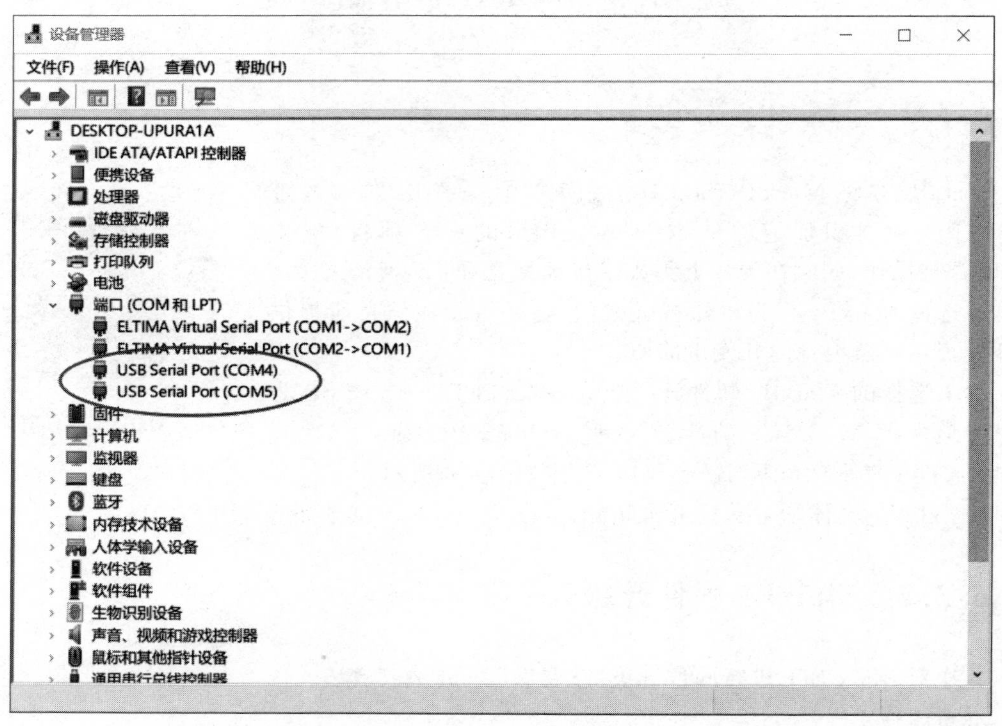

图 6-7 设备串口号

步骤 2：双击 kflash_gui.exe，运行固件升级工具，升级工具界面如图 6-8 所示。

步骤 3：①选择目标硬件为 Sipeed Maix Bit(with Mic)；②选择与目标硬件通信的计算机串口号(串口有两个，不确定的情况下，两个都测试一下)；③单击“打开文件”选择固件文件(固件文件按需求选择)；④单击“下载”，如图 6-9 所示。

步骤 4：固件升级完毕后，软件界面如图 6-10 所示。

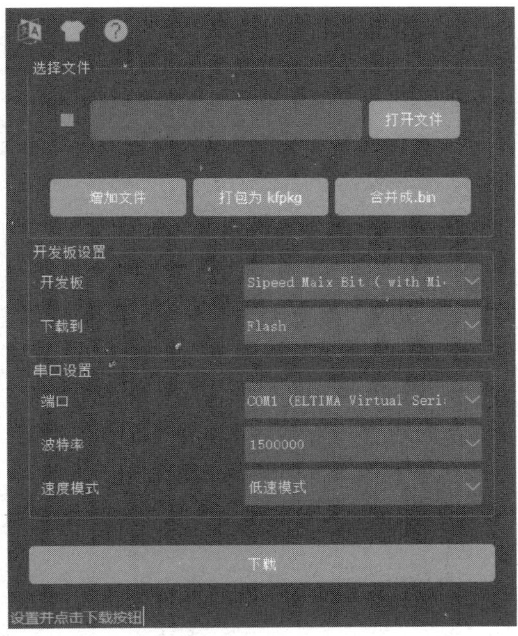

图 6-8　固件升级工具操作界面

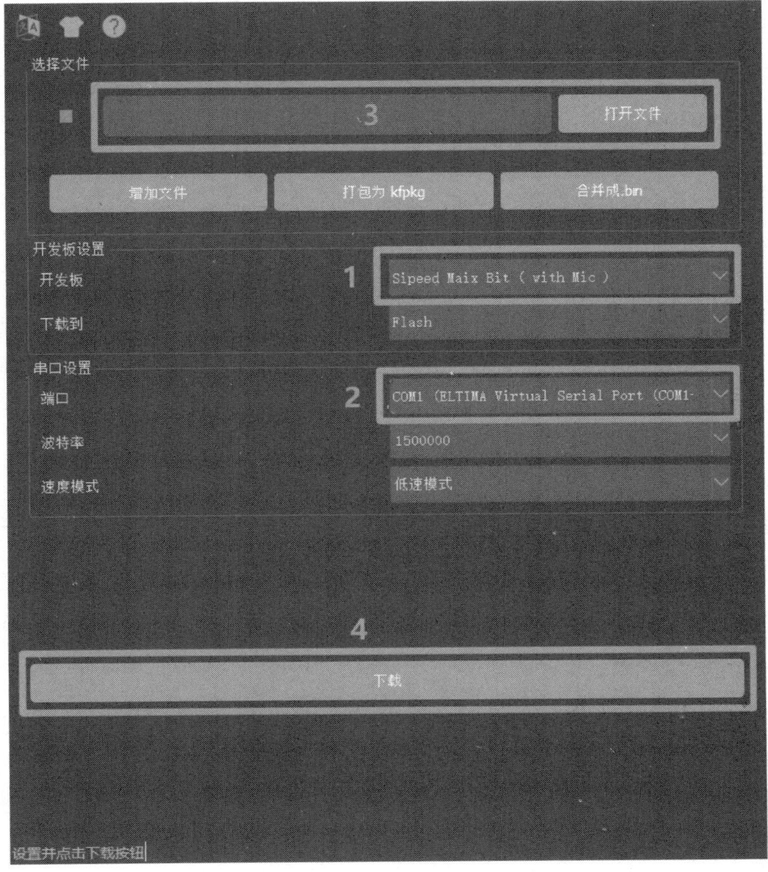

图 6-9　固件升级工具操作顺序图

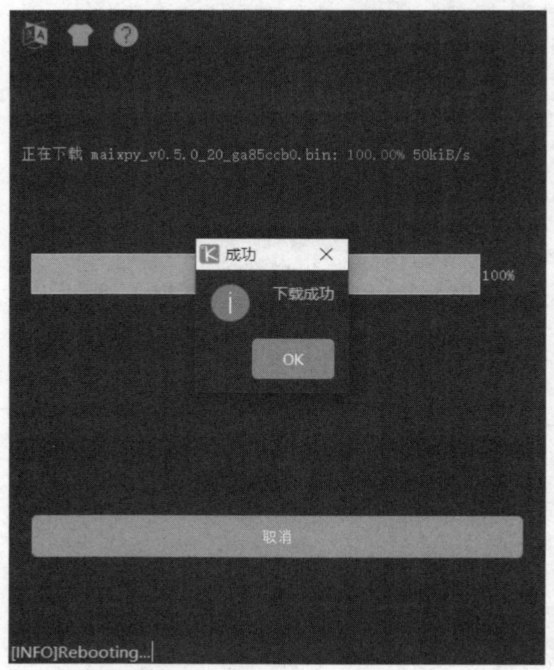

图 6-10　固件升级完毕

6.3.3　MaixPy-IDE 简介

首先需要弄清 MaixPy 使用 MicroPython 脚本语法，所以不像 C 语言一样需要编译，其实不用 IDE 也能愉快使用。使用 IDE 则会方便在计算机上实时编辑脚本，并上传到开发板以及直接在开发板上执行脚本、在计算机上实时查看摄像头图像、保存文件到开发板等。当然，使用 IDE 因为压缩、传输需要耗费一部分资源，所以性能会有所降低，但对调试来说影响不大

MaixPy-IDE 安装文件下载地址为"http://cn.dl.sipeed.com/MAIX/MaixPy/ide/_/v0.2.4"，由于绝大部分人使用 Windows 系统，因此建议下载 maixpy-ide-windows-*.exe 文件。

MaixPy-IDE 安装步骤如下：

步骤 1：双击 MaixPy-IDE 安装包，出现安装界面 1，直接单击"下一步"按钮，如图 6-11 所示；

步骤 2：选择安装目录，然后再次单击"下一步"按钮，如图 6-12 所示；

步骤 3：选择"我接受此许可"，然后再次单击"下一步"按钮，如图 6-13 所示；

步骤 4：直接再次单击"下一步"按钮，如图 6-14 所示；

步骤 5：直接单击"安装"按钮，如图 6-15 所示；

步骤 6：等待安装进程完毕，如图 6-16 所示；

步骤 7：单击"完成"按钮，整个安装过程完毕，如图 6-17 所示。

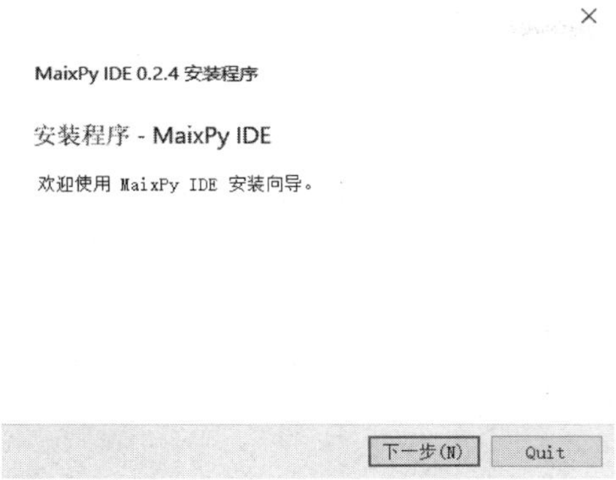

MaixPy IDE 0.2.4 安装程序

安装程序 - MaixPy IDE

欢迎使用 MaixPy IDE 安装向导。

下一步(N)　Quit

图 6-11　MaixPy-IDE 安装界面 1

MaixPy IDE 0.2.4 安装程序

安装文件夹

请指定将安装 MaixPy IDE 的目录。

C:\Program Files (x86)\MaixPy IDE　浏览(R)...

下一步(N)　取消

图 6-12　MaixPy-IDE 安装界面 2

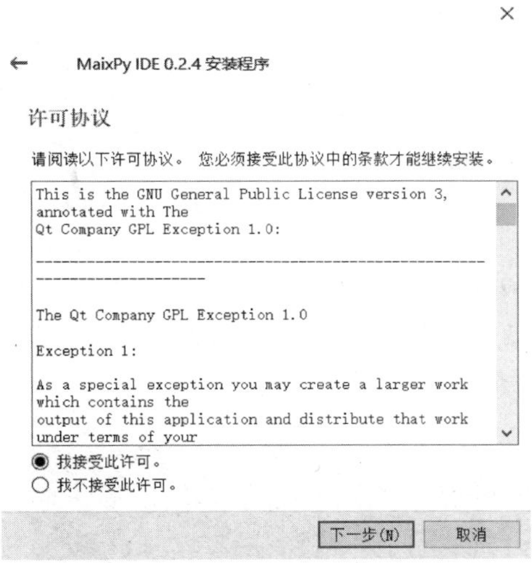

MaixPy IDE 0.2.4 安装程序

许可协议

请阅读以下许可协议。 您必须接受此协议中的条款才能继续安装。

This is the GNU General Public License version 3, annotated with The Qt Company GPL Exception 1.0:

The Qt Company GPL Exception 1.0

Exception 1:

As a special exception you may create a larger work which contains the output of this application and distribute that work under terms of your

我接受此许可。

我不接受此许可。

下一步(N)　取消

图 6-13　MaixPy-IDE 安装界面 3

MaixPy IDE 0.2.4 安装程序

开始菜单快捷方式

选择您要在其中创建程序快捷方式的“开始”菜单。 您还可以输入名称以创建新目录。

MaixPy IDE

Accessibility
Accessories
Administrative Tools
iSlide Tools
Kmplayer Plus
Maintenance
Startup
System Tools
TencentVideoMPlayer
Visual Studio Code
Windows PowerShell
WPS Office

下一步(N)　取消

图 6-14　MaixPy-IDE 安装界面 4

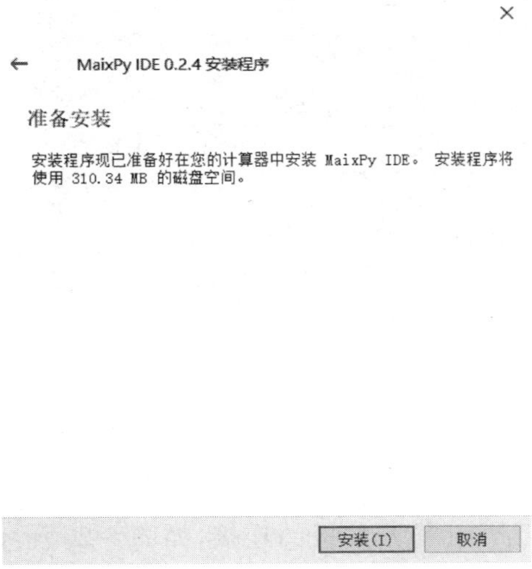

MaixPy IDE 0.2.4 安装程序

准备安装

安装程序现已准备好在您的计算器中安装 MaixPy IDE。 安装程序将使用 310.34 MB 的磁盘空间。

安装(I)　取消

图 6-15　MaixPy-IDE 安装界面 5

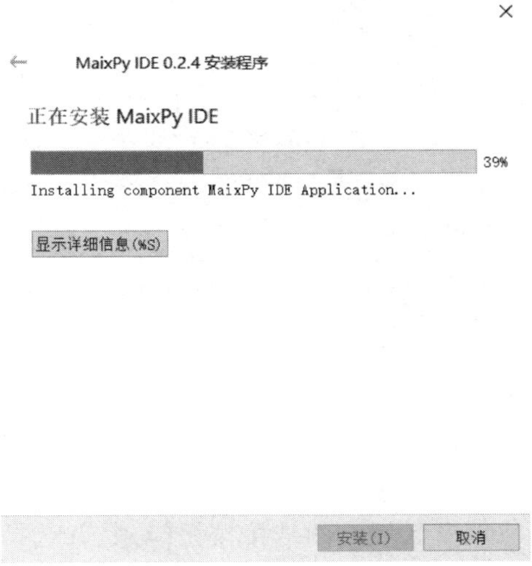

MaixPy IDE 0.2.4 安装程序

正在安装 MaixPy IDE

39%

Installing component MaixPy IDE Application...

显示详细信息(%S)

安装(I)　取消

图 6-16　MaixPy-IDE 安装界面 6

×

MaixPy IDE 0.2.4 安装程序

正在完成 MaixPy IDE 向导

单击 完成(F) 退出 MaixPy IDE 向导。

☑ Launch MaixPy IDE

完成(F)

图 6-17 MaixPy-IDE 安装界面 7

MaixPy-IDE 使用介绍：

首次启动 MaixPy-IDE，软件会自动打开“helloworld. py”，其界面如图 6-18 所示。其中区域 1 为功能菜单区；区域 2 为常用功能区；区域 3 为编程区；区域 4 为图片缓存区；区域 5 为图片数据统计区；区域 6 为硬件连接、代码运行控制区。

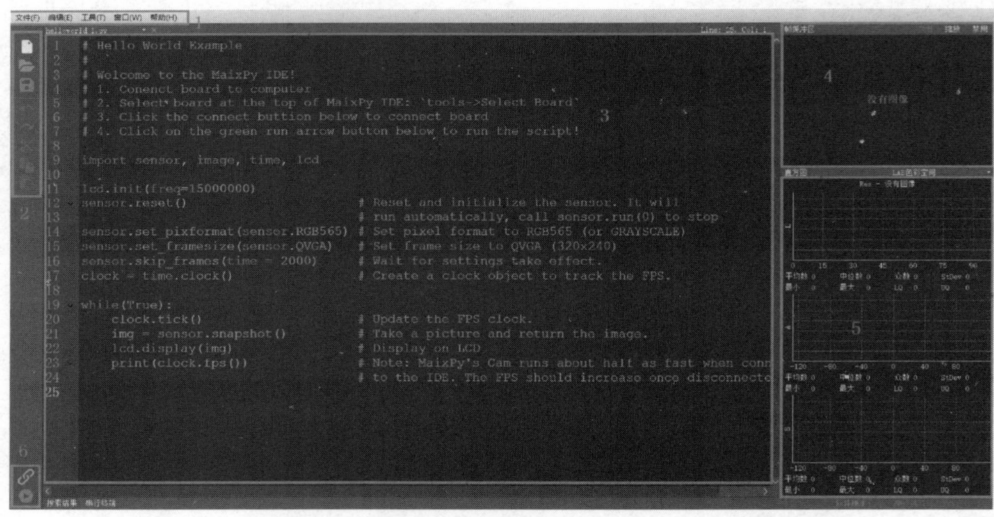

图 6-18 MaixPy-IDE 界面

IDE 运行后，将目标硬件通过 type-c 与计算机相连，然后通过“工具”→“选择开发板”→“Sipeed Maix Bit(with Mic)”进行硬件类型的选择，如图 6-19 所示。

单击区域 6 的链接按钮🔗，并选择串口，进行 IDE 与开发板的连接，如图 6-20 所示。IDE 与开发板连接成功后，运行标志会变成绿色，如图 6-21 所示。

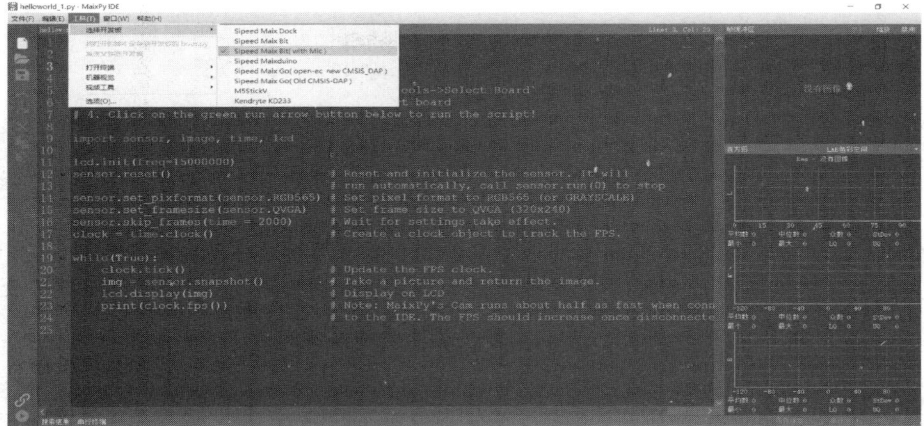

图 6-19　硬件开发板类型选择

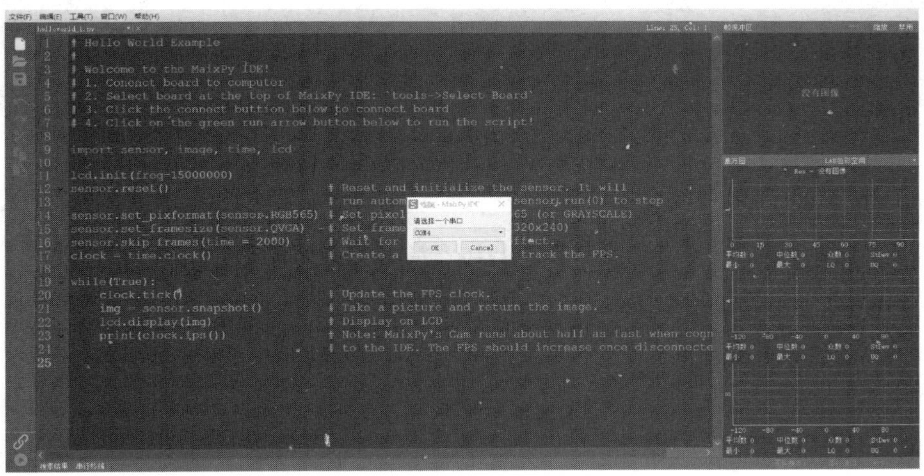

图 6-20　连接开发板

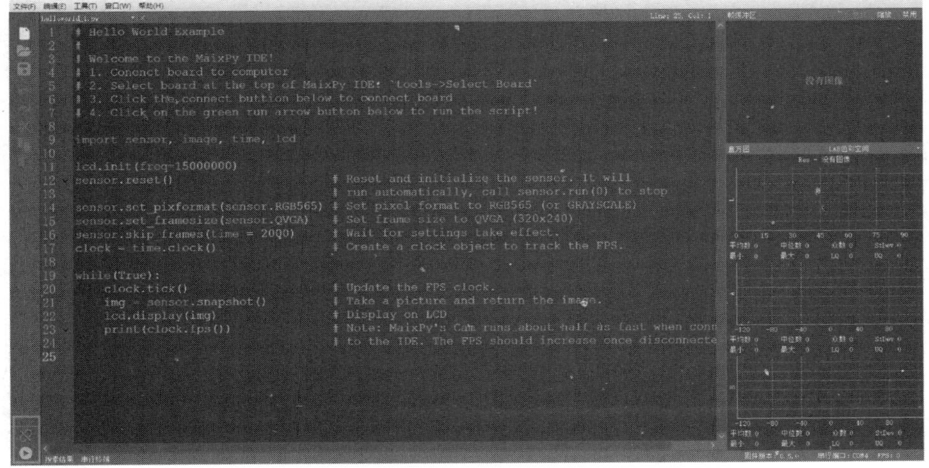

图 6-21　连接开发板成功

直接单击区域 6 中的运行标志运行 IDE 自带的例程，由于例程中自带图片拍摄功能，在区域 4 图片缓存区会直接显示摄像头获取的图像，如图 6-22 所示。

```
# Hello World Example
#
# Welcome to the MaixPy IDE!
# 1. Conenct board to computer
# 2. Select board at the top of MaixPy IDE: `tools->Select Board`
# 3. Click the connect buttion below to connect board
# 4. Click on the green run arrow button below to run the script!

import sensor, image, time, lcd

lcd.init(freq=15000000)
sensor.reset()                      # Reset and initialize the sensor. It will
                                    # run automatically, call sensor.run(0) to stop
sensor.set_pixformat(sensor.RGB565) # Set pixel format to RGB565 (or GRAYSCALE)
sensor.set_framesize(sensor.QVGA)   # Set frame size to QVGA (320x240)
sensor.skip_frames(time = 2000)     # Wait for settings take effect.
clock = time.clock()                # Create a clock object to track the FPS.

while(True):
    clock.tick()                    # Update the FPS clock.
    img = sensor.snapshot()         # Take a picture and return the image.
    lcd.display(img)                # Display on LCD
    print(clock.fps())              # Note: MaixPy's Cam runs about half as fast when conn
                                    # to the IDE. The FPS should increase once disconnecte
```

图 6-22 运行脚本程序

6.4 树莓派基础

6.4.1 树莓派简介

Raspberry Pi（树莓派）是尺寸仅有信用卡大小的一款基于 ARM 的微信计算机主板，其主流系统基于 Linux，由注册于英国的慈善组织“Raspberry Pi 基金会”开发，Eben Upton 为项目带头人。树莓派可以连接显示器、键盘、鼠标等设备使用，能替代日常桌面计算机的多种用途，包括浏览网页、播放视频、玩游戏，但是其设计初衷是为了学生学习计算机编程。

在本章中，我们将以树莓派 4 Model B 为例进行介绍，如果你正在使用的是其他版本，不用担心，你所学的内容可以轻松地应用于树莓派的其他型号上。

树莓派官方论坛为：https://www.raspberrypi.org/forums/；

树莓派国内论坛较多，例如论坛：https://shumeipai.nxez.com；

博客：https://www.lxxl.com/topics/hard/raspberry-pi。

6.4.2 树莓派系统安装

1. 准备工作

要让树莓派运行起来首先要安装树莓派使用的系统，树莓派支持的操作系统较多，包括 NOOBS、Raspbian、Ubuntu Mate、Snappy Ubuntu Core、CentOS、Windows IoT 等。作为入门我们优先推荐 Raspbian 系统。

烧录树莓派系统，首先需要准备一张8GB以上的TF卡(强烈推荐32GB及以上)，TF卡读写速度等级推荐Class10。

2. 系统镜像下载

最新的系统镜像官方介绍地址：www.raspberrypi.org/downloads，进入该页面后如图6-23所示。

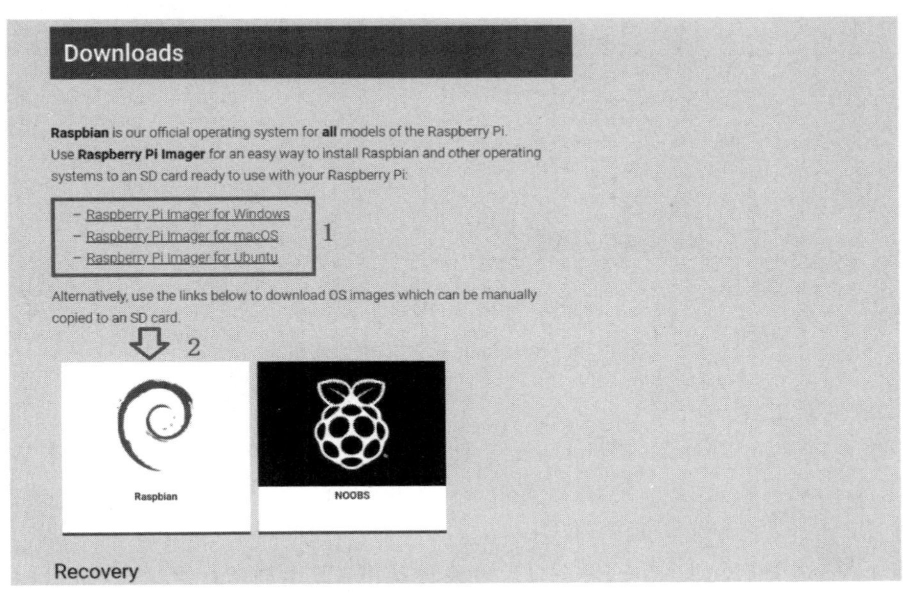

图 6-23　树莓派系统镜像介绍页面

图6-23中标注1为TF卡树莓派系统镜像安装软件，但使用该软件在安装镜像过程中需要实时下载镜像文件，而镜像下载的服务器在国外，这导致需要很长的时间，此处我们并不推荐。而官方对树莓派系统安装同时推荐了Raspbian与NOOBS。

NOOBS全称为new out of box system(全新开箱即用系统)，其实就是一个系统安装器。它实际上还分为NOOBS和NOOBS Lite，这两个版本本质上来说都是一样的，区别在于NOOBS自带了完整版的Raspbian OS的安装包，NOOBS Lite仅仅是NOOBS本身。

NOOBS里面除了Raspbian OS以外还可以安装其他版本，只需要在NOOBS中选择想要安装的系统，它就会自动下载安装，选择多个系统也可以。但是由于服务器在国外，同样速度非常慢，还是建议直接下载带有Raspbian OS完整安装包的NOOBS比较方便。

NOOBS用起来确实很方便，但仍然有许多问题，虽然随时重装系统对刚接触的新人比较友好，但是却带来一个副作用，就是NOOBS和系统安装包都会占用空间，而且还在4GB以上，对于一个TF卡用户来说损失了很大的空间，这是极不划算的，所以推荐选择直接下载Raspbian镜像文件。

通过单击图6-23中标注2的图标，进入Raspbian镜像文件下载页面，如图6-24所示。

图6-24中标注1为带桌面系统与常用工具和软件的Raspbian镜像文件；标注2为带桌面系统的Raspbian镜像文件；标注3为不带桌面系统的Raspbian镜像文件(只能命令行操作)。作为初学者推荐标注1的镜像文件，单击Download ZIP直接下载镜像压缩文件。

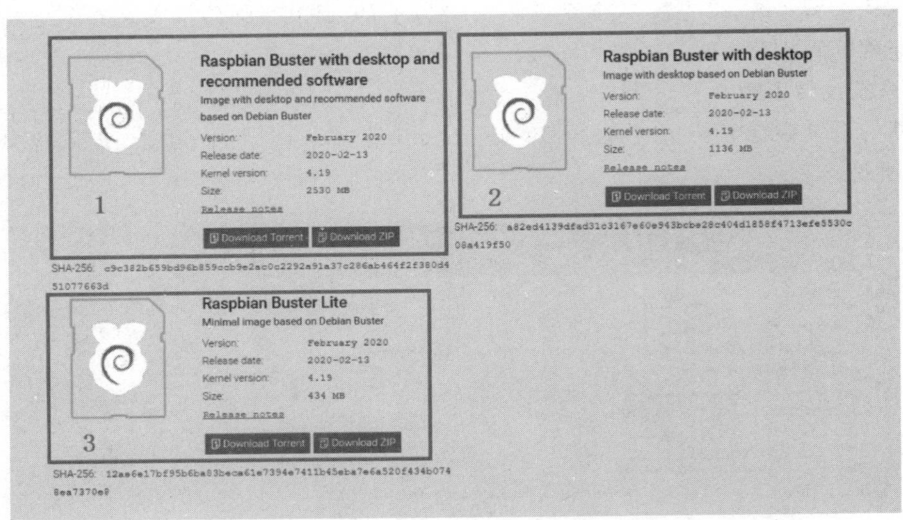

图 6-24 Raspbian 镜像文件下载页面

3. 镜像烧录工具

镜像烧录工具可以使用 Etcher，该工具根据操作版本不同可分别支持 Windows、macOS 以及 Linux 系统，下载地址"https://www.balena.io/etcher/"，这个工具将下载的镜像写入 TF 卡中，操作非常简单，仅需三步。

步骤 1：安装并启动 Etcher，使用 TF 卡读写器将 TF 卡插入计算机 USB 口；

步骤 2：选择要安装的 img 文件，选择 TF 卡对应的磁盘分区，如图 6-25 所示；

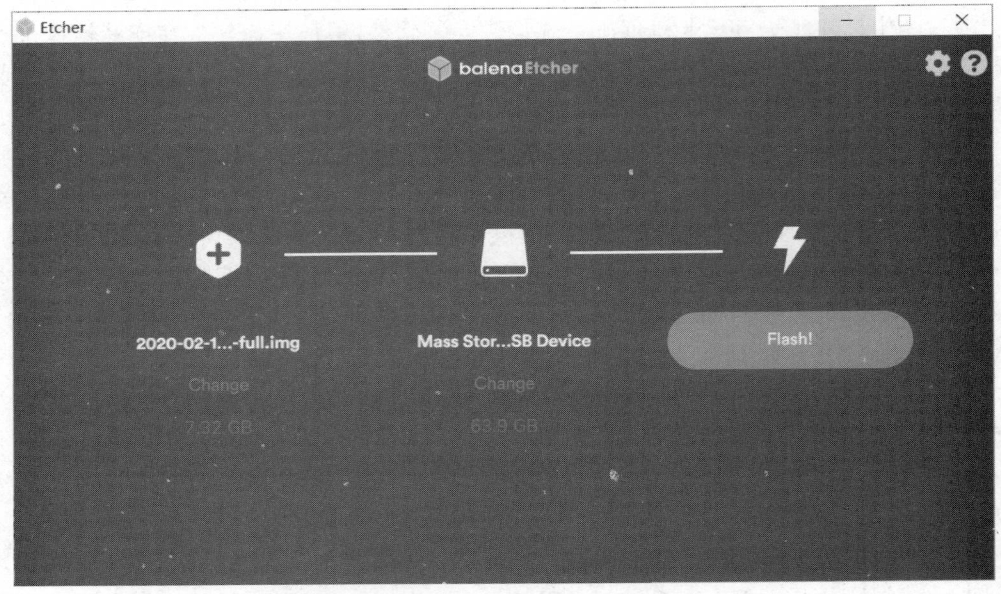

图 6-25 镜像烧录设置

步骤 3：单击"Flash"按钮进行镜像文件烧录，如图 6-26 所示；

步骤 4：取消 TF 卡格式化，如图 6-27 所示；镜像文件烧录结束，如图 6-28 所示。

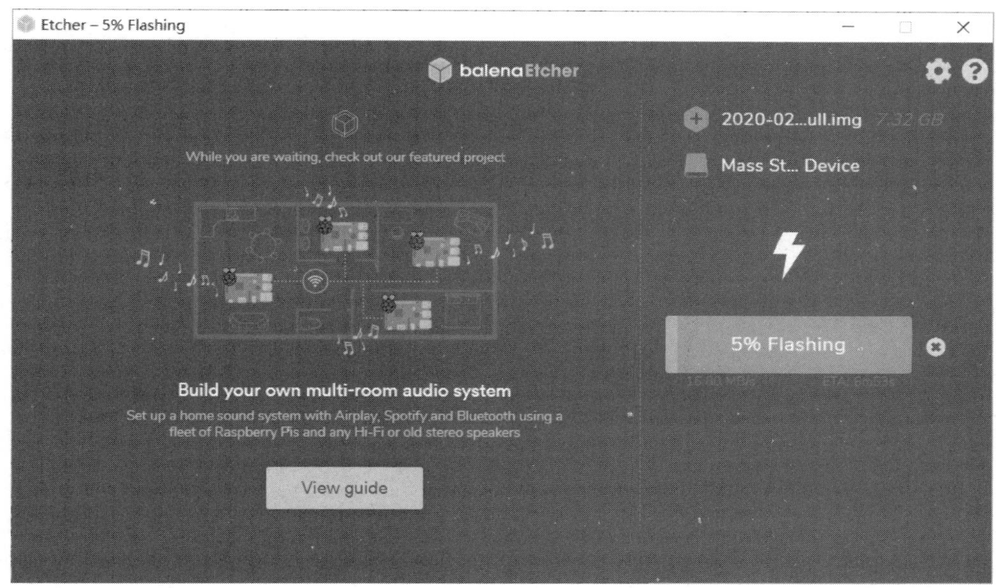

图 6-26　镜像文件烧录

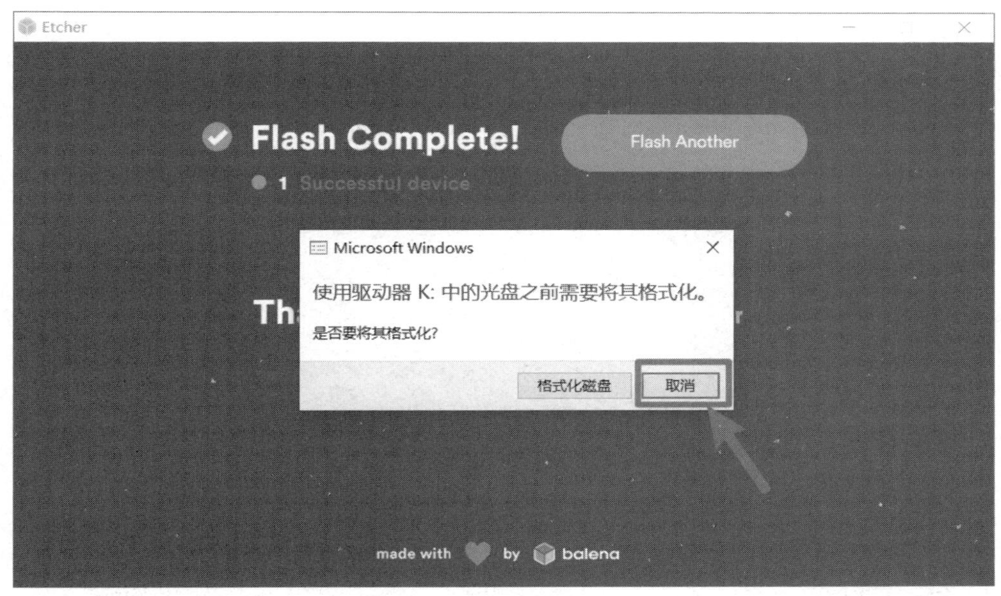

图 6-27　取消 TF 卡格式化

4. 镜像烧录失败 TF 卡处理

在镜像烧录后可能会出现由于镜像有问题导致无法正常开机的情况，此时需要重新烧录镜像文件，但是此时的 TF 卡并不能被 Windows 系统完全识别，因此需要通过以下步骤对 TF 卡进行处理。

步骤 1：打开 C:\Windows\System32 目录，找到 cmd. exe，单击选中后右击，在菜单中选择“以管理员身份运行”。

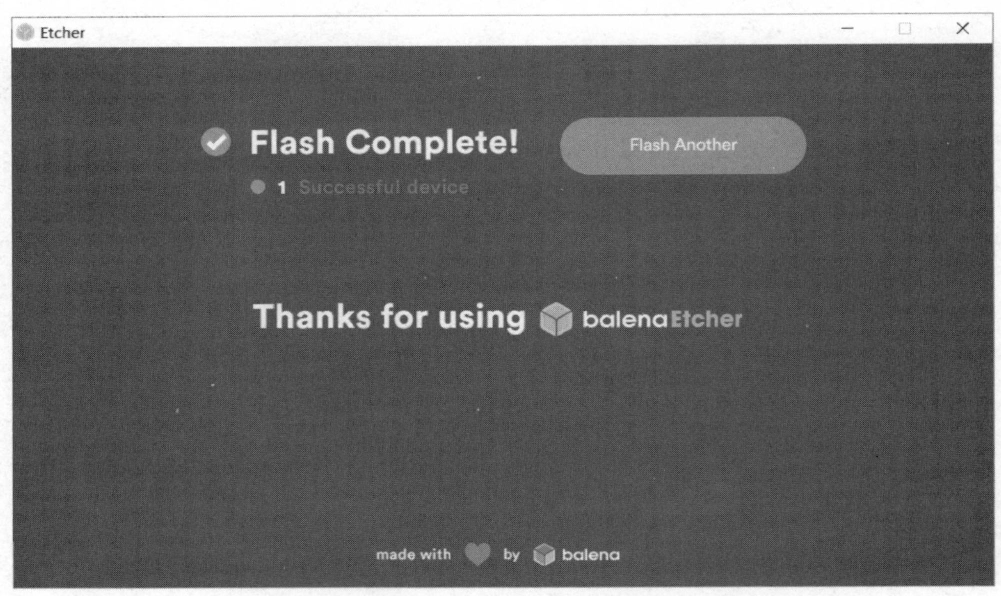

图 6-28　镜像文件烧录成功

步骤 2：输入命令“diskpart”，如图 6-29 所示。

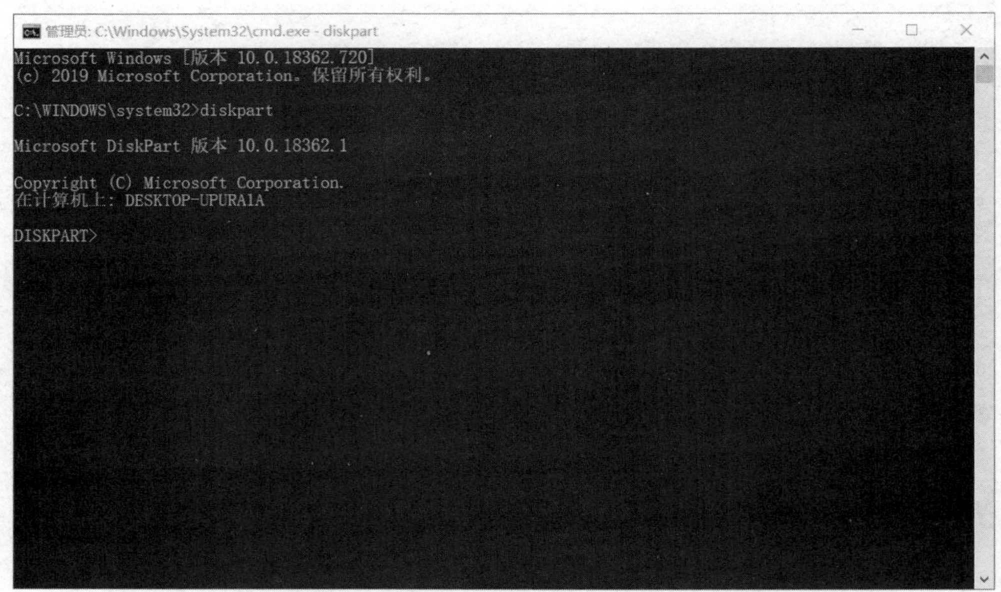

图 6-29　TF 卡格式化操作 1

步骤 3：输入命令“list disk”，如图 6-30 所示。

步骤 4：根据磁盘容量大小，选择代表 TF 卡的那个磁盘，并输入命令“select disk 2”，如图 6-31 所示。

步骤 5：输入命令“clean”，如果命令失败则再次输入，如图 6-32 所示。

步骤 6：输入命令“create partition primary”，如图 6-33 所示。

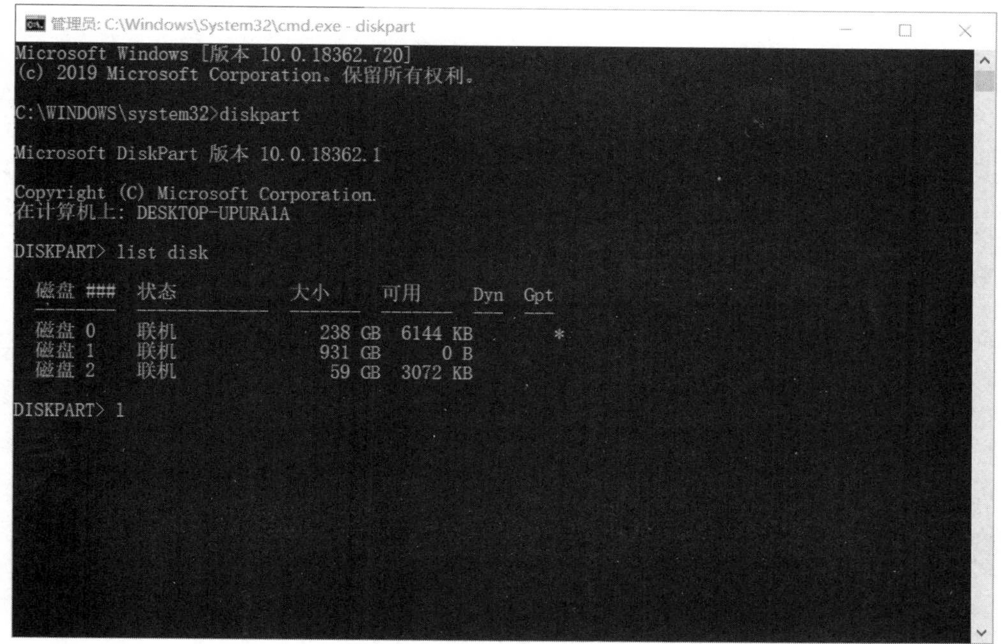

图 6-30　TF 卡格式化操作 2

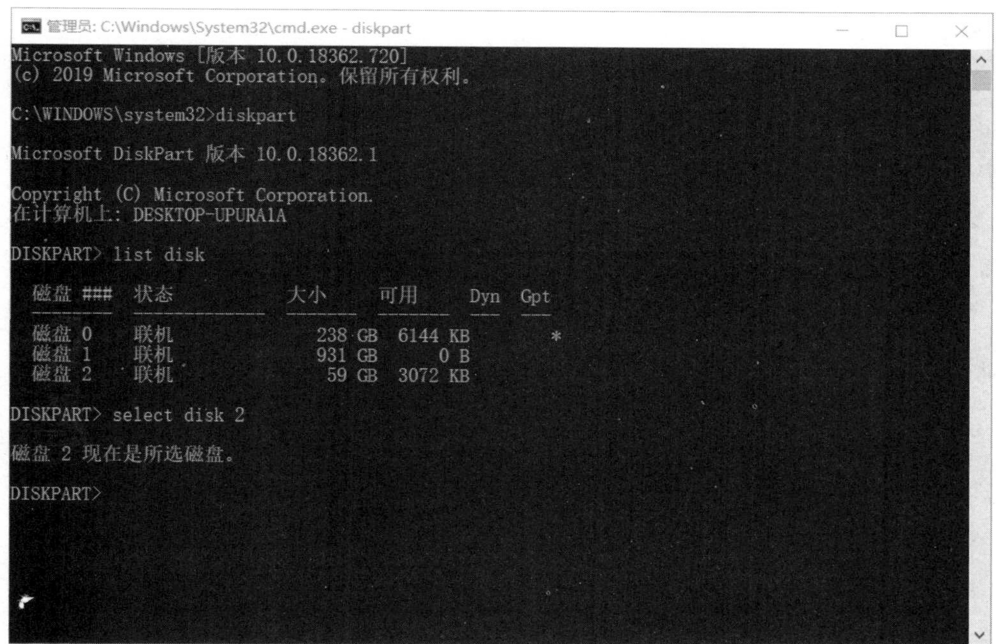

图 6-31　TF 卡格式化操作 3

步骤 7：输入命令“active”，如图 6-34 所示。

步骤 8：输入命令“format fs=fat32 quick”，如果 TF 卡容量过大是不能格式化为 fat32 的，此时需要更改格式，或者可以直接在“我的电脑”下找到这个盘符，然后右击，打开快捷菜

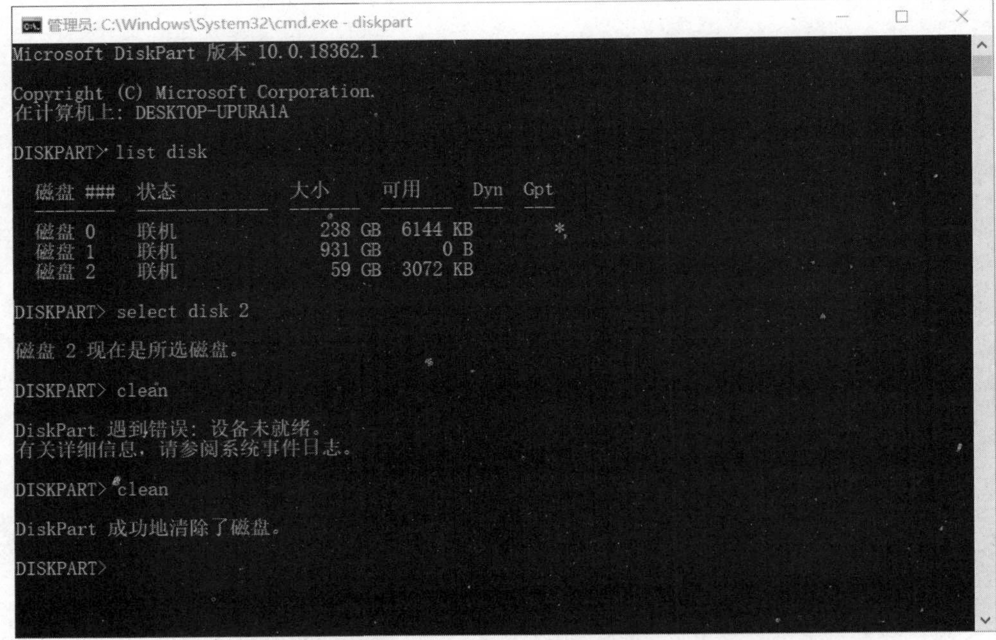

图 6-32 TF 卡格式化操作 4

图 6-33 TF 卡格式化操作 5

单，选择“格式化(A)”，如图 6-35 所示。

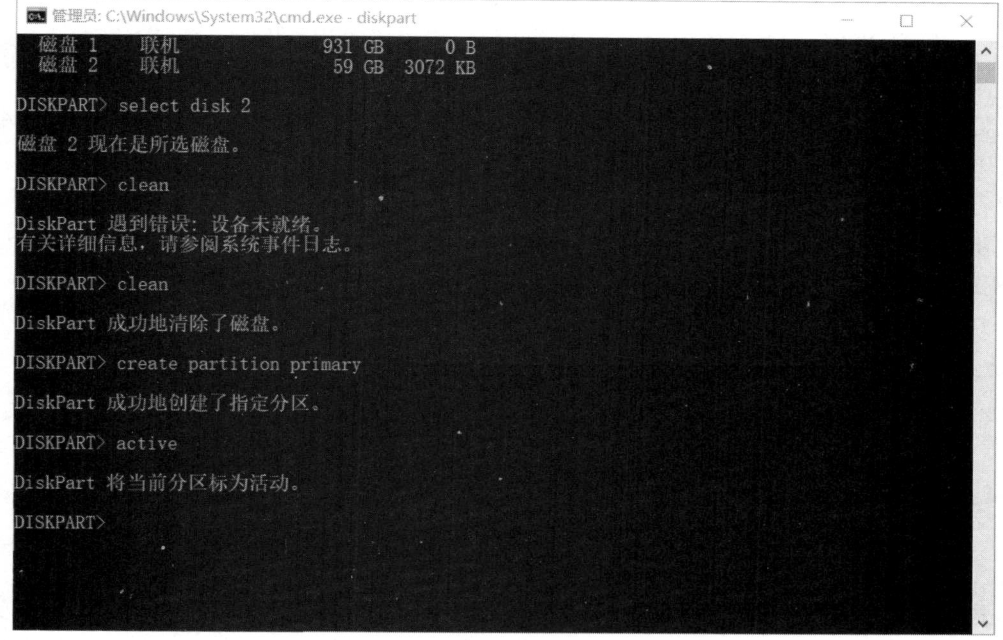

图 6-34　TF 卡格式化操作 6

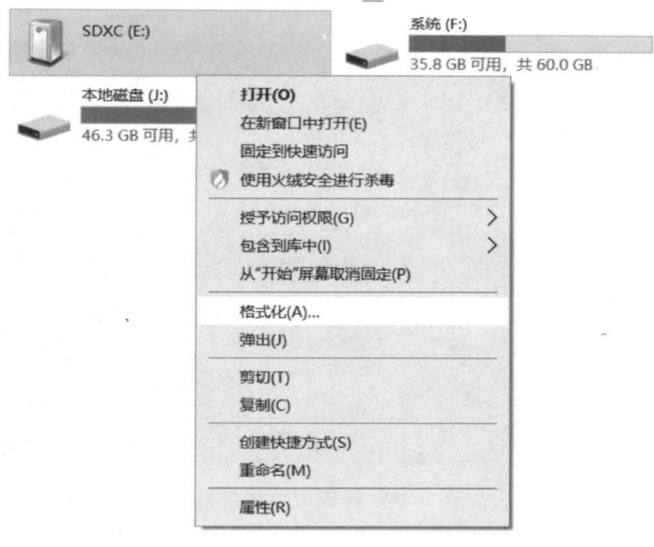

图 6-35　TF 卡格式化操作 7

6.4.3　树莓派 SSH 操作

树莓派虽然自带 HDMI、USB 接口，并且 Raspbian 系统自带相应驱动，但是当无鼠标、键盘与显示器时，想要对树莓派进行相关操作，SSH 操作方式便是首推。

对首次开机的树莓派进行 SSH 远程登录操作，需要采取以下几个步骤。由于 4 代树莓派自带 Wi-Fi，因此后续的步骤讲解，以通过 Wi-Fi 进行 SSH 远程登录操作为例。

步骤 1：由于新版本的 Raspbian 系统默认关闭 SSH 功能，因此需要将其修改为开启。当我们把树莓派系统镜像烧录到 TF 卡之后，在 Windows 看到的 TF 卡变成了空间很小的名为 boot 的盘，在此目录下新建一个名为 ssh 的空白文件（无扩展名），此时系统将会在开机时自动开启 SSH 功能。

步骤 2：在相同目录下新建一个名为 wpa_supplicant. conf 的空白文件，并在其中加入以下代码：

```
country = CN
ctrl_interface = DIR = /var/run/wpa_supplicant GROUP = netdev
update_config = 1
network = {
ssid = "Wi - Fi 名字,不删除引号,不能有中文"
psk = "Wi - Fi 密码,不删除引号"
priority = 此处替换成数字,数字越大代表优先级越高
}
```

步骤 3：打开“浏览器”，在网址栏输入“192.168.1.1”或者“192.168.0.1”。现在很多型号的路由器 ip 地址都不同，可以从路由器的背面查看路由器 ip 地址。进入路由器登录界面，如图 6-36 所示。

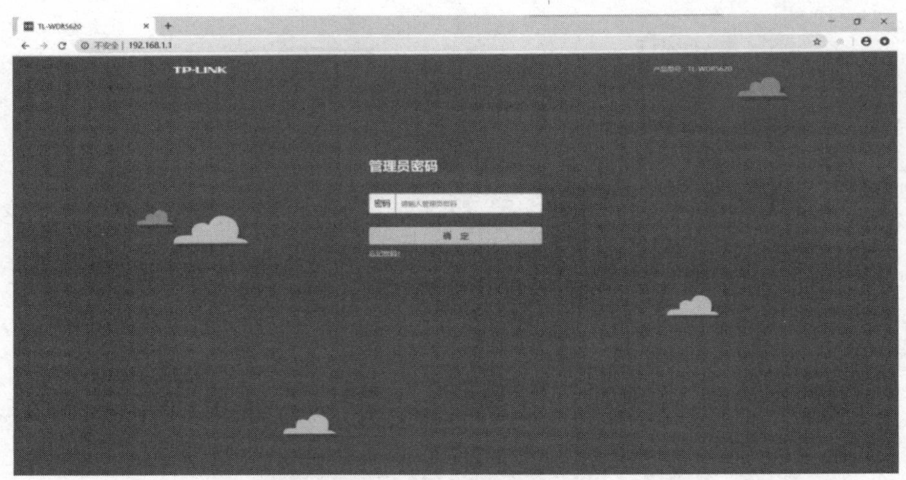

图 6-36　路由器登录界面

步骤 4：输入登录密码，也就是 Wi-Fi 密码登录，进入管理页面，如图 6-37 所示。

步骤 5：单击设备管理，便可看到链接 Wi-Fi 的设备，如图 6-38 所示。

步骤 6：找到树莓派，并单击“管理”，便可获取其 IP 地址，如图 6-39 所示。

步骤 7：开启 PuTTY，并输入 IP 地址，如图 6-40 所示。

步骤 8：首次使用 PuTTY 连接树莓派，会出现安全警告，直接单击“是”，如图 6-41 所示。

步骤 9：输入树莓派账号、密码，如图 6-42 所示。

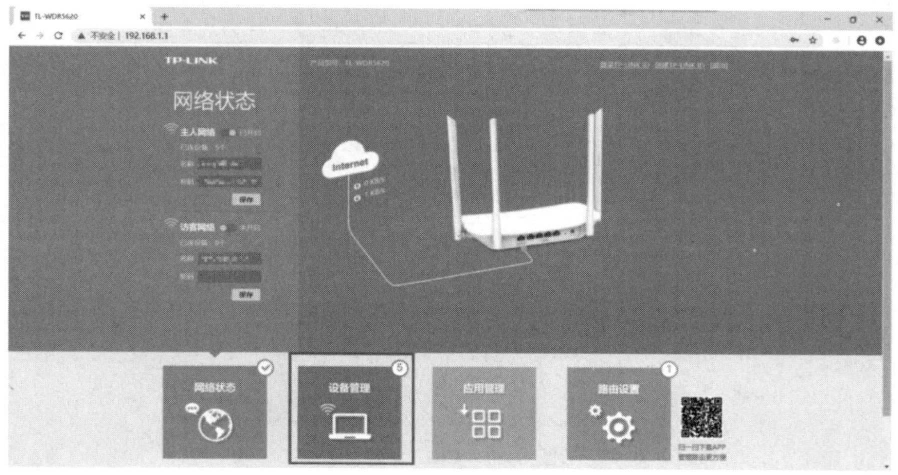

图 6-37　路由器管理界面

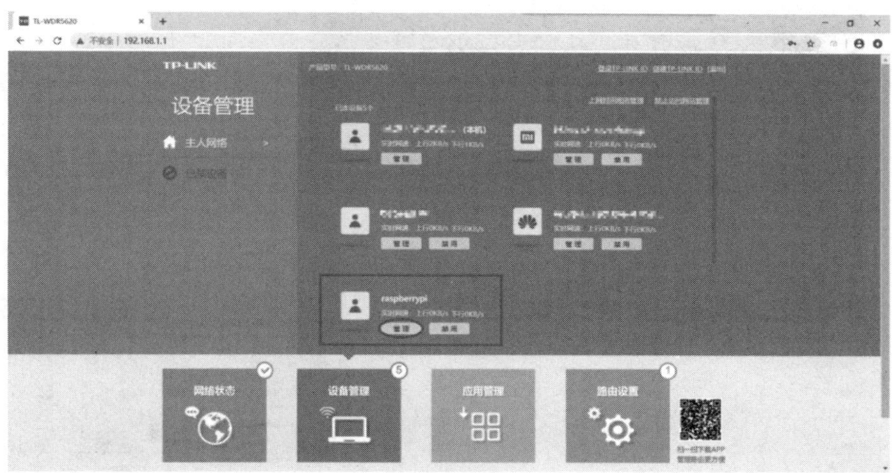

图 6-38　路由器设备管理界面

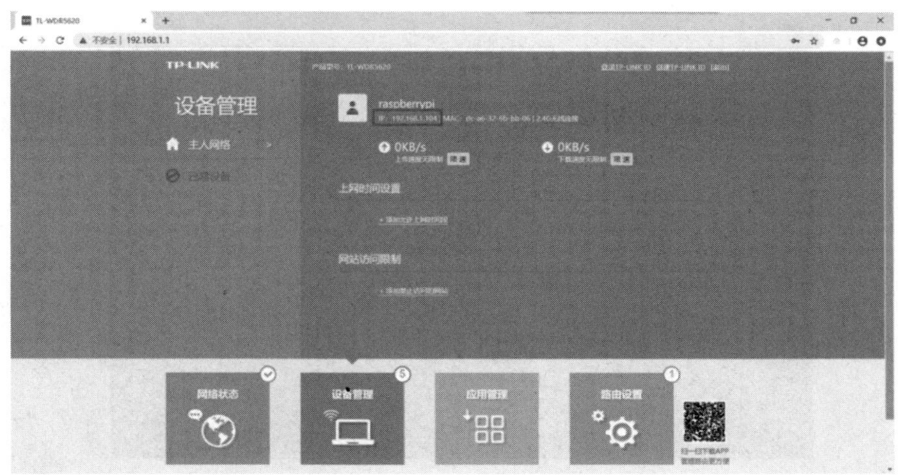

图 6-39　设备 IP 地址

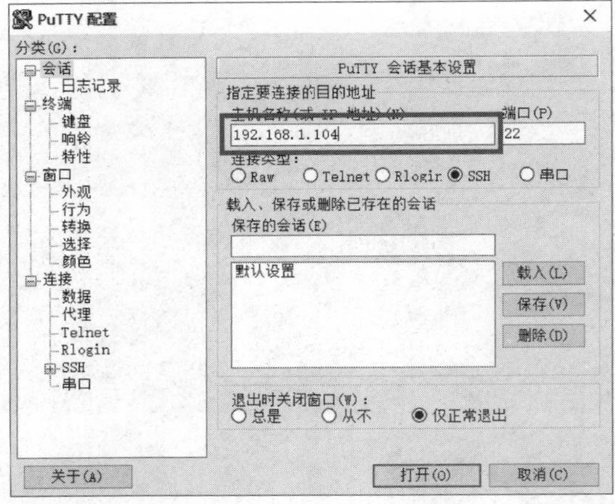

图 6-40　PuTTY 软件

图 6-41　PuTTY 安全警告

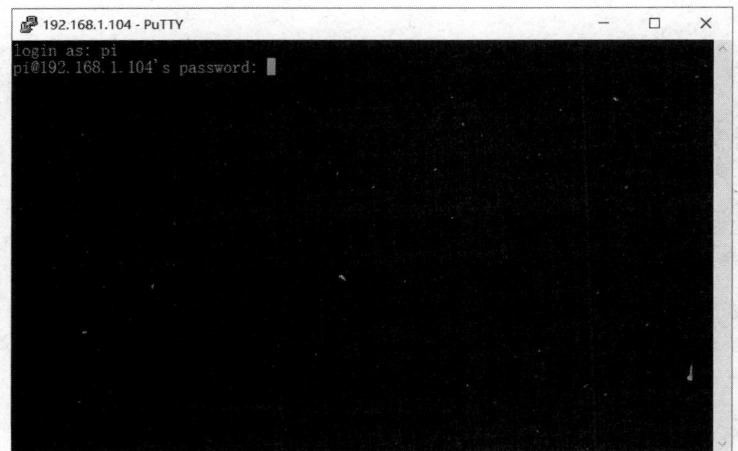

图 6-42　登录树莓派账号

步骤10：完成SSH远程登录，如图6-43所示。

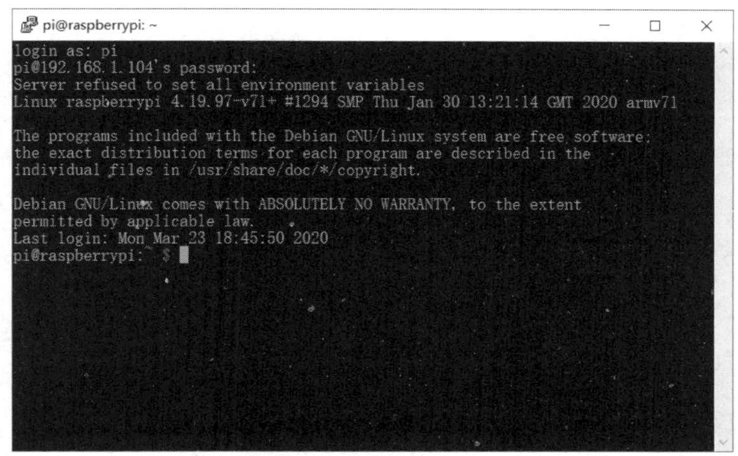

图6-43　SSH远程登录成功

步骤11：输入"sudo passwd pi"重新设置用户密码。

6.4.4　树莓派连接USB摄像头

使用树莓派进行图像处理，第一步就需要实现树莓派外接摄像头，并通过摄像头进行图像拍摄或录像。树莓派官方有相关摄像头模块推荐，也可以直接使用最常见的USB摄像头。本节我们讲解如何在树莓派上使用USB摄像头，由于需要观看摄像头效果，推荐通过VNC远程登录树莓派的图形界面，这样就无须为树莓派单独配备显示器。

VNC远程登录树莓派的图形界面的配置流程如下：

步骤1：开启PuTTY，执行SSH登录。

步骤2：开启Raspbian的VNC Server。在终端输入命令：sudo raspi-config。raspi-config是Raspbian系统自带的配置工具，树莓派的很多必要功能都需要通过它设置。此处只对VNC方面的配置进行介绍。raspi-config的界面如图6-44所示。

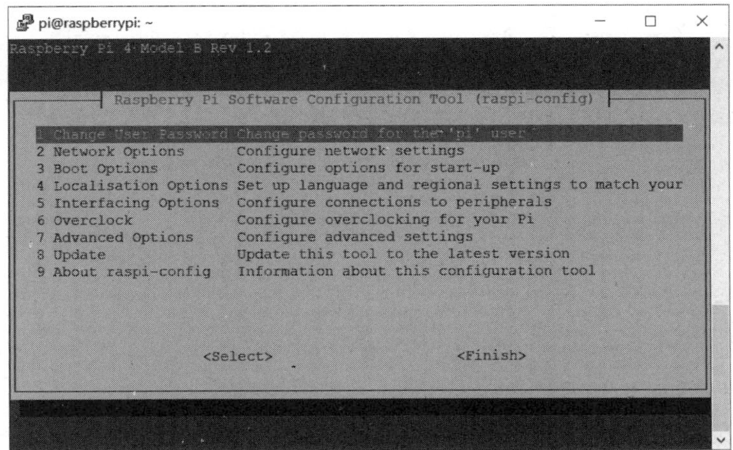

图6-44　raspi-config设置首界面

步骤 3：将光标移至第 5 项：Interfacing Options，并按回车键，如图 6-45 所示。

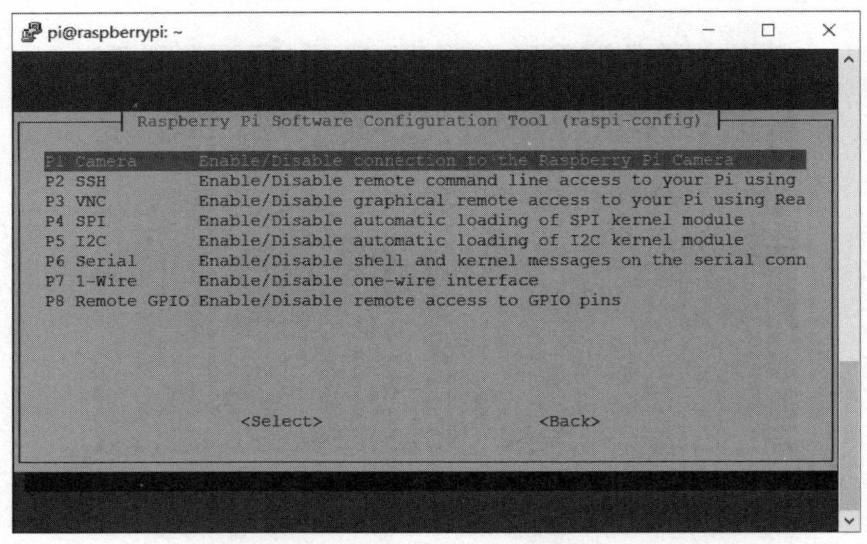

图 6-45 raspi-config 设置界面 2

步骤 4：将光标移至第 3 项：VNC，并按回车键，如图 6-46 所示。

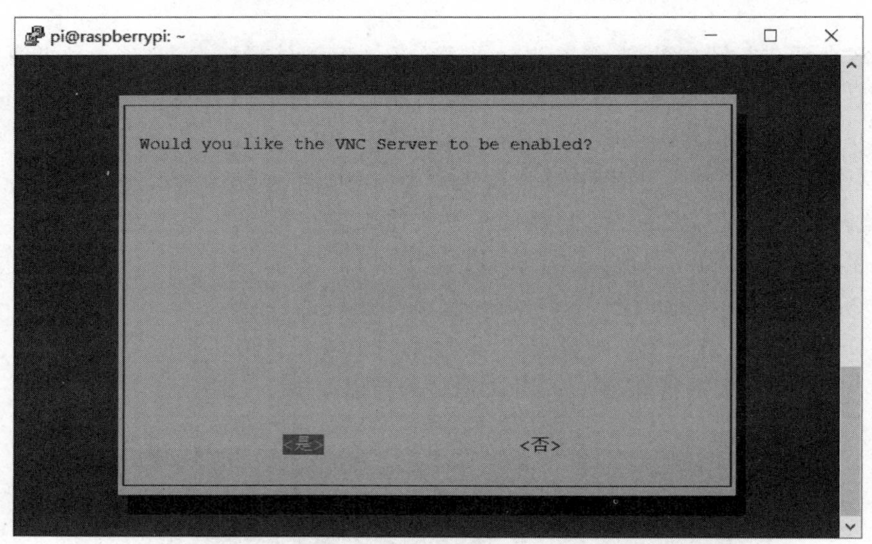

图 6-46 raspi-config 设置界面 3

步骤 5：选择"是"，并按回车键，如图 6-47 所示。

步骤 6：设置结束，按回车键进行确认，如图 6-48 所示。

步骤 7：由于使用 VNC 远程桌面操作，树莓派的默认显示分辨率过高会导致 VNC 客户端不能正常工作，因此需要将显示分辨率调整到 1024×768。回到 raspi-config 的首界面，选择"7 Advanced Options"，并按回车键，如图 6-49 所示。

步骤 8：然后选择"5 Resolution"，并按回车键，如图 6-50 所示。

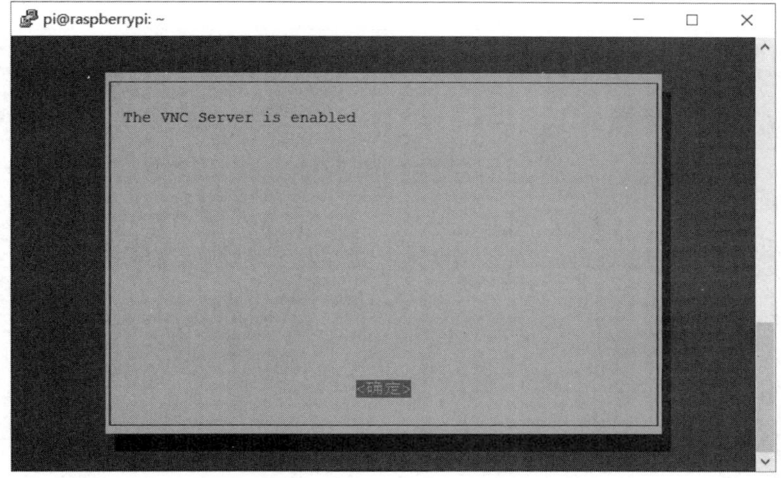

图 6-47　raspi-config 设置界面 4

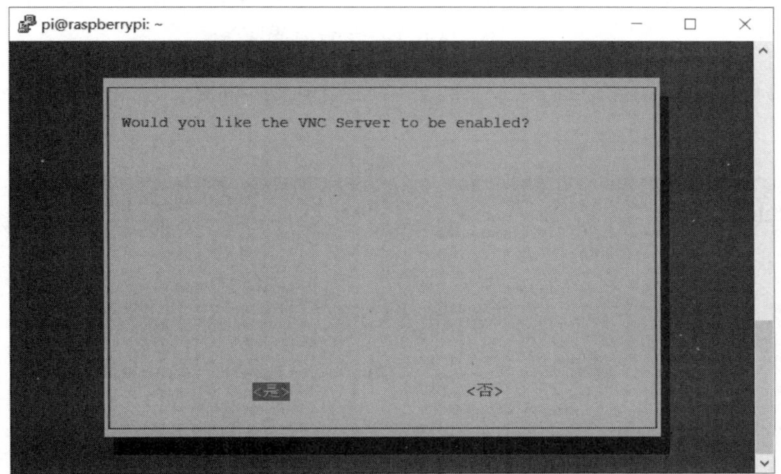

图 6-48　raspi-config 设置界面 5

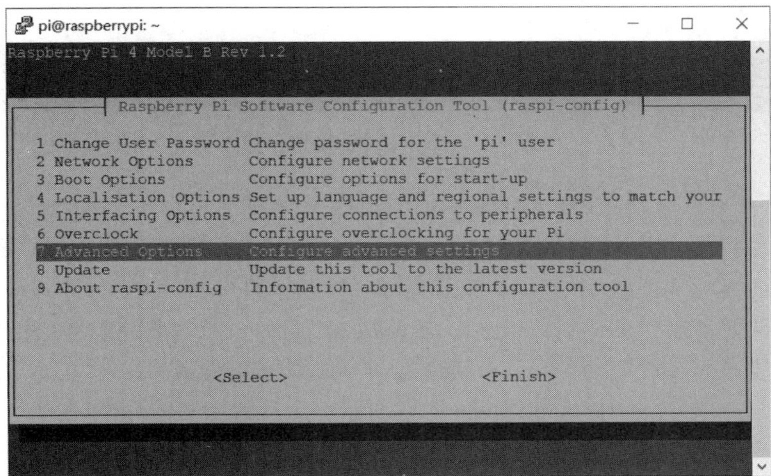

图 6-49　raspi-config 设置界面 6

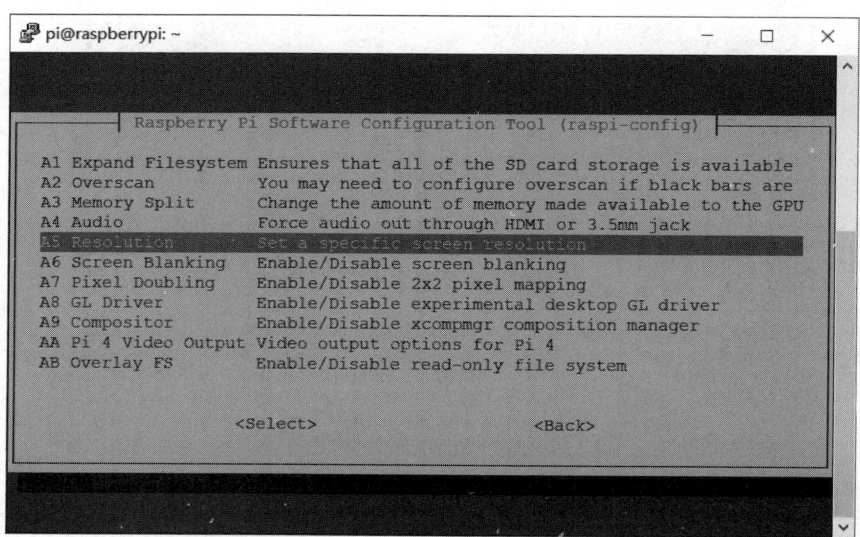

图 6-50 raspi-config 设置界面 7

步骤 9：然后选择 1024×768 的分辨率，并按回车键，如图 6-51 所示。

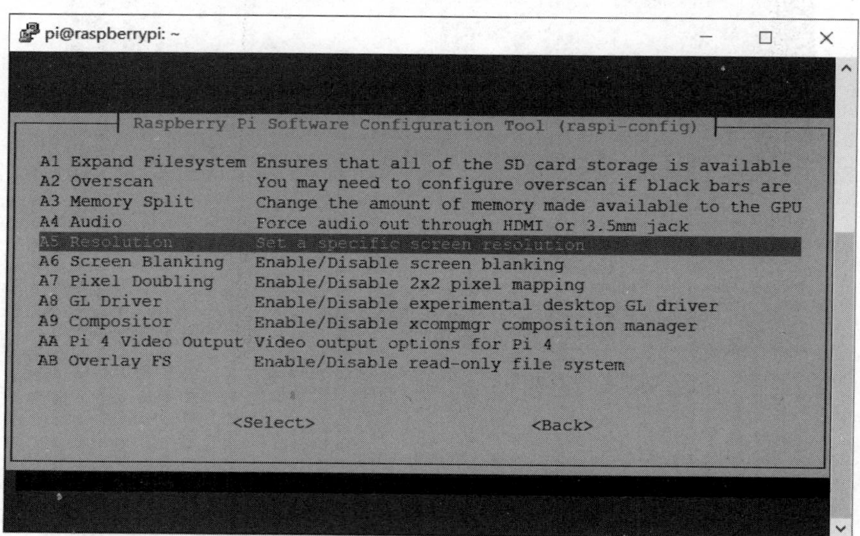

图 6-51 raspi-config 设置界面 8

步骤 10：退出设置状态，重启系统。树莓派部分设置完毕。

步骤 11：在计算机上安装 VNC 客户端。从 RealVNC 官网下载 RealVNC Viewer，它是 RealVNC 的客户端，跨平台。下载你需要的平台的客户端版本即可。下载地址为“https://www.realvnc.com/en/connect/download/viewer/”，网页截图如图 6-52 所示。

步骤 12：运行 RealVNC Viewer，新建连接，如图 6-53 所示。

步骤 13：输入树莓派 IP 地址，如图 6-54 所示。

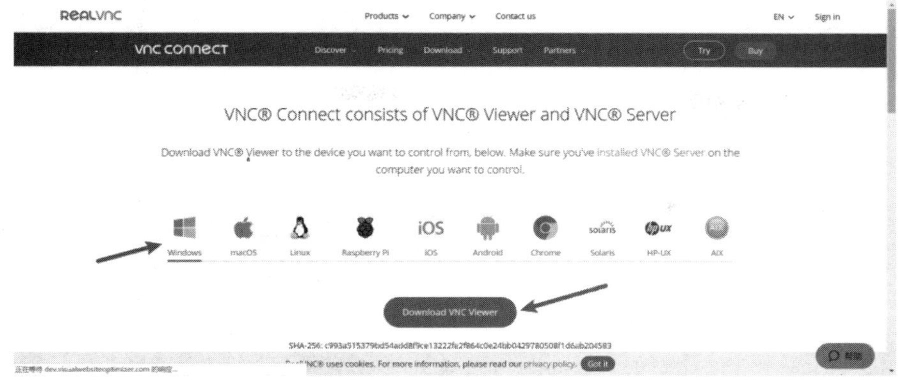

图 6-52　RealVNC Viewer 下载页面

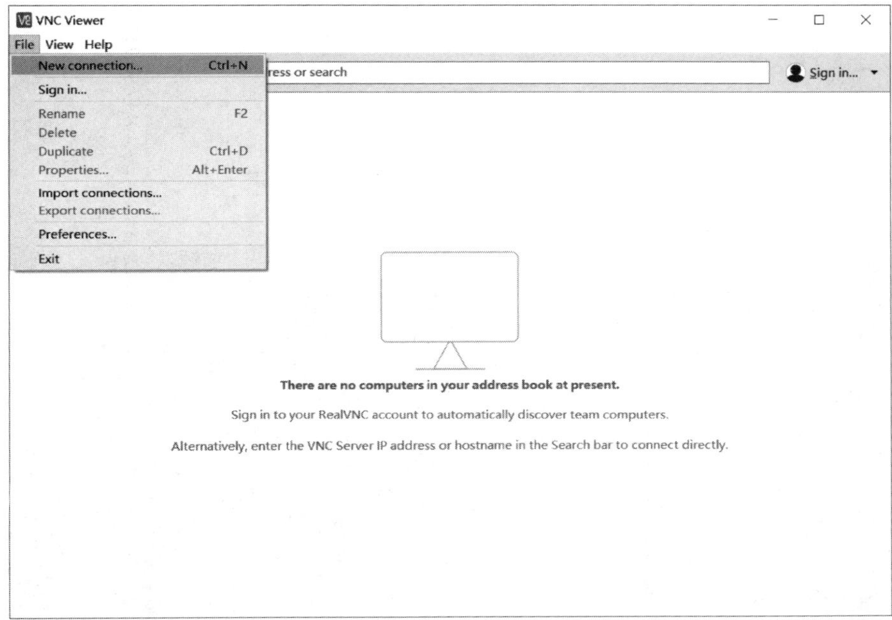

图 6-53　RealVNC Viewer 运行界面 1

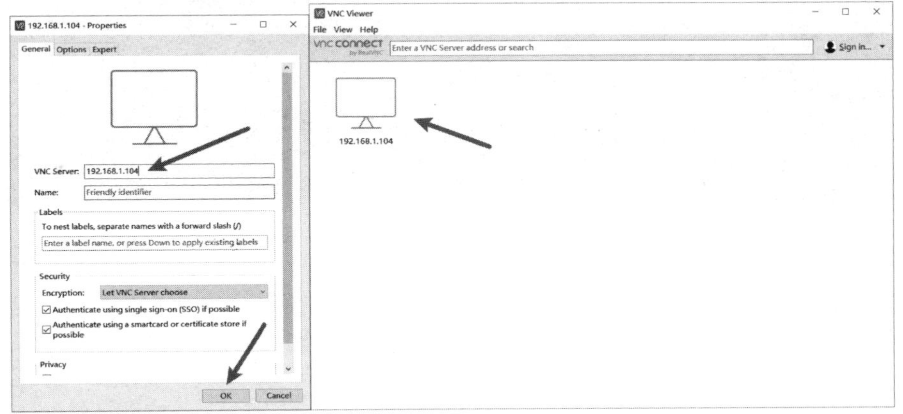

图 6-54　RealVNC Viewer 运行界面 2

步骤 14：选择连接之后输入树莓派的登录用户名和密码，初始用户名为 pi，密码为 raspberry。如图 6-55 所示。

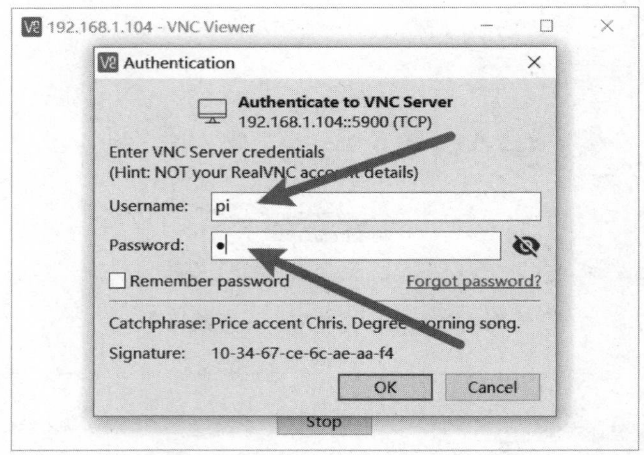

图 6-55　RealVNC Viewer 运行界面 3

步骤 15：进入树莓派的远程桌面，如图 6-56 所示。

图 6-56　RealVNC Viewer 运行界面 4

USB 摄像头检测步骤如下。

步骤 1：VNC 远程登录树莓派的图形界面后，单击终端图标进入终端并输入 USB 设备检测命令 lsusb，如图 6-57 所示。

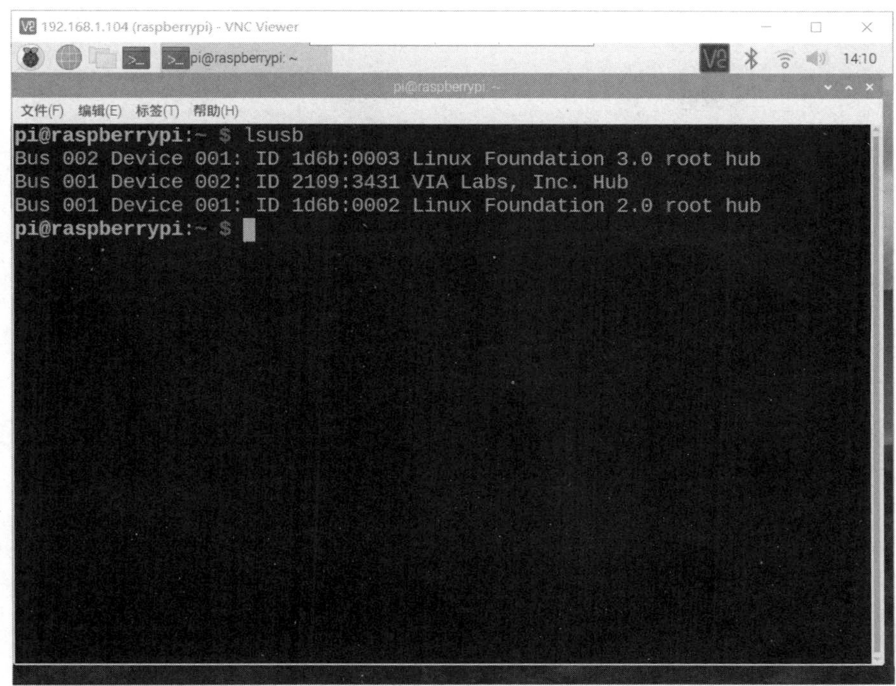

图 6-57　USB 设备检测 1

步骤 2：将 USB 摄像头插入树莓派中的 USB 接口，并再次使用 lsusb 命令查看 USB 设备，新增的设备即为 USB 摄像头，如图 6-58 所示。

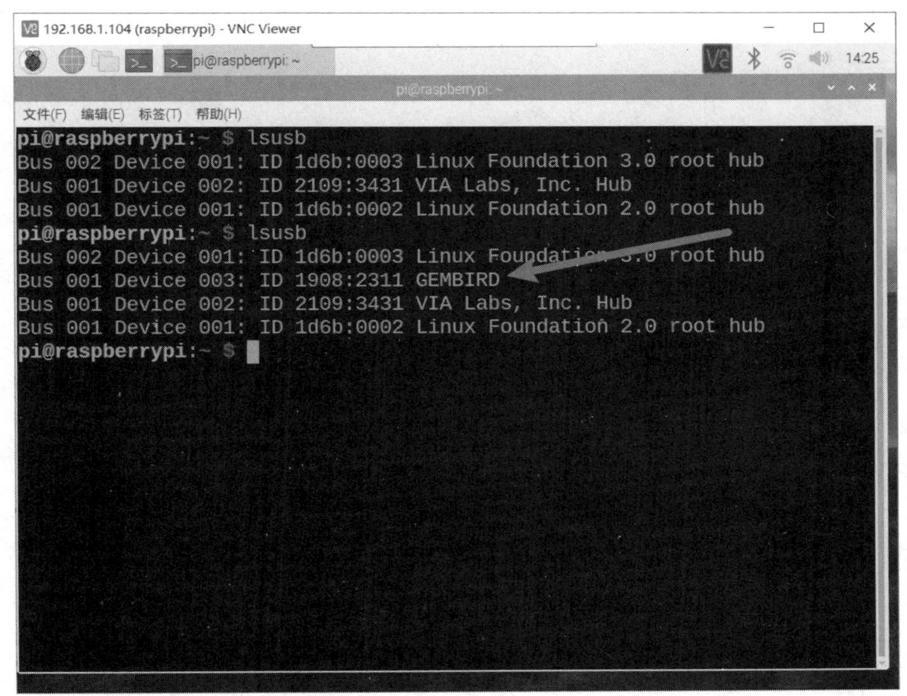

图 6-58　USB 设备检测 2

步骤 3：也可使用 ls -l /dev/video * 命令查看摄像头设备，如图 6-59 所示。

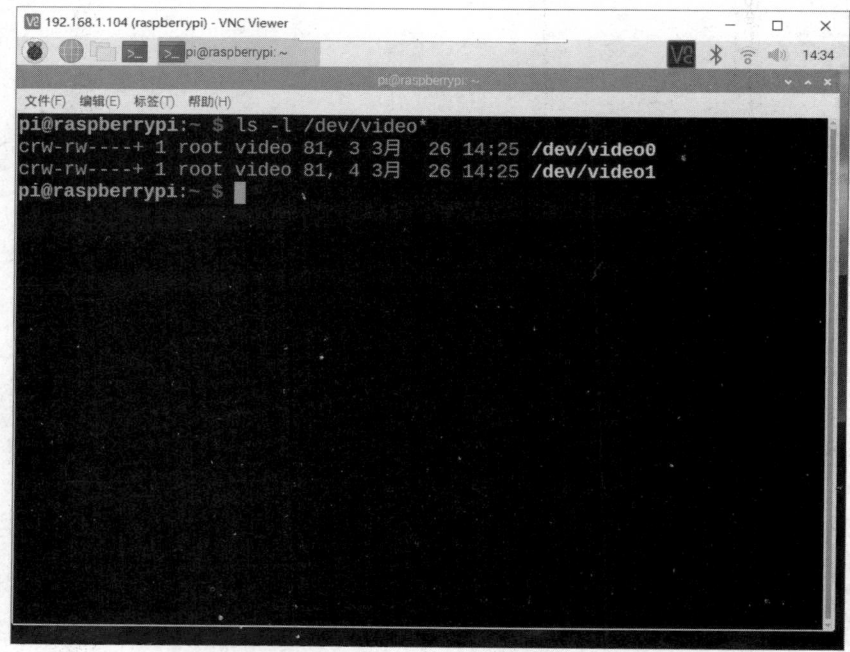

图 6-59　摄像头设备检测

USB 摄像头简单使用步骤如下。

步骤 1：当 USB 摄像头成功挂载到树莓派上之后，使用 sudo apt-get install fswebcam 命令通过 Raspbian 的仓库来安装 fswebcam，如图 6-60 所示。

图 6-60　fswebcam 软件安装

步骤 2：在终端中运行命令“fswebcam --no-banner -r 640x480 ./image.jpg”来抓拍一张来自摄像头的照片，并将其放到当前目录下，如图 6-61 所示。

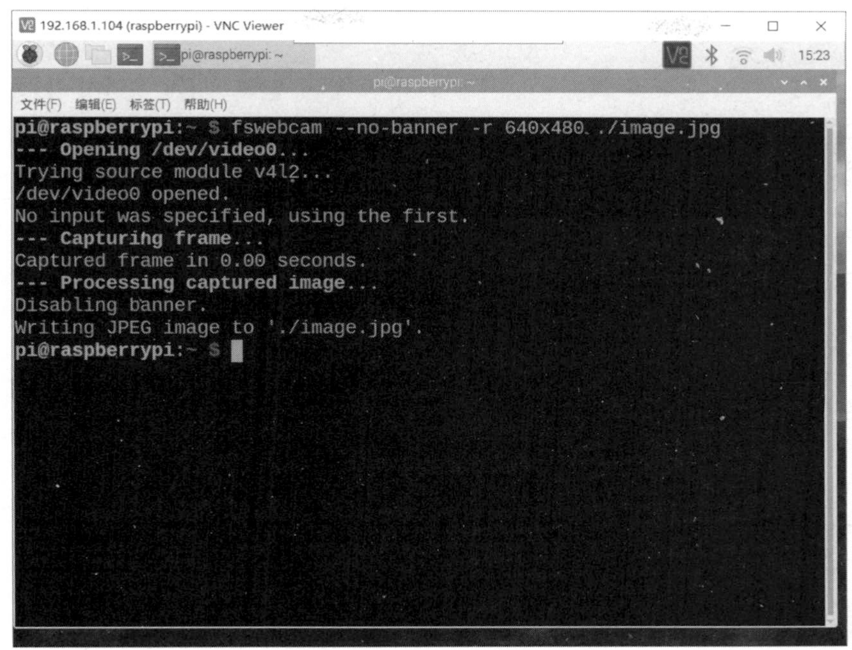

图 6-61　摄像头拍摄照片

步骤 3：在终端中运行命令“gpicview image.jpg”来显示照片，如图 6-62 所示。

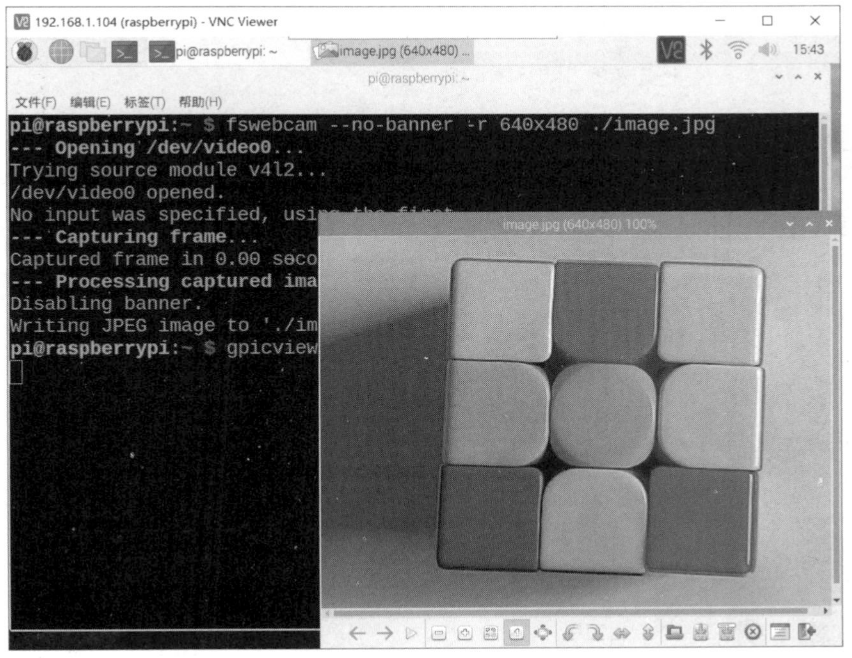

图 6-62　命令显示照片

也可在图形界面直接通过文件管理器，在对应文件夹下打开该图片，如图 6-63 和图 6-64 所示。

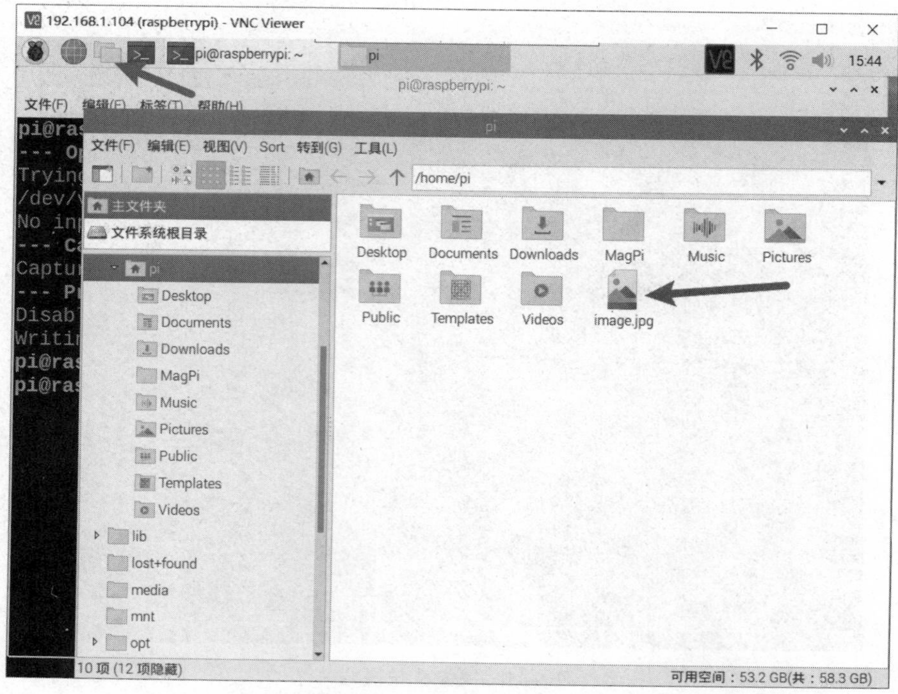

图 6-63　图形界面图片文件

图 6-64　图形界面浏览图片文件

至此摄像头调试完毕，表明 USB 摄像头可正常工作。

6.4.5 OpenCV 安装

OpenCV 图像库有 C++版本及 Python 版本，鉴于 Python 语言在图像处理应用中越来越流行，以及其庞大的支撑包，因此我们选择 Python 版本的 OpenCV 图像库作为后续的应用主体。

为此在开始开发程序前，我们先要安装一些环境，具体步骤如下。

步骤 1：安装 Python 3，由于 Raspbian 系统已经自带 Python 3，无须安装。但是需要注意的是 Raspbian 系统同时安装了 Python 2 与 Python 3，且其默认指向 Python 2。为此我们通过"sudo apt-get autoremove python2.7"卸载 Python 2，并通过"sudo ln -s /usr/bin/python3.7 /usr/bin/python"将 Python 指向 Python 3，最后使用"python --version"查询，如图 6-65 所示。

图 6-65 查询 Python 版本

步骤 2：用 nano 编辑/etc/apt/目录下的 sources.list 修改软件更新源，终端输入：sudo nano /etc/apt/sources.list，如图 6-66 所示。(文件修改完毕通过 Ctrl+O 保存，按回车键确定，通过 Ctrl+X 退出修改并返回)

步骤 3：用 nano 编辑/etc/apt/sources.list.d/目录下的 raspi.list 修改系统更新源，终端输入：sudo nano /etc/apt/sources.list.d/raspi.list，如图 6-67 所示。(文件修改完毕通

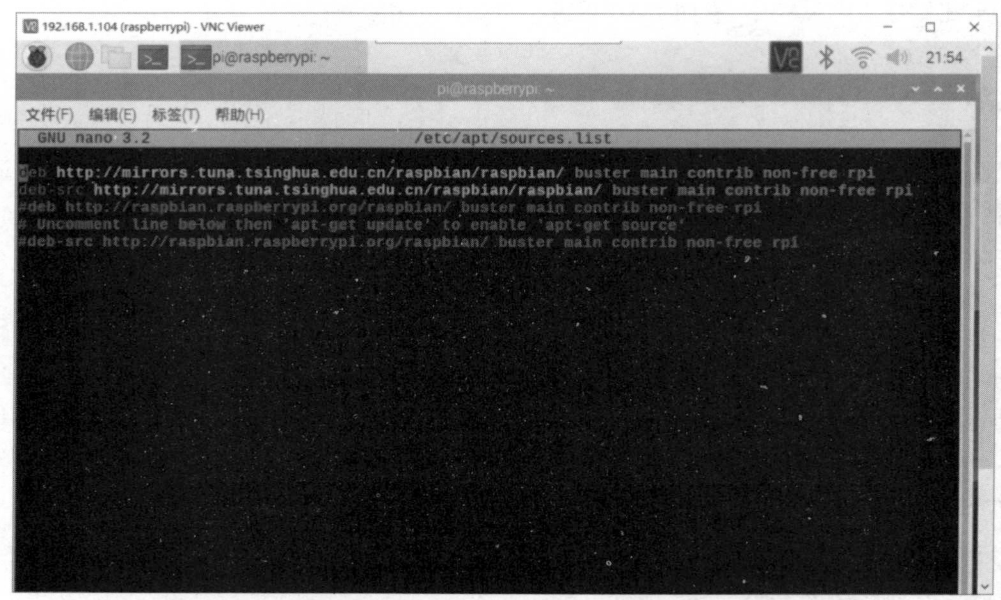

图 6-66 修改软件更新源

过 Ctrl+O 保存，按回车键确定，通过 Ctrl+X 退出修改并返回）

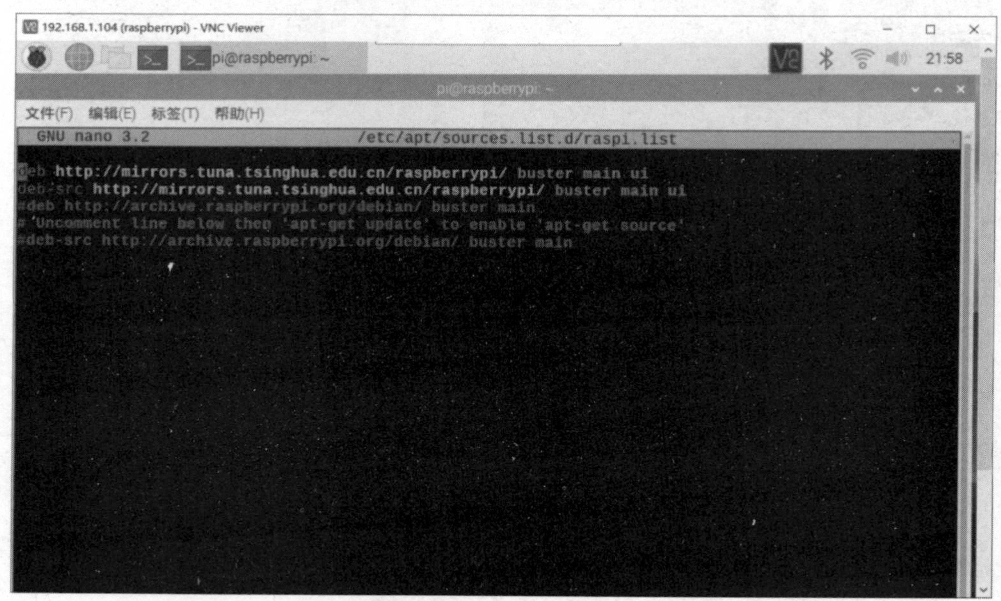

图 6-67 修改系统更新源

以下是网上找的一些国内升级源。

中国科学技术大学：http://mirrors. ustc. edu. cn/raspbian/raspbian/；

清华大学：http://mirrors. tuna. tsinghua. edu. cn/raspbian/raspbian/。

步骤 4：软件更新源与系统更新源更改完毕后，输入“sudo apt-get update”更新，如图 6-68

所示。

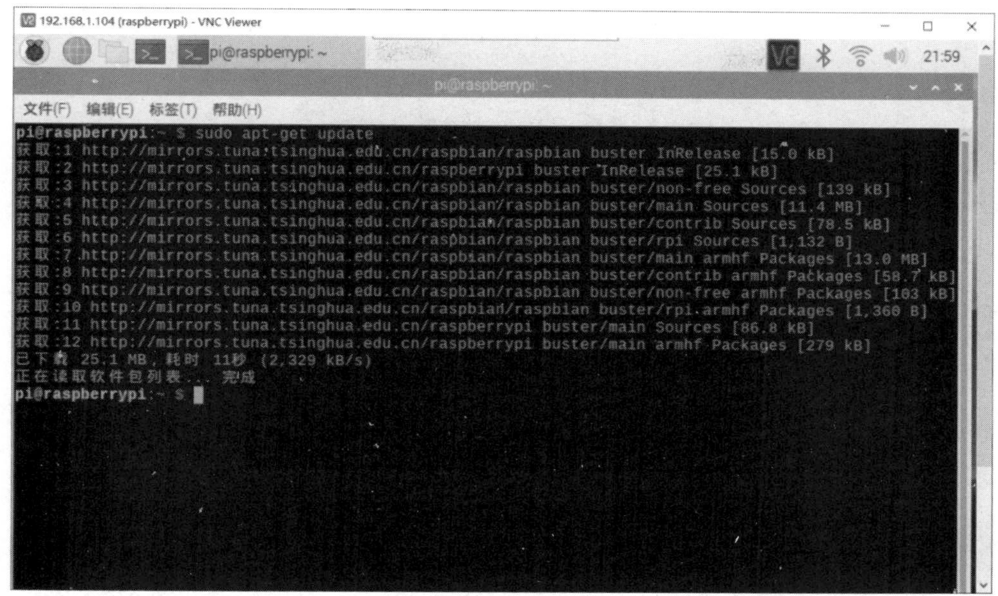

图 6-68　软件更新

步骤 5：软件更新源与系统更新源更改完毕后，输入“sudo apt-get upgrade”更新，如图 6-69 所示。

图 6-69　系统更新

步骤 6：更改文件/etc/pip. conf 内容，更换国内 pip 源，具体命令为“sudo nano /etc/

pip. conf”，并在文件中修改国内源网址，如图 6-70 所示。（文件修改完毕通过 Ctrl+O 保存，按回车键确定，通过 Ctrl+X 退出修改并返回）

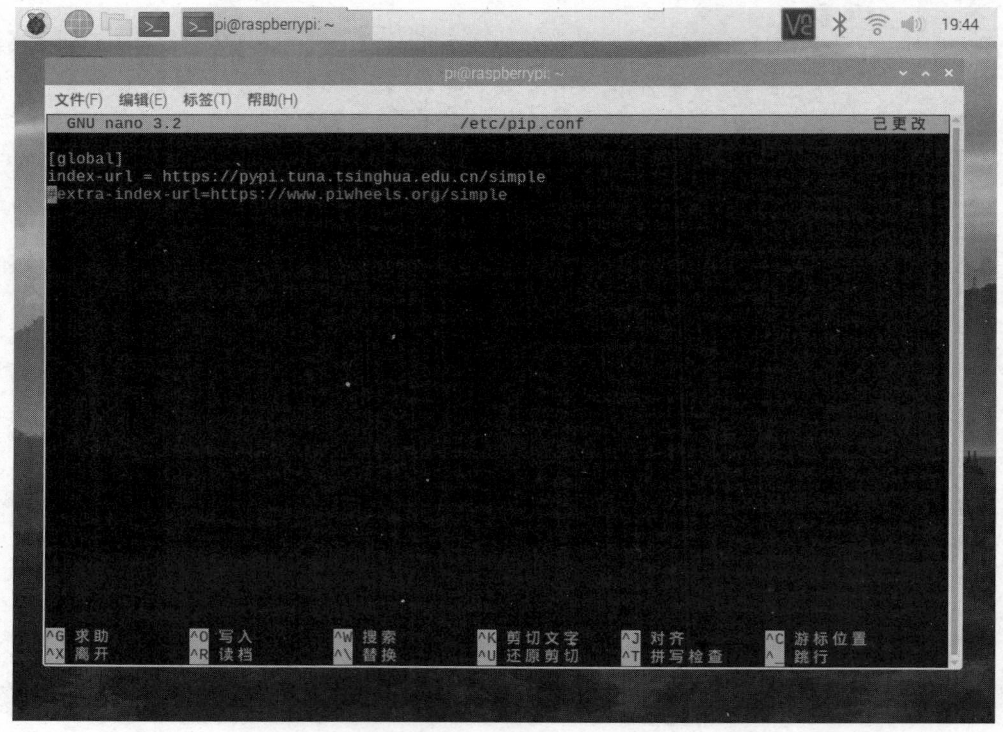

图 6-70 更换国内 pip 源

以下是网上找的一些国内升级源。

清华大学：https://pypi. tuna. tsinghua. edu. cn/simple；

中国科技大学：https://pypi. mirrors. ustc. edu. cn/simple/。

步骤 7：输入命令“sudo python -m pip install --upgrade pip”升级 pip。

步骤 8：对 OpenCV 所需的依赖包进行安装，分别输入以下命令：

```
sudo apt - get install libjpeg8 - dev  - y
sudo apt - get install libtiff5 - dev  - y
sudo apt - get install libpng12 - dev  - y
sudo apt - get install  - y libjasper - dev libqtgui4 libqt4 - test
libatlas - base - dev gfortran  - y
```

步骤 9：输入命令“sudo pip3 install opencv-pyhton”进行 Python 版本的 OpenCV 安装，如果安装成功则可忽略以下几步。但是如果国内的源无适配的版本，而国外的源下载速度又极慢很可能会出现安装失败，如图 6-71 所示。

步骤 10：在 Windows 系统下直接下载编译好的 opencv-python 文件，该文件扩展名为“whl”，然后通过 VNC VIiewer 将 Windows 下的文件传输到树莓派下。首先确定树莓派的接收地址，如图 6-72 所示。

步骤 11：设置具体的树莓派文件接收地址，如图 6-73 所示。

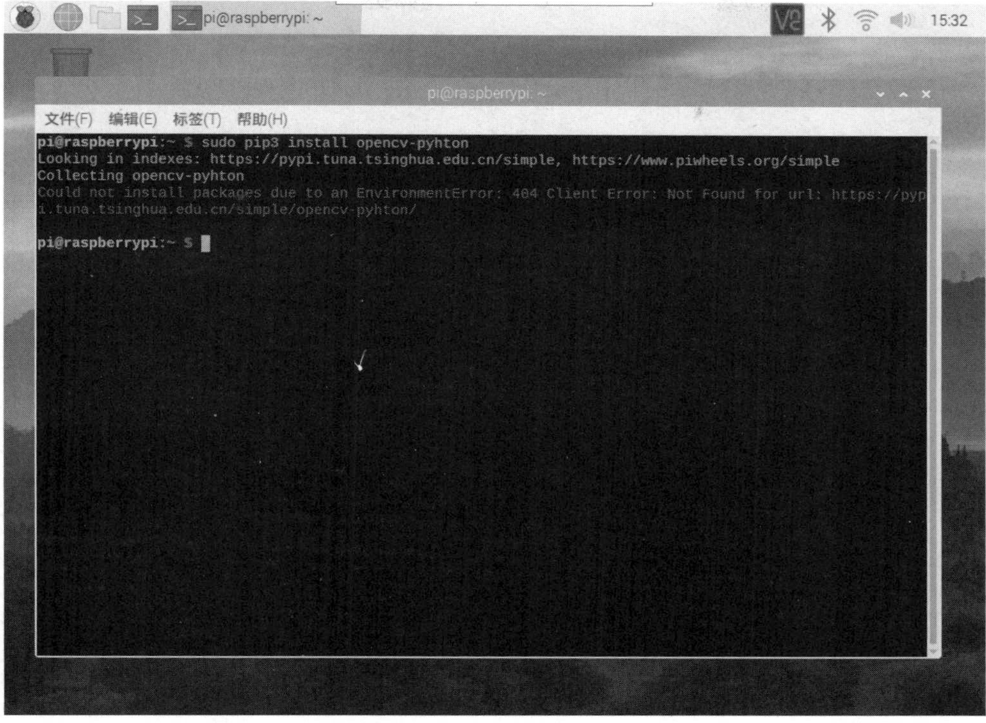

图 6-71　OpenCV 安装失败

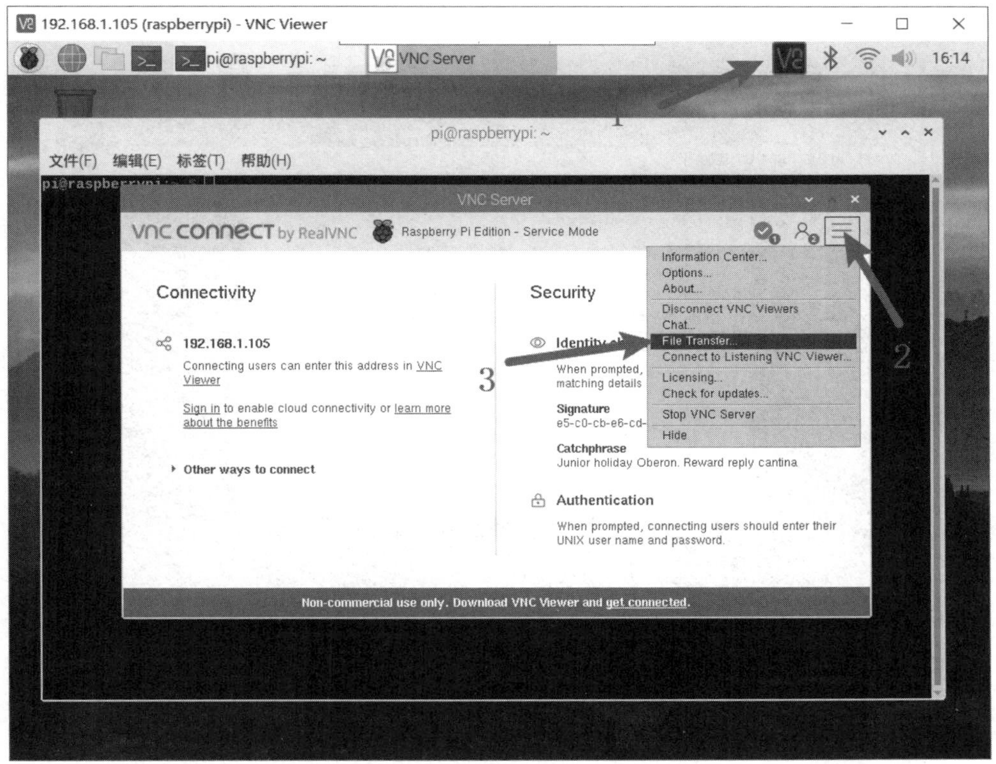

图 6-72　树莓派文件接收地址设置 1

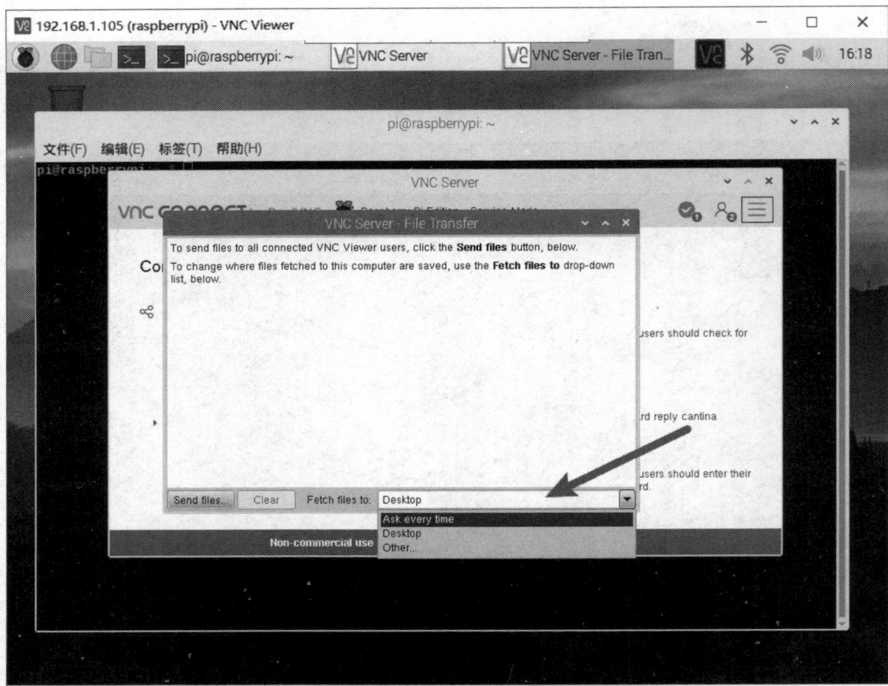

图 6-73 树莓派文件接收地址设置 2

步骤 12：选择计算机上需要传输的文件，如图 6-74 所示。

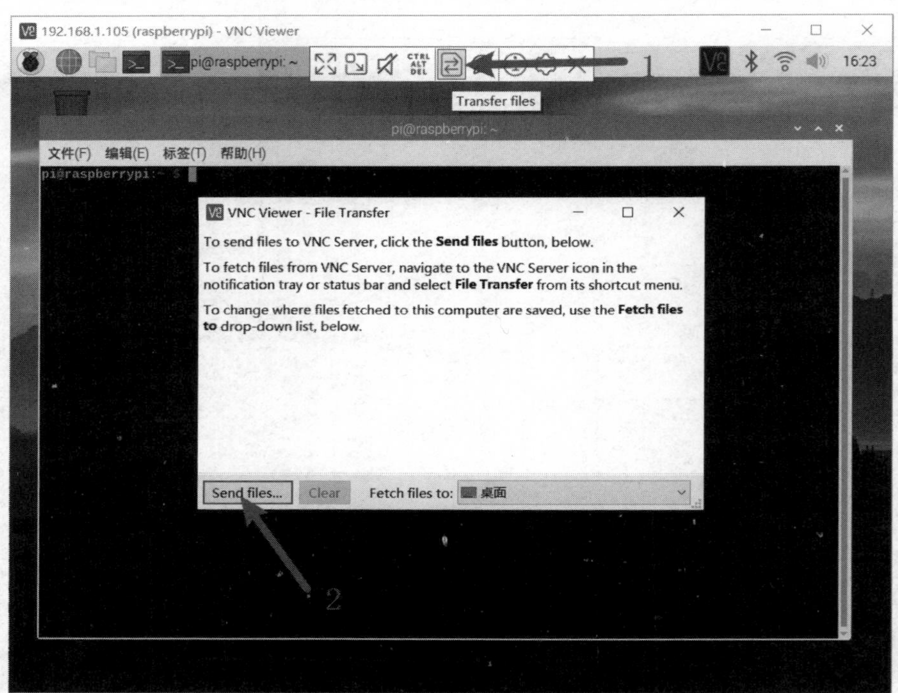

图 6-74 选择需要传输的文件

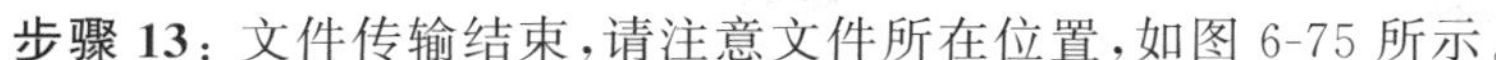

步骤 13：文件传输结束，请注意文件所在位置，如图 6-75 所示。

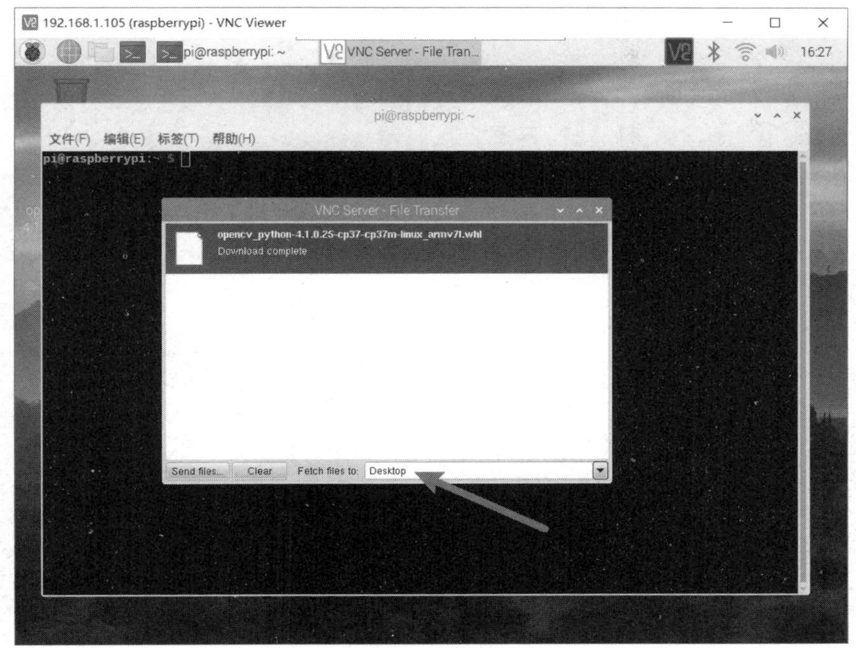

图 6-75　文件传输

步骤 14：通过"cd"命令进入该文件夹，然后使用"ls"查询文件，也可直接在图形界面查询文件，如图 6-76 与图 6-77 所示。

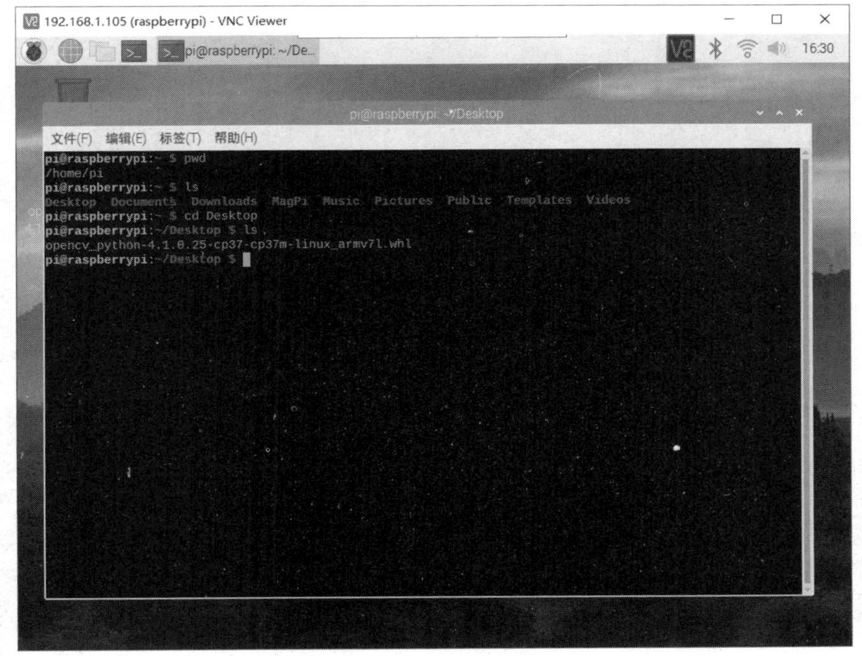

图 6-76　查询文件 1

图 6-77 查询文件 2

步骤 15：通过"sudo pip3 install xxxx"命令进行安装，其中 xxxx 表示文件具体名字，如图 6-78 所示。

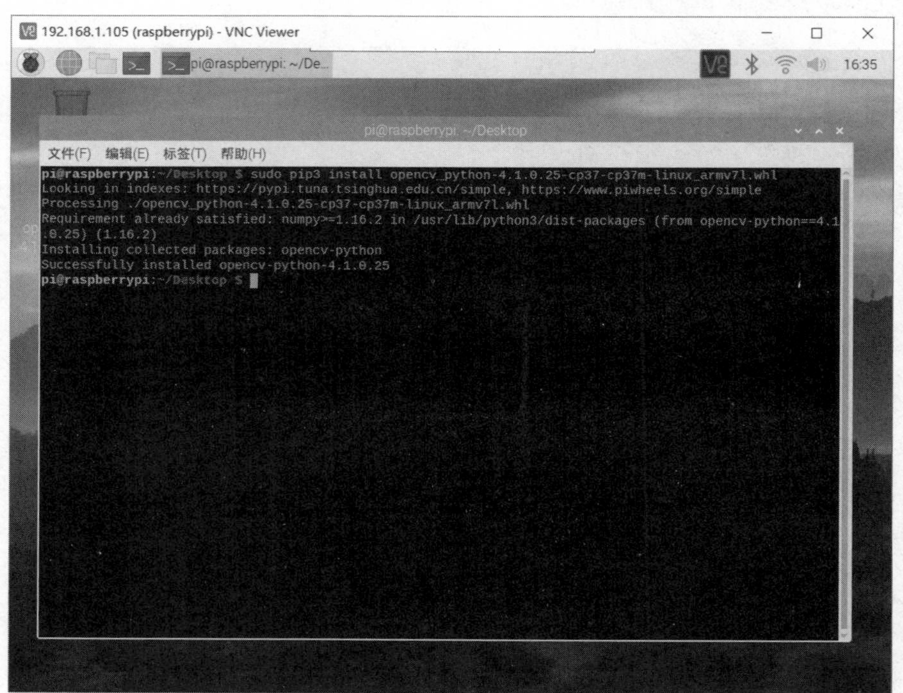

图 6-78 安装完毕

步骤 16：安装完毕，输入“Python”运行 Python，并输入“import cv2”，如未报错，表明 opencv-python 安装成功，然后通过“print(cv2.__version__)”便可获取 OpenCV 的版本号（__为两个下划线，勿搞错），如图 6-79 所示。

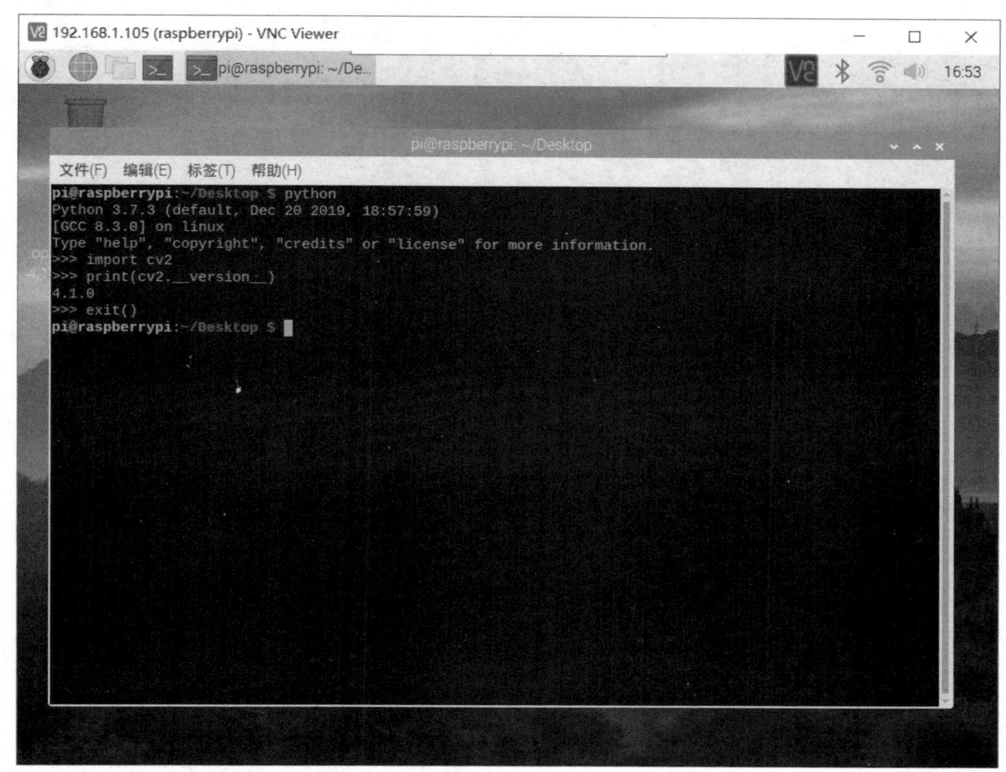

图 6-79 安装成功

6.5 机器视觉应用实例

6.5.1 基于 MaixPy 的视觉应用

1. 颜色识别

颜色模式就是为了准确描述颜色的，在我们确定了使用何种颜色表述模式后，只需要对这种表述模式中的参数设定大小范围，就可以明确我们想要的颜色是哪个范围区间内的颜色了。

MaixPy 识别颜色主要采用 Lab 模式，那么如何获取想要识别颜色的 L、a、b 参数的数值范围呢？MaixPy-IDE 自带的“阈值编辑器”功能，使参数范围的获取变得简单，具体操作步骤如下。

步骤 1：单击菜单栏中的“工具/机器视觉/阈值编辑器”，如图 6-80 所示。

步骤 2：进行图片来源选择，如图 6-81 所示。

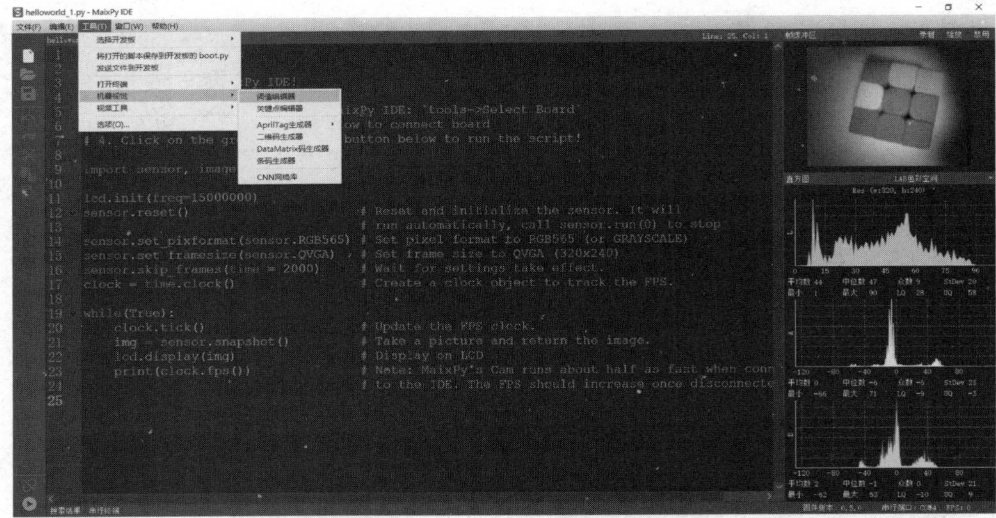

图 6-80　启动“阈值编辑器”

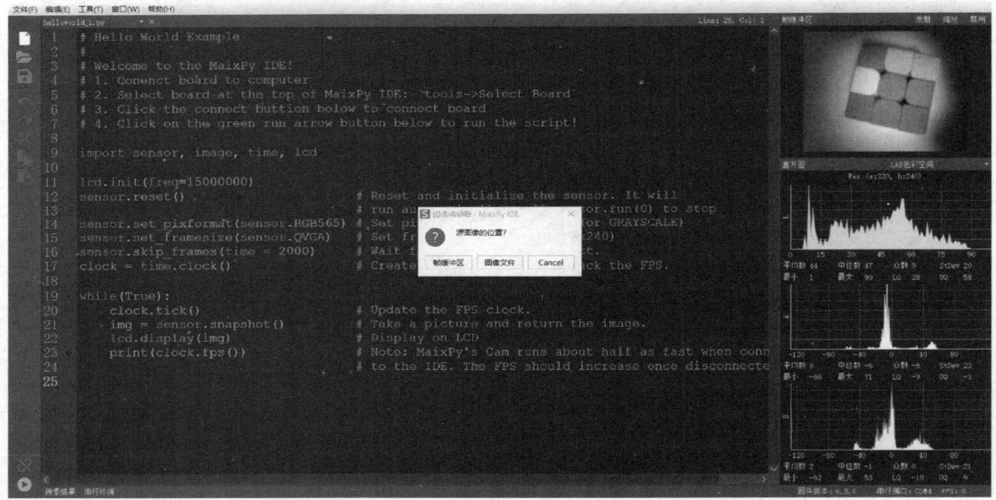

图 6-81　选择图片来源

步骤 3：拖动 Lab 最小值与最大值的滑动按钮，根据源图像与二进制图像的对比，设置合适的 Lab 值，如图 6-82 所示。

步骤 4：最终获取颜色阈值，其数据结构如下(假定设置阈值数据名为 red)：

```
red = (minL, maxL, minA, maxA, minB, maxB)
```

元组里面的数值分别是 Lab 模式下 L、a、b 参数的最大值和最小值。

在 MaixPy 中，颜色识别属于机器视觉下辖的功能，因此颜色识别的程序主要存在于 image 模块中，而其核心函数为 findblobs 函数，其具体的表述方式如下：

```
img.find_blobs(thresholds, roi = Auto, x_stride = 2, y_stride = 1,
               invert = False, area_threshold = 10, pixels_threshold = 10,
               merge = False, margin = 0, threshold_cb = None, merge_cb = None)
```

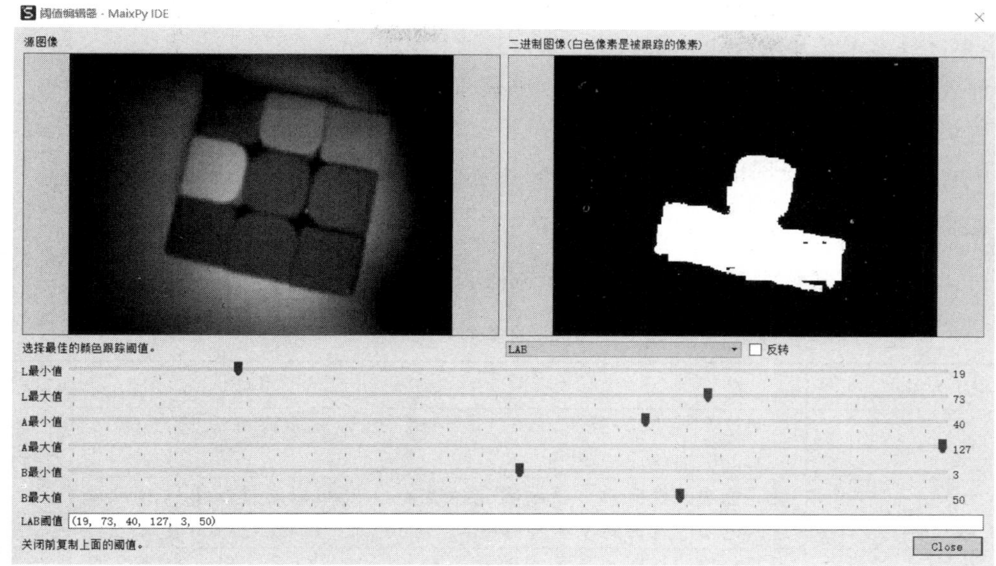

图 6-82 阈值设置

其中 img 为图片对象(可自行定义图片对象名称,图片对象可以通过 img＝sensor.snapshot()获取),可以发现这个函数的入口参数较多,每个入口参数的具体功能及作用如表 6-2 所示。

表 6-2 入口参数的具体功能及作用

参数名称	参数功能
thresholds	颜色的阈值,这个参数是一个列表,可以包含多个颜色。如果只需要一个颜色,那么在这个列表中只需要有一个颜色的参数阈值,如果想要多个颜色阈值,那这个列表就需要多个颜色阈值
roi	需要检测的图片区域。roi 的格式是(x,y,w,h)的元组,x：区域中左上角的 x 坐标；y：区域中左上角的 y 坐标；w：区域的宽度；h：区域的高度
x_stride	色块的 x 方向上最小宽度的像素,默认为 2。如果只想查找 x 方向宽度 10 个像素以上的色块,那么就设置这个参数为 10
y_stride	色块的 y 方向上最小宽度的像素,默认为 1。如果只想查找 y 方向宽度 5 个像素以上的色块,那么就设置这个参数为 5
invert	反转阈值,把阈值以外的颜色作为阈值进行查找。该功能在 True 时开启,False 时关闭
area_threshold	面积阈值,如果色块被框起来的面积小于这个值,会被过滤掉
pixels_threshold	像素个数阈值,如果色块像素数量小于这个值,会被过滤掉
merge	合并,如果设置为 True,那么合并所有重叠的 blob 为一个。注意：这会合并所有的 blob,无论是什么颜色的。如果不想混淆多种颜色的 blob,只需要分别调用不同颜色阈值的 find_blobs
margin	边界,如果设置为 1,那么两个 blobs 如果间距一个像素点,也会被合并
threshold_cb	None
merge_cb	None

find_blobs 对象返回的是多个 blob 的列表。(注意区分 blobs 和 blob,这只是一个名字,用来区分多个色块和一个色块。)

列表类似于 C 语言的数组,一个 blobs 列表里可以包含多个 blob 对象,每个 blob 包含一个色块的信息。

find_blobs 对象返回例程如下:

```
blobs = img.find_blobs([red])
```

blobs 就是很多色块 blob,blob 有多个方法,具体如表 6-3 所示。

表 6-3 blob 的多个方法的功能

方法名称	方法功能
blob.rect()	返回这个色块的外框——矩形元组(x,y,w,h),可以直接在 image.draw_rectangle 中使用
blob.x()	返回色块的外框的 x 坐标(数据类型 int),也可以通过 blob[0]来获取
blob.y()	返回色块的外框的 y 坐标(数据类型 int),也可以通过 blob[1]来获取
blob.w()	返回色块的外框的宽度 w(数据类型 int),也可以通过 blob[2]来获取
blob.h()	返回色块的外框的高度 h(数据类型 int),也可以通过 blob[3]来获取
blob.pixels()	返回色块的像素数量(数据类型 int),也可以通过 blob[4]来获取
blob.cx()	返回色块的外框的中心 x 坐标(数据类型 int),也可以通过 blob[5]来获取
blob.cy()	返回色块的外框的中心 y 坐标(数据类型 int),也可以通过 blob[6]来获取
blob.rotation()	返回色块的旋转角度(单位为弧度)(数据类型 float)。如果色块类似一个铅笔,那么这个值为 $0\sim\pi$。如果色块是一个圆,那么这个值是无用的。如果色块完全没有对称性,那么你会得到 $0\sim2\pi$,也可以通过 blob[7]来获取
blob.code()	返回一个 16bit 数字,每一个 bit 会对应每一个阈值。举个例子:blobs = img.find_blobs([red, blue, yellow], merge=True); 如果这个色块是红色,那么它的 code 就是 0001,如果是蓝色,那么它的 code 就是 0010。注意:一个 blob 可能是合并的,如果是红色和蓝色的 blob,那么这个 blob 就是 0011。这个功能可以用于查找颜色代码。也可以通过 blob[8]来获取
blob.count()	如果 merge=True,那么就会有多个 blob 被合并到一个 blob,这个函数返回的就是这个数量。如果 merge=False,那么返回值总是 1。也可以通过 blob[9]来获取
blob.area()	返回色块的外框的面积。应该等于 w * h
blob.density()	返回色块的密度。这等于色块的像素数除以外框的区域。如果密度较低,那么说明目标锁定得不是很好。比如,识别一个红色的圆,返回的 blob.pixels()是目标圆的像素点数,blob.area()是圆的外接正方形的面积

例程解析:

```
# 识别红/绿/蓝颜色
# 这个例子展示了如何在图像中识别颜色。
import sensor, image                                    # 导入需要的模块
# 颜色检测阈值设定 (L Min, L Max, A Min, A Max, B Min, B Max)
thresholds = [(19, 73, 8, 65, 3, 42), # red
              (26, 76, -50, -18, -12, 33), # green
              (24, 77, -31, 13, -70, -22) # blue
```

```
               ]
sensor.reset()                                          # 初始化相机
    sensor.set_pixformat(sensor.RGB565)                 # 设置相机图像模式
    sensor.set_framesize(sensor.QQVGA)                  # 设置相机图像大小
    while(True):
        img = sensor.snapshot()                         # 获取一帧图像
    # 遍历 blobs,可以修改 pixels_threshold,area_threshold 控制筛选色块的大小
        for blob in img.find_blobs(thresholds, pixels_threshold = 200, area_threshold = 200):
            img.draw_rectangle(blob.rect())             # 绘制色块边框
            img.draw_cross(blob.cx(), blob.cy())        # 绘制色块中心点
            img.draw_keypoints([(blob.cx(), blob.cy(), int(math.degrees(blob.rotation()))))], size = 20)   # 绘制色块的旋转角度
```

2. 线条识别

在 MaixPy 中，线条识别属于机器视觉下辖的功能，因此线条识别的程序主要存在于 image 模块中，而其核心函数为 find_lines 函数，其具体的表述方式如下：

```
img.find_lines(threshold, theta_margin, rho_margin)
```

其中 img 为图片对象（可自行定义图片对象名称，图片对象可以通过 img＝sensor.snapshot()获取），每个入口参数的具体功能及作用如表 6-4 所示。

表 6-4　入口参数的具体功能及作用

参数名称	参 数 功 能
threshold	控制从霍夫变换中监测到的直线。只返回大于或等于阈值的直线。应用程序的阈值正确值取决于图像。注意：一条直线的大小是组成直线所有索贝尔滤波像素大小的总和
theta_margin	合并 θ 相似的直线
rho_margin	合并 ρ 相似的直线

find_lines 返回的是多个 line 的列表。

line 对象有多个方法，如表 6-5 所示。

表 6-5　line 对象的方法及功能

方法名称	方 法 功 能
line.line()	返回一个直线元组(x1，y1，x2，y2)，可以直接在 image.draw_line 中使用
line.x1()	返回直线的 p1 顶点 x 坐标，也可以通过 line[0] 来获取
line.y1()	返回直线的 p1 顶点 y 坐标，也可以通过 line[1]来获取
line.x2()	返回直线的 p2 顶点 x 坐标，也可以通过 line[2] 来获取
line.y2()	返回直线的 p2 顶点 y 坐标，也可以通过 line[3]来获取
line.length()	返回直线长度，即 sqrt(((x2－x1)^2) ＋ ((y2－y1)^2)，也可以通过 line[4]来获取
line.magnitude()	返回霍夫变换后的直线的长度，也可以通过 line[5]来获取
line.theta()	返回霍夫变换后的直线的角度(0～179°)，也可以通过 line[7]来获取
line.rho()	返回霍夫变换后的直线 ρ 值，也可以通过 line[8]来获取

例程解析：

```
# 识别直线例程
# 这个例子展示了如何在图像中查找线条。对于在图像中找到的每个线对象,
# 都会返回一个包含线条旋转的线对象。
import sensor, image                        # 导入需要的模块
sensor.reset()                              # 初始化相机
sensor.set_pixformat(sensor.RGB565)         # 设置相机图像模式
sensor.set_framesize(sensor.QQVGA)          # 设置相机图像大小
min_degree = 0                              # 筛选直线的最大、最小角度
max_degree = 179
while(True):
    img = sensor.snapshot()                 # 获取一帧图像
    # 遍历 lines
    for l in img.find_lines(threshold = 1000, theta_margin = 25, rho_margin = 25):

        #筛选符合条件的直线
        if (min_degree <= l.theta()) and (l.theta() <= max_degree):
            img.draw_line(l.line(), color = (255, 0, 0))
            # 绘制筛选后的直线
```

3. 二维码识别

在 MaixPy 中，二维码识别也属于机器视觉下辖的功能，因此二维码识别的程序主要存在于 image 模块中，而其核心函数为 find_qrcodes 函数，其具体的表述方式如下：

```
img.find_qrcodes()
```

其中 img 为图片对象（可自行定义图片对象名称，图片对象可以通过 img＝sensor.snapshot()获取），该函数无须填写参数。

find_qrcodes 返回的是多个 qrcode 的列表。

qrcode 对象有多个方法，如表 6-6 所示。

表 6-6 qrcode 对象的方法及功能

方法名称	方法功能
qrcode.corners()	返回一个由该对象的 4 个角组成的 4 个元组(x,y)的列表。4 个角通常是按照从左上角开始沿顺时针顺序返回的
qrcode.rect()	返回一个矩形元组(x, y, w, h)，用于如二维码的边界框的 image.draw_rectangle 等其他的 image 方法
qrcode.x()	返回二维码的边界框的 x 坐标(int)，也可以通过 qrcode[0]来获取
qrcode.y()	返回二维码的边界框的 y 坐标(int)，也可以通过 qrcode[1]来获取
qrcode.w()	返回二维码的边界框的 w 坐标(int)，也可以通过 qrcode[2]来获取
qrcode.h()	返回二维码的边界框的 h 坐标(int)，也可以通过 qrcode[3]来获取
qrcode.payload()	返回二维码有效载荷的字符串，例如 URL，也可以通过 qrcode[4]来获取
qrcode.version()	返回二维码的版本号(int)，也可以通过 qrcode[5]来获取
qrcode.mask()	返回二维码的掩码(int)，也可以通过 qrcode[7]来获取
qrcode.data_type()	返回二维码的数据类型，也可以通过 qrcode[8]来获取

续表

方法名称	方 法 功 能
qrcode. eci()	返回二维码的 ECI。ECI 存储了 QR 码中存储数据字节的编码。若想要处理包含超过标准 ASCII 文本的二维码，需要查看这一数值，也可以通过 qrcode[9]来获取
qrcode. is_numeric()	若二维码的数据类型为数字式，则返回 True
qrcode. is_alphanumeric()	若二维码的数据类型为文字数字式，则返回 True
qrcode. is_binary()	若二维码的数据类型为二进制式，则返回 True。如果您认真处理所有类型的文本，则需要检查 ECI 是否为 True，以确定数据的文本编码。通常它只是标准的 ASCII，但是它也可能是有两个字节字符的 UTF8
qrcode. is_kanji()	若二维码的数据类型为日本汉字，则返回 True。设置为 True 后，您就需要自行解码字符串，因为日本汉字符号每个字符是 10 位，而 MicroPython 不支持解析这类文本

例程解析：

```
# 识别二维码
# 这个例子展示了如何在图像中检测二维码。
import sensor, image                        # 导入需要的模块
sensor.reset()                              # 初始化相机
sensor.set_pixformat(sensor.RGB565)         # 设置相机图像模式
sensor.set_framesize(sensor.QQVGA)          # 设置相机图像大小
while(True):
    img = sensor.snapshot()                 # 获取一帧图像
    # 遍历所有二维码
    for code in img.find_qrcodes():
        print(code)                         # 打印二维码数据
```

4. 形状识别

在 MaixPy 中，圆形识别属于机器视觉下辖的功能，因此圆形识别的程序主要存在于 image 模块中，而其核心函数为 find_circles 函数，其具体的表述方式如下：

```
img.find_circles([roi[, x_stride = 2[, y_stride = 1[, threshold = 2000[,
x_margin = 10[, y_margin = 10[, r_margin = 10[, r_min = 2[,
r_max[, r_step = 2]]]]]]]]]])
```

其中 img 为图片对象(可自行定义图片对象名称，图片对象可以通过 img = sensor.snapshot()获取)，每个入口参数的具体功能及作用如表 6-7 所示。

表 6-7 入口参数的具体功能及作用

参数名称	参 数 功 能
roi	是感兴趣区域的矩形元组(x,y,w,h)。如果未指定，ROI 即整个图像的图像矩形。操作范围仅限于 roi 区域内的像素
x_stride	是霍夫变换时需要跳过的 x 像素的数量。若已知直线较大，可增加 x_stride
y_stride	是霍夫变换时需要跳过的 y 像素的数量。若已知直线较大，可增加 y_stride
threshold	控制从霍夫变换中监测到的圆。只返回大于或等于阈值的圆

续表

参数名称	参数功能
x_margin	控制所检测的圆的合并。圆像素为 x_margin、y_margin 和 r_margin 的部分合并
y_margin	控制所检测的圆的合并。圆像素为 x_margin、y_margin 和 r_margin 的部分合并
r_margin	控制所检测的圆的合并。圆像素为 x_margin、y_margin 和 r_margin 的部分合并
r_min	控制检测到的最小圆半径。增加此参数值来加速算法。默认为 2
r_max	控制检测到的最大圆半径。减少此参数值以加快算法。默认为最小(roi. w/2, roi. h/2)
r_step	控制如何逐步检测半径。默认为 2

find_circles 返回的是多个 circle 的列表。

circle 对象有多个方法，如表 6-8 所示。

表 6-8　circle 对象的方法及功能

方法名称	方法功能
circle. x()	返回圆的 x 位置，也可以通过 circle[0]来获取
circle. y()	返回圆的 y 位置，也可以通过 circle[1]来获取
circle. r()	返回圆的半径，也可以通过 circle[2]来获取
circle. magnitude()	返回圆的大小，也可以通过 circle[3]来获取

在 MaixPy 中，矩形识别也属于机器视觉下辖的功能，因此圆形识别的程序主要也存在于 image 模块中，而其核心函数为 find_rects 函数，其具体的表述方式如下：

```
img.find_rects([roi = Auto, threshold = 10000])
```

其中 img 为图片对象(可自行定义图片对象名称，图片对象可以通过 img＝sensor. snapshot()获取)，每个入口参数的具体功能及作用如表 6-9 所示。

表 6-9　入口参数的具体功能及作用

参数名称	参数功能
roi	是感兴趣区域的矩形元组(x,y,w,h)。如果未指定，ROI 即整个图像的图像矩形。操作范围仅限于 roi 区域内的像素
threshold	只返回大于或等于阈值的矩形

find_rects 返回的是多个 rect 的列表。

rect 对象有多个方法，如表 6-10 所示。

表 6-10　rect 对象的方法及功能

方法名称	方法功能
rect. corners()	返回一个由矩形对象的四个角组成的四个元组(x,y)的列表。四个角通常是按照从左上角开始沿顺时针顺序返回的
rect. rect()	返回一个矩形元组(x,y,w,h)，用于如矩形的边界框的 image. draw_rectangle 等其他的 image 方法

续表

方法名称	方 法 功 能
rect.x()	返回矩形的左上角的 x 位置，也可以通过 rect[0]来获取
rect.y()	返回矩形的左上角的 y 位置，也可以通过 rect[1]来获取
rect.w()	返回矩形的宽度，也可以通过 rect[2]来获取
rect.h()	返回矩形的高度，也可以通过 rect[3]来获取
rect.magnitude()	返回矩形的大小，也可以通过 rect[4]来获取

例程解析：

圆形检测例程：

```
# 圆形检测例程
# 这个例子展示了如何用霍夫变换在图像中找到圆。
import sensor, image                          # 导入需要的模块
sensor.reset() # 初始化相机
sensor.set_pixformat(sensor.RGB565)           # 设置相机图像模式
sensor.set_framesize(sensor.QQVGA)            # 设置相机图像大小
while(True):
    # 遍历所有识别到的圆形
    for c in img.find_circles(threshold = 3500, x_margin = 10, y_margin = 10, r_margin = 10,r_min = 2, r_max = 100, r_step = 2):
        img.draw_circle(c.x(), c.y(), c.r(), color = (255, 0, 0))  # 绘制色块边框
        print(c)
```

矩形检测例程：

```
# 识别矩形
# 这个例子展示了以四元检测算法的方式检测矩形，并且比基于霍夫变换的方法好得多。
import sensor, image                          # 导入需要的模块
sensor.reset()                                # 初始化相机
sensor.set_pixformat(sensor.RGB565)           # 设置相机图像模式
sensor.set_framesize(sensor.QQVGA)            # 设置相机图像大小
while(True):
    img = sensor.snapshot()
    # 遍历所有识别到的矩形，修改 threshold 控制筛选的矩形
    for r in img.find_rects(threshold = 10000):
        img.draw_rectangle(r.rect(), color = (255, 0, 0))  # 绘制识别矩形
        for p in r.corners(): img.draw_circle(p[0], p[1], 5, color = (0, 255, 0))  # 绘制矩形角点
        print(r)
```

6.5.2　基于树莓派的视觉应用

1. 颜色识别

用树莓派进行颜色识别，在软件上需要借助 opencv-python 库函数对图形进行阈值处理，而 OpenCV 的颜色模式主要采用 HSV 模式，该模式中的颜色参数分别为色调(H)、饱和度(S)、亮度(V)。

颜色可以直接通过 H 进行判断，在 OpenCV 中的取值范围为 0～180；饱和度 S 一般用于描述颜色的深度，以红色为例我们主观上会描述浅红色、大红色、深红色等，其取值范围为 0～255；亮度 V 用于描述颜色的明暗程度，通常可以理解为颜色是否鲜艳或者暗淡，其取值范围为 0～255。

使用树莓派进行图像处理的步骤基本一致，操作步骤如下。

步骤 1：硬件准备，开启树莓派，并将 USB 摄像头插入 USB 口；

步骤 2：打开树莓派系统自带的 Python 开发环境 Thonny，如图 6-83 所示；

图 6-83　开启 Thonny

步骤 3：写入相关程序，并保存（本例取名为 first_exp. py），如图 6-84 所示；

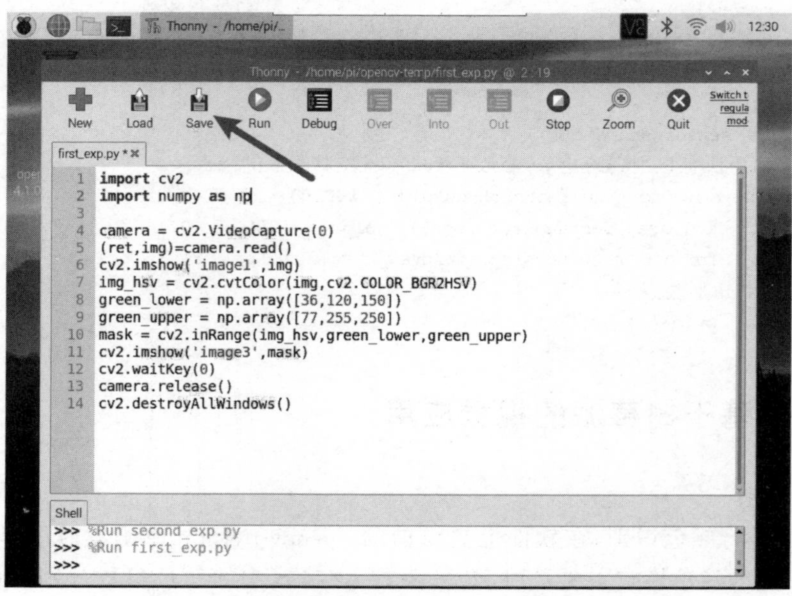

图 6-84　程序编写

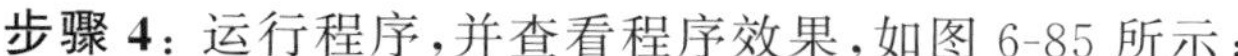

步骤 4：运行程序，并查看程序效果，如图 6-85 所示；

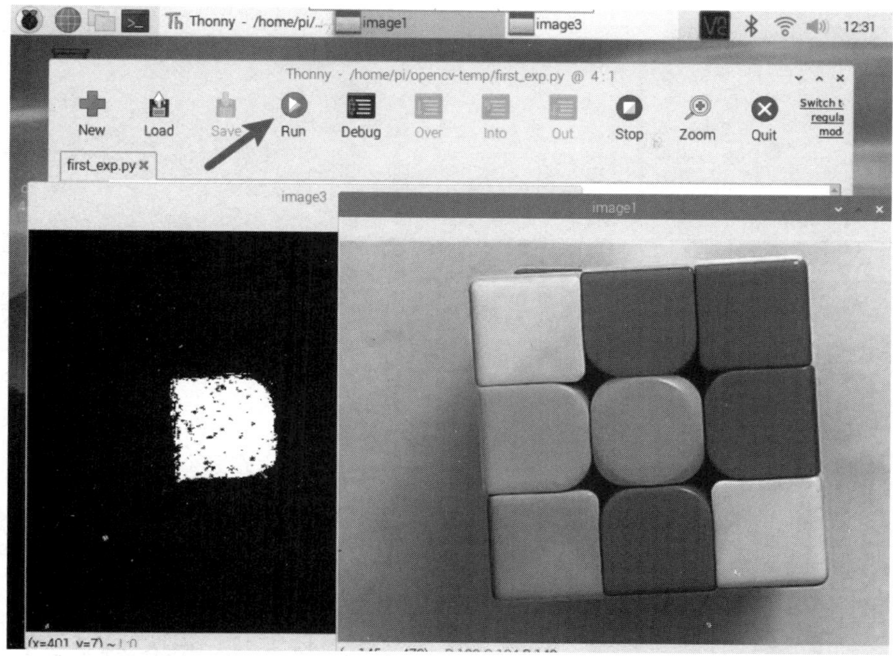

图 6-85　运行程序

步骤 5：单击 Thonny 软件上的"Stop"停止程序运行，单击"Quit"退出 Thonny 软件，如图 6-86 所示；

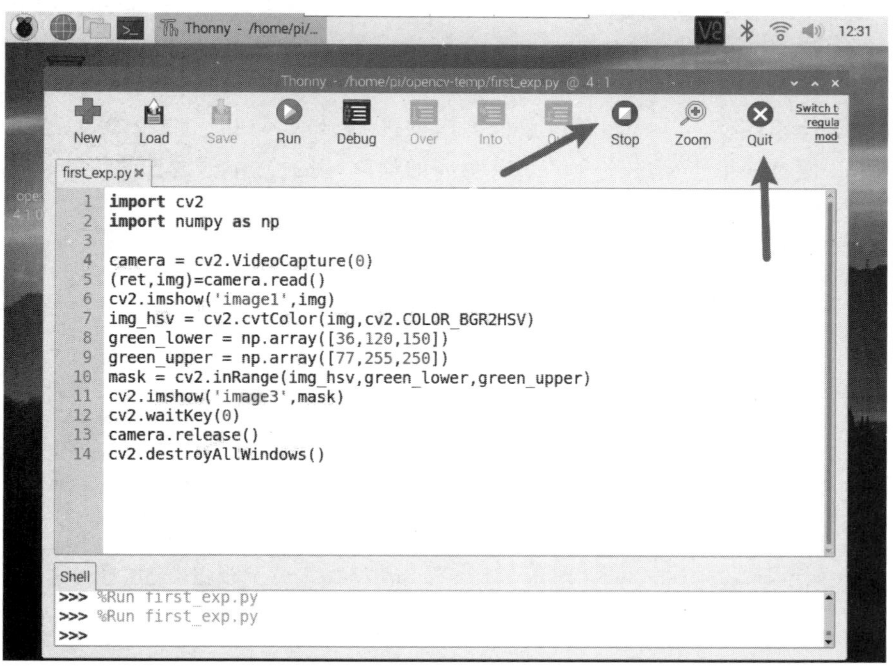

图 6-86　停止程序运行

颜色识别具体代码如下(涉及的所有 OpenCV 函数及数据结构请参考《OpenCV 官方教程(For Python)》):

```
import cv2
import numpy as np

camera = cv2.VideoCapture(0)                          # 创建名称为 camera 的摄像头
(ret,img) = camera.read() # 通过摄像头获取图片并保存至 img 中
cv2.imshow('image1',img) # 在名字为 image1 的窗口中显示图片 img
img_hsv = cv2.cvtColor(img,cv2.COLOR_BGR2HSV)         # 将图片颜色模式转化为 HSV 模式
green_lower = np.array([36,120,150])                  # 设置 HSV 绿色参数下限
green_upper = np.array([77,255,250])                  # 设置 HSV 绿色参数上限
mask = cv2.inRange(img_hsv,green_lower,green_upper)# 根据参数对图片进行掩模操作
cv2.imshow('image3',mask) # 将掩模操作后的图片结果显示在窗口 image3 中
cv2.waitKey(0)                                        # 等待任意按钮按下
camera.release()                                      # 释放摄像头
cv2.destroyAllWindows()                               # 关闭所有显示窗口
```

上面这段代码的效果,可以通过图 6-87 与图 6-88 具体观察。

图 6-87 摄像头拍摄原图

图 6-88 掩模处理后的图片效果

可以发现掩模的作用是将颜色参数范围内的区域显示为白色,颜色参数范围外的区域显示为黑色。但是获取得到的掩模结果有明显的噪声,可通过中值滤波将噪声滤去,然后寻找轮廓,并最终在原图上将绿色区域用红色圆圈标注出来,具体程序如下。

```
import cv2
import numpy as np
import imutils

camera = cv2.VideoCapture(0)                     # 创建名称为 camera 的摄像头
(ret,img) = camera.read()                        # 通过摄像头获取图片并保存至 img 中
cv2.imshow('image1',img)                         # 在名字为 image1 的窗口中显示图片 img
img_hsv = cv2.cvtColor(img,cv2.COLOR_BGR2HSV)# 将图片颜色模式转化为 HSV 模式
green_lower = np.array([36,120,150])             # 设置 HSV 绿色参数下限
green_upper = np.array([77,255,250])             # 设置 HSV 绿色参数上限
mask = cv2.inRange(img_hsv,green_lower,green_upper) # 根据参数对图片进行掩模操作
cv2.imshow('image3',mask)                        # 将掩模操作后的图片结果显示在窗口
                                                 # image3 中
mask_mf = cv2.medianBlur(mask,7)                 # 中值滤波
cv2.imshow('middlefilter',mask_mf)               # 显示中值滤波效果
```

```
cnts = cv2.findContours(mask_mf , cv2.RETR_EXTERNAL , cv2.CHAIN_APPROX_SIMPLE) # 查找
#中值滤波后的掩模图片轮廓(返回值有 3 个：图像、轮廓、层析结构)
cnts = imutils.grab_contours(cnts)                  # 单独返回轮廓
for c in cnts:                                      # 循环查找所有轮廓
    ((x,y),radius) = cv2.minEnclosingCircle(c) # 最小包围圆形,返回半径、圆心坐标
    if radius > 20:                                 # 判断包围圆的半径
        x,y = int(x),int(y)
        cv2.circle(img,(x,y),int(radius),(0,5,525),2) # 在 img 对象中绘制圆
    img_result = img
    cv2.imshow('img_result',img_result)             # 显示标注绿色区域的图片
cv2.waitKey(0)                                      # 等待任意按钮按下
camera.release()                                    # 释放摄像头
cv2.destroyAllWindows()                             # 关闭所有显示窗口
```

以上程序的具体显示图片如图 6-89、图 6-90 所示。

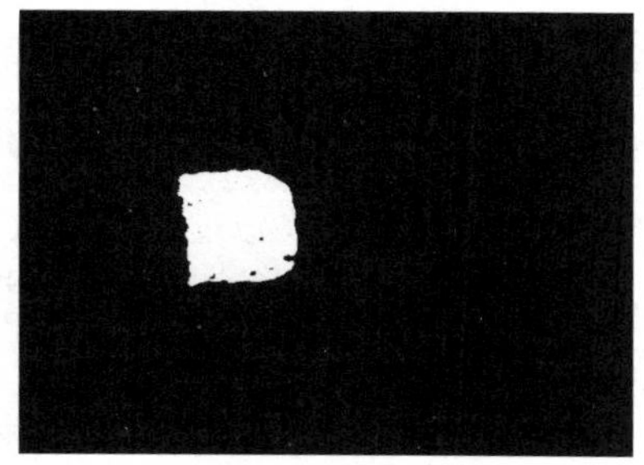

图 6-89 掩模图片中值滤波后的效果

图 6-90 绿色区域标注

为了后续方便颜色识别的参数范围设置，此处推荐类似 MaixPy 中"阈值编辑器"功能的软件，操作方法也一样，但是增加了 HSV 的颜色模式，将需要操作的图片直接拖拽到软件界面上便可打开图片，软件使用的界面如图 6-91 所示。

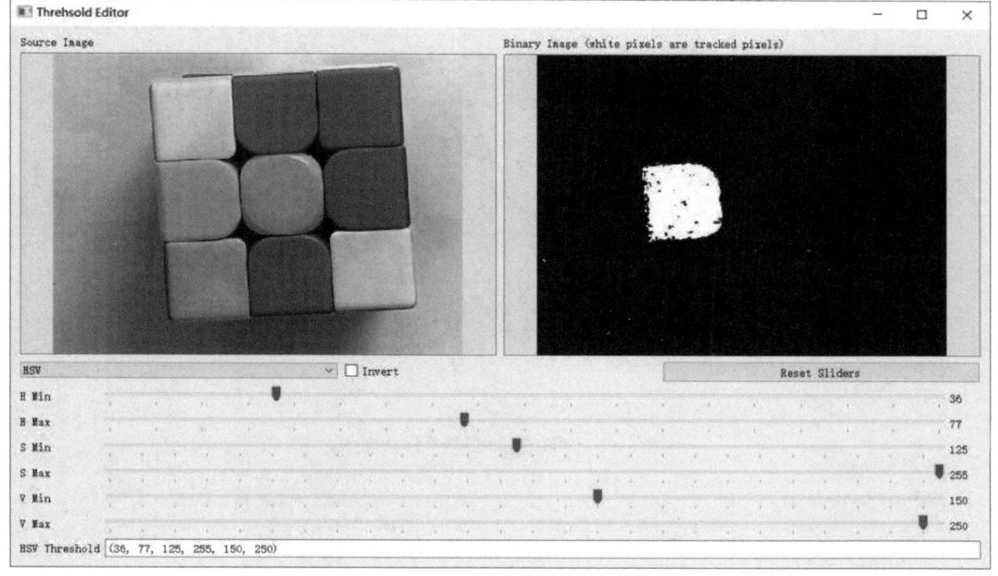

图 6-91 阈值编辑器

2. 形状识别

在现实应用场景中，有时需要自动检测出图片中目标对应的形状，然后根据需求信息快速找到目标。如果需要同时分析目标的颜色与形状，颜色识别可以根据上一节的内容来进行操作，如果单纯只是需要做形状的识别，可以将图片颜色模式转化为灰度再进行处理，这样能极大减小计算量。

假定需要识别图像中三角形的物体，如图 6-92 所示，具体的处理步骤如下。

图 6-92 形状识别样图

步骤 1：导入图片（图片可以是摄像头拍摄，也可是保存于特定目录下的图片文件），并将图片颜色模式转化为灰度模式；

步骤 2：使用“阈值编辑器”软件分析图片灰度阈值，并记录灰度阈值；

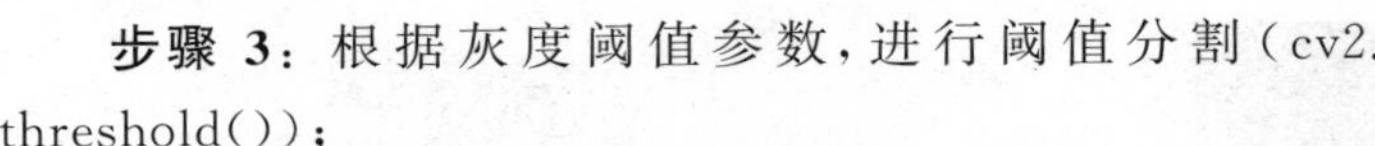

步骤 3：根据灰度阈值参数，进行阈值分割（cv2. threshold()）；

步骤 4：根据阈值分割结果，在二值化图中寻找外形轮廓；

步骤 5：遍历每一个外形轮廓，并将轮廓面积（cv2. contourArea()）过小的图过滤掉；

步骤 6：计算轮廓周长（cv2. arcLength()），然后根据周长设置参数，通过多边拟合选择近似轮廓（cv2. approxPolyDP()），并单独获取轮廓（imutils. grab_contours()）。

步骤 7：根据定点判断形状（len()），从而找出三角形；

步骤 8：计算轮廓中心 cv2. moments()，并计算其中心坐标；

步骤 9：绘制三角形轮廓（cv2. drawContours()），并标注（cv2. putText()）；

步骤 10：显示带标注的图片（cv2. imshow()）。

“阈值编辑器”软件分析图片灰度阈值结果如图 6-93 所示。

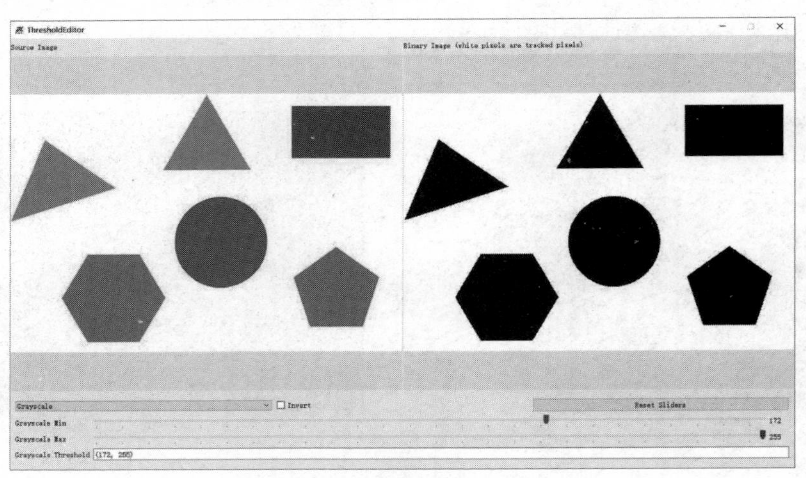

图 6-93 “阈值编辑器”分析结果

具体程序如下：

```
import cv2
```

```
import numpy as np
import imutils

img = cv2.imread('./Third_Exp_img.jpg')
img_gray = cv2.cvtColor(img,cv2.COLOR_BGR2GRAY)        # 将图片颜色模式转化为灰度模式
ret,thresh = cv2.threshold(img_gray,170,255,cv2.THRESH_BINARY_INV)
cv2.imshow('image3',thresh) # 进行二值化处理、颜色反转并显示结果
cnts = cv2.findContours(thresh, cv2.RETR_EXTERNAL, cv2.CHAIN_APPROX_SIMPLE)
cnts = imutils.grab_contours(cnts)                     # 获取轮廓信息
for c in cnts:
    if cv2.contourArea(c) > 200:                       # 通过面积过滤轮廓
        peri = cv2.arcLength(c,True)                   # 多边拟合参数准备,周长计算
        approx = cv2.approxPolyDP(c,0.04 * peri,True) # 多边拟合
        if len(approx) == 3:                           # 通过线段端点判定形状
            shape = "triangle"
            M = cv2.moments(c)                         # 计算轮廓中心
            cx = int(M["m10"]/M["m00"])
            cy = int(M["m01"]/M["m00"])                # 获取轮廓中心具体坐标
            cv2.drawContours(img,[c], - 1,(0,0,255),2)# 在原图上绘制轮廓
            cv2.putText(img,shape,(cx,cy),cv2.FONT_HERSHEY_SIMPLEX,0.5,(0,0,0),2)
 # 在原图上标注形状文字
cv2.imshow('img_result',img)
cv2.waitKey(0)
cv2.destroyAllWindows()
```

此处需要特别说明的是 cv2.threshold()中的最后一个参数，由于图片为白底，因此在根据阈值二值化后需要反转颜色，因此这个参数选择 THRESH_BINARY_INV。

程序处理过程中的图像效果如图 6-94～图 6-96 所示。

图 6-94　原图灰度图

图 6-95　二值化处理并颜色反转

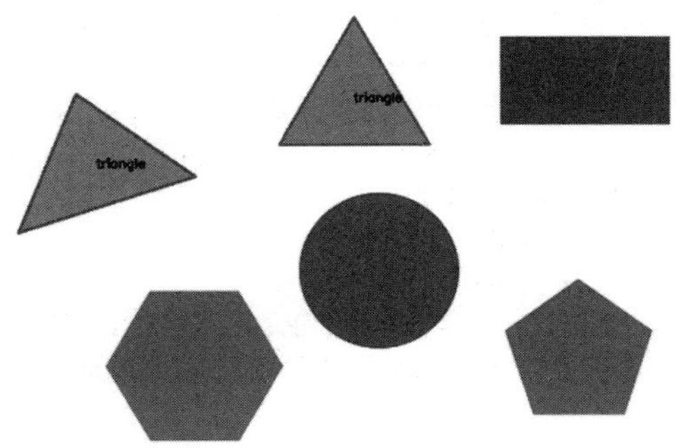

图 6-96　最终处理结果

3. 二维码识别

常用的二维码识别开源库主要有 ZBar 与 ZXing 两种，两种的识别成功率差不多，识别速度 ZBar 要优于 ZXing，但是目前 ZBar 不支持 Python 3，因此我们选择一个基于 ZBar 库创作出来，并同时适用于 Python 2 与 Python 3 的条码识别库 pyzbar。

在树莓派上安装 pyzbar，可在终端直接输入安装命令：sudo pip3 install pyzbar，为了增强对图像的处理，还可以安装 PIL(python imaging library)库，PIL 是 Python 中一个强大的图像处理库，但目前其只支持到 Python 2.7。因此我们转而安装 PIL 库的分支 pillow 库，虽是分支但是其图像处理能力也不弱于 PIL。

在树莓派上安装 pillow 库，也可直接在终端输入安装命令：sudo pip3 install pillow，但是如果在其他安装包中已经包含了这个库，则会提示已经安装。

二维码的识别步骤如下。

步骤 1：导入图片(图片可以是摄像头拍摄，也可是保存于特定目录下的图片文件)，并将图片颜色模式转化为灰度模式；

步骤 2：识别图片中的二维码信息(pyzbar.decode())；

步骤 3：提取二维码边框位置信息，并根据边框信息绘制边框；

步骤 4：提取二维码数据为字节对象；

步骤 5：提取二维码类型；

步骤 6：在原图像上标注二维码信息及二维码类型；

步骤 7：输出二维码信息及二维码类型。

具体程序如下：

```
import cv2
import numpy as np
import pyzbar.pyzbar as pyzbar

camera = cv2.VideoCapture(0)                                    #创建名称为 camera 的摄像头
while True:
    (ret,img) = camera.read()                                   #摄像头获取图片并保存于 img
    img_gray = cv2.cvtColor(img,cv2.COLOR_BGR2GRAY)             #图片颜色模式转换
    barcodes = pyzbar.decode(img_gray)                          #识别图片中的二维码
    for barcode in barcodes:
        (x,y,w,h) = barcode.rect                                #提取二维码外框坐标及尺寸
        cv2.rectangle(img,(x,y),(x+w,y+h),(0,0,255),2)#在图片上绘制外框
        barcodeData = barcode.data.decode("utf-8")              #提取二维码内容
        barcodeType = barcode.type                              #提取二维码类型
        text = "{}({})".format(barcodeData,barcodeType)
        cv2.putText(img,text,(x,y-10),cv2.FONT_HERSHEY_SIMPLEX,0.5,(255,0,0),2)
 #将二维码内容与类型打印到图片上
        print("[INFO] Found {} barcode: {}".format(barcodeType,barcodeData))
        cv2.imshow('img_result',img)
    key_num = cv2.waitKey(0) #等待按钮,并将按钮值赋给 key_num
    if key_num == ord('q'): #判断按钮是否为 q,如果是则退出
        break
    cv2.destroyAllWindows()
camera.release()                                                #释放摄像头
```

```
cv2.destroyAllWindows()                              #关闭所有窗口
```

本例中所涉及的二维码原始图片如图 6-97 所示；将该图片复制到手机上，并以手机屏幕显示，通过连接树莓派的摄像头拍摄后得到的图片如图 6-98 所示；将二维码识别得到的二维码类型与二维码内容直接打印在图片上，如图 6-99 所示；Python 最终的输出内容如图 6-100 所示。

图 6-97　二维码原始图片

图 6-98　摄像头拍摄的二维码图片（手机屏幕显示）

图 6-99　图片处理结果

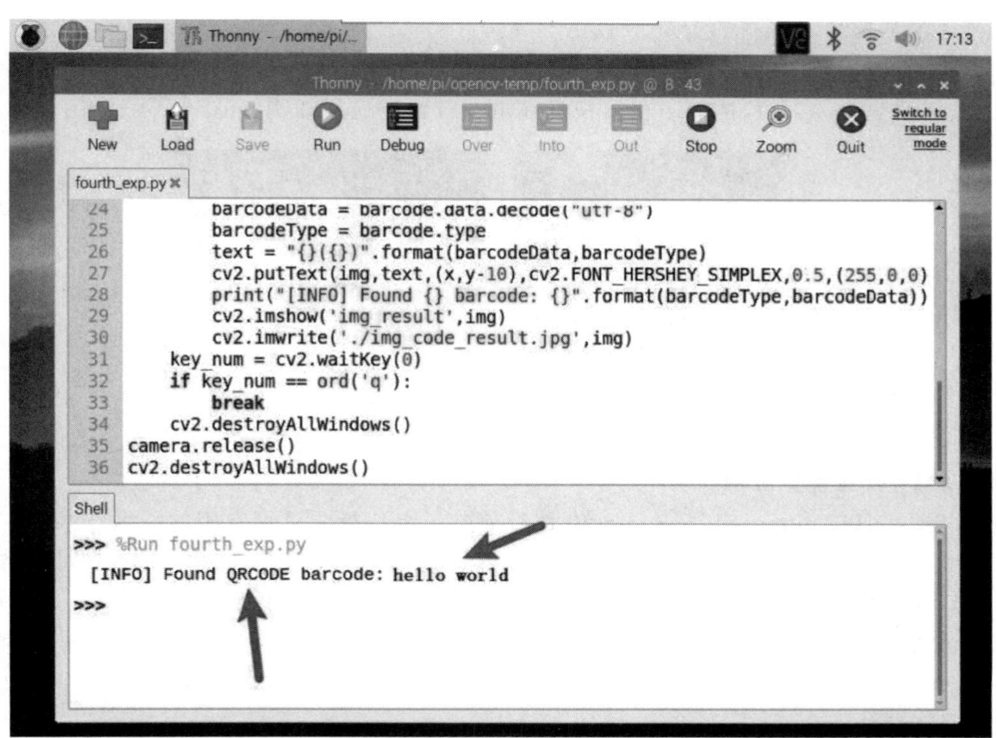

图 6-100　二维码识别结果输出

在二维码的识别过程中可以发现两个问题及处理方法如下：

（1）如果二维码的内容涉及中文，则 Python 的输出是正常的（二维码类型与内容），但是标注在图片上的中文则显示乱码，这是由于 OpenCV 不支持中文导致的。因此在使用 OpenCV 进行图像处理时，如需在图片上通过 OpenCV 函数进行文字标注，请尽量采用英文标注。

(2) 直接使用 pyzbar. decode()函数识别图片中的二维码，有时会发现识别成功率较低，而解决这种问题的方法主要是通过对二维码图片的预处理来有效提高识别率。简单的处理方法为使用 OpenCV 的滤波函数配合阈值函数 threshold()或者自适应阈值函数 adaptiveThreshold()对图片进行二值化处理，然后再用 pyzbar. decode()函数识别图片中的二维码，便可以做到使识别成功率大大提升。

6.5.3 行业应用

在现代自动化生产过程中，人们将机器视觉系统广泛地应用于电子、SMT、半导体、医药/医疗、烟草、印刷、食品/饮料、汽车、锂电、光伏等各行各业中。应用项目包括装配定位、产品质量检测、产品识别、产品尺寸测量等方面。

1. 电子行业视觉应用

电子行业的快速发展，给机器视觉带来了巨大的机遇和挑战。机器视觉技术不断地渗透到电子行业产业链的各个环节，从电子产品的设计、制造到产品质检、复检、包装等，都给电子行业的发展注入了新的力量。

检测内容包括：电容、电感外观检测；液晶屏 AA 区定位、手机卡槽定位、手机外观缺陷检测、手机壳 LOGO 检测等。机器视觉在电子行业的应用如图 6-101 所示。

图 6-101　机器视觉在电子行业的应用

2. SMT 行业视觉应用

SMT(surface mounted technology)是目前电子组装行业里最常用的一种技术和工艺。机器视觉主要用于 SMT 生产线上的定位与质量检验，包括印刷机中钢网与 PCB 对位，锡膏 3D 扫描，贴片机元器件定位，印刷后 AOI、贴片后 AOI、炉后 AOI 等。

检测内容包括：点胶检测、元件正负极判断、元件组装定位、PCB 板焊锡复检（虚焊、多锡、少锡等）、OCR（光学字符识别）、表面二维码识别等。机器视觉在 SMT 行业的应用如图 6-102 所示。

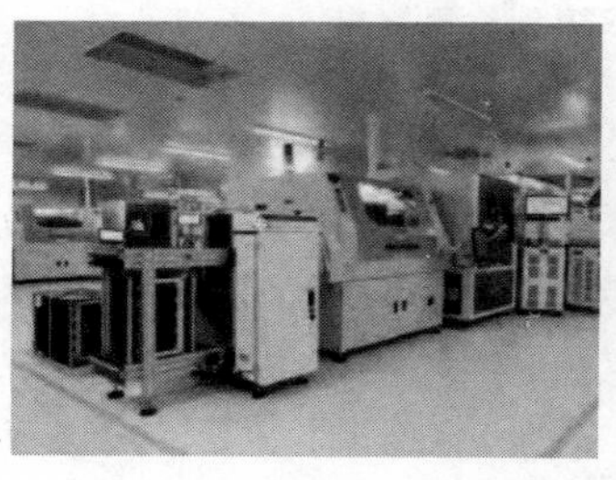

图 6-102　机器视觉在 SMT 行业的应用

3. 半导体行业视觉应用

机器视觉在半导体行业的应用已非常普遍，涉及半导体外观缺陷、尺寸大小、数量、平整度、间距、定位、焊点质量、弯曲度等检测。

检测内容包括金属棒、晶圆尺寸测量、晶圆划片定位、晶棒切割定位、外观、异物缺陷检测、IC引脚平整度检测、SMD包装检测、字符识别等。机器视觉在半导体行业的应用如图6-103所示。

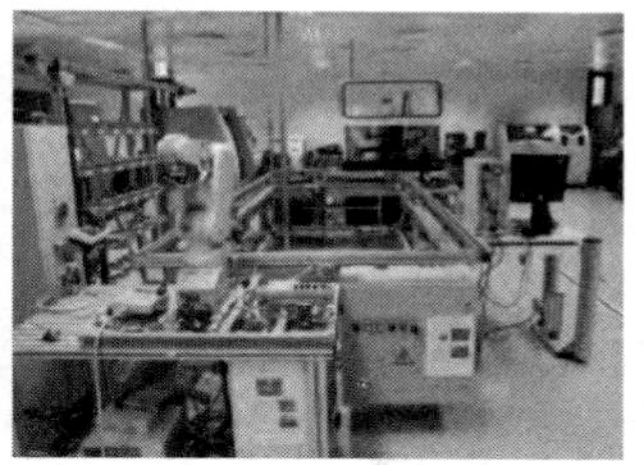

图 6-103 机器视觉在半导体行业的应用

4. 医药/医疗行业视觉应用

机器视觉技术在医药行业的广泛适用性为其赢得更加广阔的市场空间。

检测内容包括液体制剂的灌装定位、尺寸不合格的胶囊检测、瓶体内杂质及封盖检测、胶囊脏污检测、医药产品外包装的条码检测、外包装外观检测、外包装纸箱的满箱检测等。机器视觉在医药/医疗行业的应用如图6-104所示。

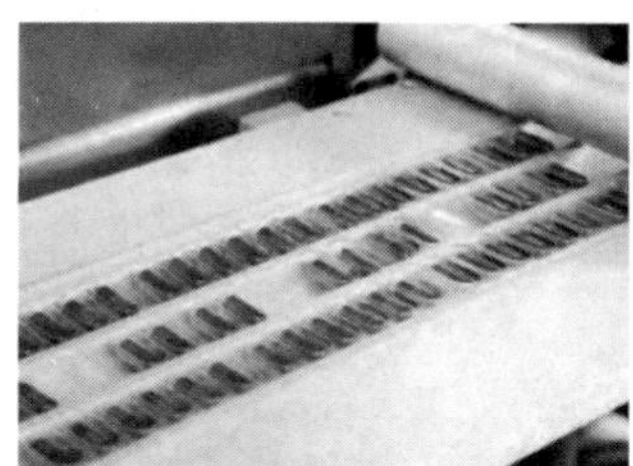
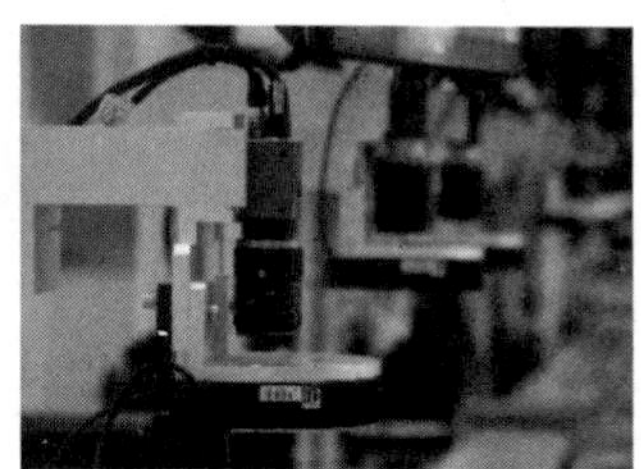

图 6-104 机器视觉在医药/医疗行业的应用

5. 烟草行业视觉应用

香烟的生产速度非常快，在生产过程中有许多不合格品产生。通过机器视觉及时发现不合格品并将其剔除是非常必要的。

检测内容包括烟叶原料杂物检测、过滤烟嘴尺寸测量、卷纸包装缺陷检测、烟盒表面字符二维码检测、烟包变形检测、烟盒计数等。机器视觉在烟草行业的应用如图6-105所示。

图 6-105 机器视觉在烟草行业的应用

6. 印刷行业视觉应用

印刷行业是机器视觉常见的应用行业之一。机器视觉系统能够迅速准确地检测出印刷品中的各类缺陷，提高产品质量和生产效率，降低企业成本。被检测的印刷品形式多样，根据印刷材质类型可分为纸质、塑料和金属钢板等；根据印刷的形式可分为卷曲材料和单张产品。

检测内容包括材质的缺陷检测(如孔洞、异物等)、印刷缺陷检测(如飞墨、刀丝、蹭版、套印不准等)、颜色缺陷检测(如浅印、偏色、露白等)。机器视觉在印刷行业的应用如图 6-106 所示。

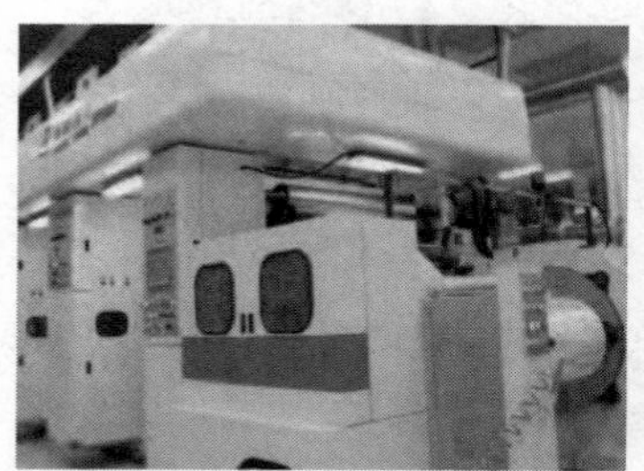

图 6-106 机器视觉在印刷行业的应用

7. 食品/饮料行业视觉应用

近年来，在食品/饮料高速生产流水线上，人工检测已不能满足企业对于食品/饮料质量的检测要求，机器视觉的迅速发展大大提高了食品/饮料行业检测技术水平。随着一系列应用问题得到解决，基于机器视觉应用的食品/饮料生产自动化程度显著提高。

检测内容包括玻璃瓶的质量检测(如瓶口破损、瓶身、瓶底异物检测)、瓶子计数、饮料灌装定位、灌装液位检测、灌装后异物检测、标签位置及喷码识别等。机器视觉在食品/饮料行业的应用如图 6-107 所示。

图 6-107 机器视觉在食品/饮料行业的应用

8. 汽车行业视觉应用

由于人工成本的增加、人力资源的紧缺以及汽车产业对于产线高效率、高精度、高品质、高智能的要求，机器视觉技术在汽车行业已经广泛应用，不仅可以大大提高工作效率，而且可以提升产品质量。

检测内容包括汽车五金件尺寸测量、外观缺陷检测、零件条码读取、钣金焊点检测、汽车零部件组装定位、汽车灯罩、卡扣等字符识别、外观检测、面板标识检测等。机器视觉在汽车行业的应用如图 6-108 所示。

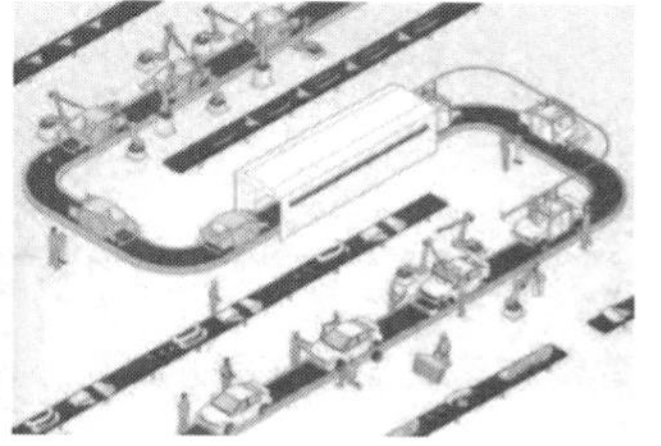

图 6-108　机器视觉在汽车行业的应用

9. 锂电行业视觉应用

近年来国家大力推动新能源发展，锂电池行业发展迅速。锂电池极片在生产过程中，会因为涂布机、辊压机的原因造成负极露箔、暗斑、亮斑、掉料等缺陷。使用机器视觉检测的方式替代人工挑选出次品，能够实现极片自动化检测，确保产品的安全。

检测内容包括涂布外观检测、极耳焊接定位、尺寸测量、折痕检测、焊接爆点检测、电池表面字符识别、成品外观检测等。机器视觉在锂电行业的应用如图 6-109 所示。

图 6-109　机器视觉在锂电行业的应用

10. 光伏行业视觉应用

随着人力成本的提高，同时为保证产品的质量，避免众多人为因素造成的质量问题，在太阳能电池板制作过程中，从前端到后端，任何一个环节出错，都会影响太阳能电池板成品的发电效率，例如二次污染和破片。使用机器视觉检测技术代替人工，对硅片、太阳能电池片进行检测与分选，是光伏制造技术的发展趋势。

检测内容包括太阳能电池涂锡及尺寸测量、太阳能电池板焊接定位、焊接表面脏污检测、电池片缺陷检测（裂纹、杂质、空隙、边角断裂、栅线断裂、浆料污渍、色彩偏差）等。机器视觉在光伏行业的应用如图 6-110 所示。

图 6-110　机器视觉在光伏行业的应用

第 7 章 智能物流机器人整机装调典型案例

本章主要介绍移动机器人的整机调试，机器人的功能除了涉及底盘运动控制与机械臂控制外，主要还涉及循迹功能，为此本章详细讲解了机器人底盘基于循迹传感器的循迹原理及程序实现；而机械臂的动作调试主要介绍了基于一款开源上位机的机械臂动作调试。

7.1 整机装调说明

搭建一个完整的智能物流机器人主要包括机构搭建、控制系统搭建两部分，但是机器人搭建完毕需要完成特定任务时，则需要做整机调试。整机调试包括机构调试、硬件调试与软件调试，机构调试与硬件调试是为了确保机器人机械、控制系统自身功能的正常，而软件调试主要为了确保任务功能的正常执行。

具体的机构调试与硬件调试在前面几章已经涉及，第 5 章主要描述了程序的编写，但是程序编写并不能单独实现机器人的功能，需要机械机构与电路硬件配合。因此当对局部功能编写的控制程序进行验证时，实际就是对实现程序功能的对应机械机构与电路硬件的验证，但是从逻辑上肯定是先有目标后有结果，因此机械机构与电路硬件的装调可通过局部功能的实现来进行。

对于智能物流机器人而言，其主要功能包括底盘运动控制与上部机械臂的抓取、码垛控制，而智能物流机器人底盘的运动在很多场合实际是通过循迹来完成机器人的自主导航，为此本章的整机装调主要讲解智能物流机器人底盘的循迹功能与上部机械臂抓取、码垛功能的实现。具体整机装调流程如图 7-1 所示。

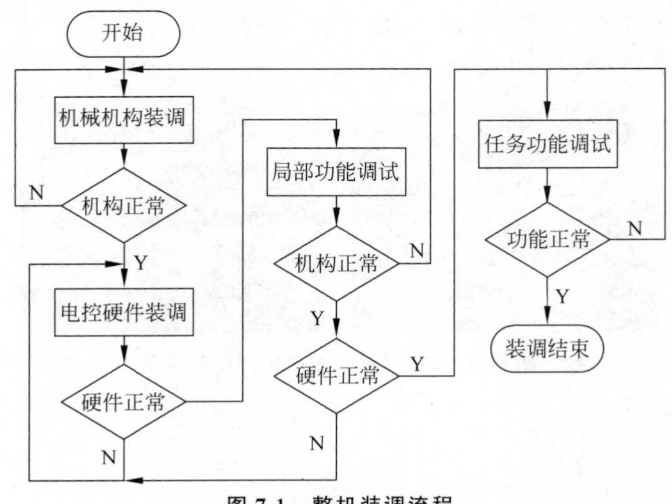

图 7-1 整机装调流程

7.2 底盘循迹调试

7.2.1 底盘循迹原理

小车循迹的控制模型简单来讲就是：小车右偏，则让小车的右侧轮子转速比左侧轮子转速快，从而实现向左回正的效果；小车左偏，则让小车的左侧轮子转速比右侧轮子转速快，从而实现向右回正的效果。

但是如果完全采用这种方式，我们会发现小车并不是完全沿着轨迹运动，而是沿着轨迹做S形运动。为此需要在以上控制模式的基础上增加变化趋势的概念，简单来说就是：小车偏向后，在调整轮子速度后小车偏向是否有改善，如果没有改善，则继续加大左右轮的转速差，如果有改善则减小左右轮的转速差，从而可以避免小车调向过程中出现“振荡”。

可以发现简单循迹模型其实就是只带比例项的PID算法，而改进的循迹模型其实就是带有比例项与微分项的PID算法。而要采用完整的PID算法思路来实现循迹功能，需要分析基于PID算法的循迹模型应当采用何种PID算法。

首先需要明确小车循迹核心就是小车前进方向的调整，而小车前进方向是控制算法的输出量需要直接控制的，而不是控制其变化量，因此选择位置式PID算法较为合适。另外需要注意的是，小车前进方向的控制是可忽略静态误差的，所以PID算法中不需要出现积分项而采用PD算法。

以单循迹传感器的应用为例，循迹传感器安装在车头位置，循迹传感器与导航条如图7-2所示。

从右至左的传感器序号分别为1～8，分别用于表示传感器当前的位置值。例如2号传感器单独被触发，则当前位置值为N_2；当4号与5号传感器被同时触发时，则位置值取其平均值为$N_{4.5}$；当5号传感器被单独触发时位置值为N_5，以此类推。因此可计算得出目标值与当前反馈值之间的差值$a=N_{4.5}-N_{当前反馈}$，这就是PID算法中的$e(t)$，我们用N_t就来代替$N_{当前反馈}$，故获得

$$e(t)=a=N_{4.5}-N_t \tag{7-1}$$

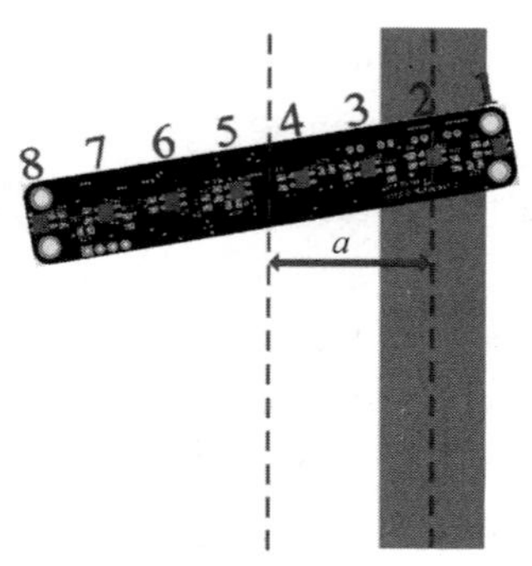

图7-2 单循迹传感器应用

根据图7-2，循迹传感器当前反馈位置值为N_2，而我们的目标值为$N_{4.5}$，因此可计算获得

$$e(t)=N_{4.5}-N_2$$

但是需要注意的是，由于没有积分项，因此采用的实际上是PD算法，其计算公式为

$$u(t)=K_p e(t)+K_d[e(t)-e(t-1)]$$

如果计算值为正，表明小车左偏，需要向右调整，具体如何调整需要根据小车本身的机构而定，如果小车是两轮差速模型则通过左右轮速度差实现方向调整；如果是前轮舵机调向，则修改舵机的方向。

以两轮差速模型为例，这里需要注意的是通过PID算法计算得到的是左右轮的转速

差。而具体如何应用这个转速差又有 3 种方法，第一种是将左轮的转速加上这个转速差的某个比例 X，右轮的转速减去这个转速差的某个比例 $1-X$（一般而言这个比例值是 50%）；第二种方法是直接将左轮的转速加上这个转速差，右轮转速不变；第三种方法是左轮转速不变，右轮转速减去这个转速差；这里比较推荐第 1 种方法，且比例为 50%。

到这里为止可以发现，我们根本没有详细讨论这个 PID 算法得到的值 $u(t)$ 与电机转速到底应该以什么样的关系呈现比较合适，这是由于 PID 算法属于无模型控制算法，因为根本不需要知道被控对象的精确控制模型，只需要调节 K_p 与 K_d 这两个参数，然后直接观察小车的循迹性能是否满足要求即可。当然如果能明确知道 $u(t)$ 与电机转速的对应关系，那对参数的调整更加有利。

如果在小车车头与车尾各安装一个循迹传感器，相较于单循迹传感器最大的改进是：通过前后两个循迹传感器，我们可以同时获取小车中心点与导航条的位置差异及小车本身相对于导航条的姿态角度差异，具体如图 7-3 所示。

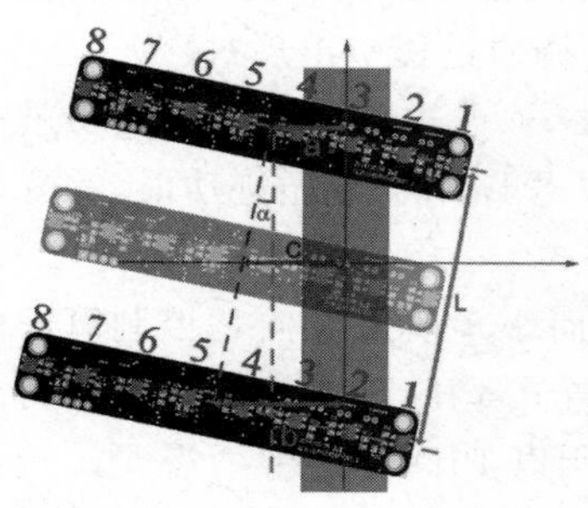

图 7-3 双循迹传感器应用

从图 7-3 可以发现，此种模型较为适合可以实现全向移动的小车模型。因为可以实现全向移动的小车，可以将运动分解为前进、平移及自身的旋转，从而在小车前进的同时，通过平移实现小车中心点相对于导航条位置的调整，以及通过自转实现小车姿态的调整。并且这两种调整，可分别使用两个互不干涉的 PID 算法计算出调整值。

这里同样需要注意，小车平移实现小车中心点的位置调整，在调整结束后是不需要小车保持某一个平移速度用于维持小车中心点的位置的；小车自身姿态的调整也是如此。这就意味着两个调整模型的静态误差同样可以忽略，也就是 PID 算法中的积分项可以忽略。而中心点的位置实际是通过调整平移位移来实现，姿态是通过调整自转角度来实现，因此选择位置式 PID 算法比较合适。

如图 7-3 所示，在具体使用 PID 算法时，要调整小车中心点的位置，首先要计算出当前小车的位置。为了方便起见，我们在小车正中间位置放置一个虚拟的循迹传感器，因此小车的位置调整就变为让中间这个虚拟循迹传感器的中点到达导航条上，也就是位置调整的目标值变为虚拟传感器的位置值 $N_{4.5}$，而虚拟传感器的当前反馈位置值可通过如下公式获取：

$$N_t = (N_{ft} + N_{bt})/2 \tag{7-2}$$

其中，N_{ft} 表示前循迹传感器的当前位置反馈值，N_{bt} 表示后循迹传感器的当前位置反馈值，因此 PID 算法中 $e(t)$ 计算公式如下：

$$e(t) = N_{4.5} - (N_{ft} + N_{bt})/2 \tag{7-3}$$

通过计算公式 $u(t)=K_p e(t)+K_d[e(t)-e(t-1)]$ 便可获取其输出值，其输出值为正，则需要通过底盘电机实现小车整体往右平移；如果为负，则需要通过底盘电机实现小车整体往左平移。

如图 7-3 所示，小车的姿态偏移可通过小车中轴线与导航条的夹角 α 来描述，其具体描述公式为

$$\sin\alpha = (b-a)/L \tag{7-4}$$

其中，b 为后循迹传感器中心点至导航条的距离，a 为前循迹传感器中心点至导航条的距离，其计算公式分别为

$$b = N_{4.5} - N_{bt} \tag{7-5}$$

$$a = N_{4.5} - N_{ft} \tag{7-6}$$

将式(7-5)与式(7-6)代入式(7-4)便可获得

$$\alpha = \arcsin \frac{(N_{ft} - N_{bt})}{L} \tag{7-7}$$

由于轴距 L 为固定值，因此 α 最终只与($N_{ft}-N_{bt}$)有关，也就是可以直接用($N_{ft}-N_{bt}$)的值来描述当前小车的姿态，而我们的目标值为 0，为此在姿态调整中 $e(t)$ 的计算公式变为

$$e(t) = 0 - (N_{ft} - N_{bt}) = N_{bt} - N_{ft}$$

此处需要理解为何最终可以直接用($N_{ft}-N_{bt}$)的值来描述当前小车的姿态，这是由于 PID 算法本身并不需要知道控制输出与执行机构执行量之间的明确关系，只需要知道控制输出的改变是否能让被控对象更趋向设置值即可。

同样通过计算公式 $u(t)=K_p e(t)+K_d[e(t)-e(t-1)]$，便可获取其输出值，其输出值为正，则需要通过底盘电机实现小车逆时针旋转实现纠偏；如果为负，则需要通过底盘电机实现小车顺时针旋转实现纠偏。

同样道理，我们不需要关注 PID 计算得到的值 $u(t)$ 与实现平移与旋转纠偏的电机转速之间明确的关系，只需要通过调整这两个 PID 算法中各自的 K_p 与 K_d 这两个参数，然后直接观察小车的循迹性能是否满足要求即可。

7.2.2　底盘循迹传感器

循迹传感器主要用来检测路面导航条的位置，并将取得的信息发送给主控模块。与前面所涉及的其他驱动模块不同，循迹传感器的 ID 号可通过自身按钮设置。另外，由于循迹模块主要用于检测循迹条与地面周边环境颜色的区别，因此其检测信号的阈值非常关键，但是本循迹模块可以实现阈值的自校准，大大降低了使用复杂度。

循迹传感器的实物图如图 7-4 所示。

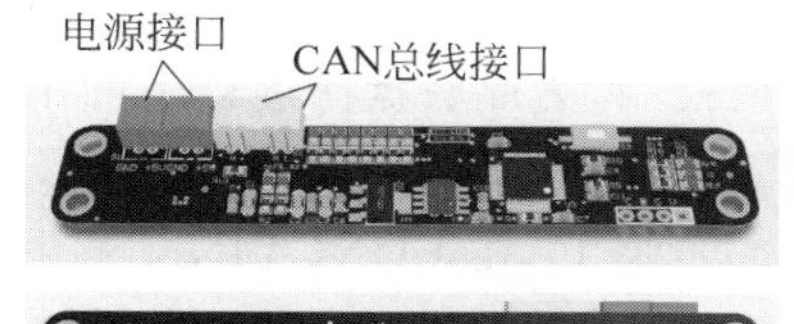

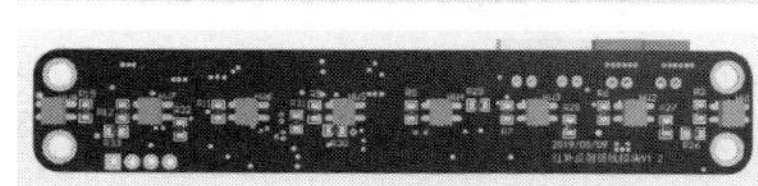

图 7-4　循迹传感器

图 7-4 中的两个 2P 红色插座为电源接口，其电路内部做了并联可任意连接，循迹模块的电源电压为 5V，连接于 5V 稳压模块的 PH2.0-2P 接口，使用 PH2.0-2P 转 PH2.0-2P 进行连接。

图 7-4 中的两个 2P 黄色插座为 CAN 总线接口，其电路内部同样做了并联可任意连接，一般直接连接于其他需进行通信模块的 CAN 接口。

循迹模块的 ID 范围为 0～8，具体设置操作如下。

步骤 1：模块正常工作状态下，快速双击 SET 按钮，进入 ID 设置模式，模式指示灯进行 200ms 频率的闪烁。

步骤 2：单击 SET 按钮(单击指的是一个时间段就按下一次)，此时的 ID 号可由 8 路指

示灯看出(多少灯亮代表多少 ID 值)。

步骤 3:设置完 ID 后,长按 2.5s SET 按钮,恢复到工作模式,模式指示灯进行 1s 频率的闪烁,此时可观察 ID 号指示灯来查看 ID 设置是否正确。

循迹模块检测阈值自动校准步骤如下。

步骤 1:模块正常工作状态下,长按 2.5s SET 按钮,进入检测阈值自动校准模式,模式指示灯进行 50ms 频率的闪烁。

步骤 2:将模块上的 8 路红外反射传感器(每个循迹传感器上都包含了 8 路红外反射传感器)朝向循迹轨迹线,并使 8 路红外反射传感器在循迹轨迹线与背景之间来回检测,从而使循迹传感器能精准检测到反射光强度的最大值与最小值,并通过模块自带算法计算得到最佳阈值(请注意校准时传感器高度需与实际使用时的高度一致,并且需要注意传感器使用高度不可过高,一般推荐 2cm 左右)。大约 10s 模块自动恢复到工作模式,模式指示灯进行 1s 闪烁 1 次,此时可观察 8 路指示灯来查看检测阈值设置是否正确。(指示灯亮表明对应的红外反射传感器刚好在循迹条上方)

在进行具体的循迹模块使用时需要注意:

(1) 对于 4 麦克纳姆轮底盘而言,其需要安装 4 根循迹模块,具体的 ID 分配为车头为 1 号、车左侧为 2 号、车尾为 3 号、车右侧 4 号;

(2) 循迹模块是有方向的,4 根循迹条安装方向需要一致,一般是统一将接插件朝向小车内部安装或者统一将接插件朝向小车外部安装(朝内或朝外需要修改程序配合);

(3) 务必将带有红外反射传感器的那一面向下安装;

(4) 场地凹凸不平可能导致循迹模块不能正常工作;

(5) 循迹模块安装时不可使循迹模块与地面距离过远或过近(一般距离地面 1.5cm);

(6) 电池电压不可过低,否则可能导致循迹模块与主控板的通信异常;

(7) 循迹模块进入新的场地使用,或者场地灯光条件变化,必须重新进行阈值校准方可正常使用。

7.2.3 底盘循迹程序

在第 5 章底盘控制程序中主要实现底盘的运动控制,连杆机械臂控制程序主要实现了舵机控制,为此底盘循迹程序可在第 5 章程序的基础上进行移植与修改,具体程序移植与修改步骤如下。

步骤 1:在 FUNCTION 组中添加 S_curve.c、UnderpanControl_LinePatrol.c 两个文件,在 CAN_Communication 组中添加 SLAVE_Tracking.c 一个文件,具体结果如图 7-5 所示。

步骤 2:打开 CAN_Communication_canconfig.h 文件,添加 SLAVE_Tracking.h 头文件,具体操作方法是只需把 #include "SLAVE_Tracking/SLAVE_Tracking.h"的注释去掉,如图 7-6 所示。

步骤 3:设置 CAN 通信所需的帧数据空间,由于主控板与 1 个循迹模块的 CAN 通信需要 3 帧数据空间,4 个循迹模块共需要 12 帧数据空间,因此需要在原先设置的帧数据空间基础上再增加 12 帧数据空间,如图 7-7 所示。

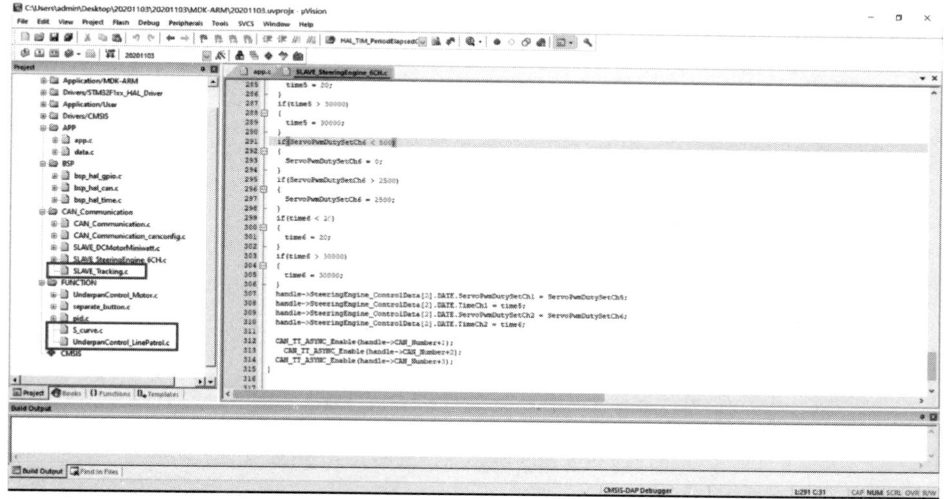

图 7-5　对应工作组添加相关文件

```
#ifndef __CAN_Communication_CANCONFIG_H__
#define __CAN_Communication_CANCONFIG_H__

/* 包含头文件 ----------------------------------------------------------*/
#include <stdint.h>
#include "string.h"
#include "mytype.h"
/* USER包含头文件 ------------------------------------------------------*/
#include "SLAVE_Tracking/SLAVE_Tracking.h"
#include "SLAVE_DCMotorMiniwatt/SLAVE_DCMotorMiniwatt.h"
//#include "SLAVE_SteeringEngine/SLAVE_SteeringEngine.h"
//#include "SLAVE_SteppingMotor/SLAVE_SteppingMotor.h"
//#include "SLAVE_ExpansionBoardInput/SLAVE_ExpansionBoardInput.h"
//#include "SLAVE_ExpansionBoardOut/SLAVE_ExpansionBoardOut.h"
#include "SLAVE_SteeringEngine_6CH/SLAVE_SteeringEngine_6CH.h"
//#include "SLAVE_BLHDCMotorMiniwatt/SLAVE_BLHDCMotorMiniwatt.h"
//#include "SLAVE_BLDCMotorMiniwatt/SLAVE_BLDCMotorMiniwatt.h"
/* 宏定义 --------------------------------------------------------------*/
#define NR_OF_TX_PG 17//帧个数
#define TX_PGN_USER 0 //帧起始地址


#define DEVICE_ID    1     //装置地址id
```

图 7-6　添加循迹模块对应头文件

```
#include "mytype.h"
/* USER包含头文件 ------------------------------------------------------*/
#include "SLAVE_Tracking/SLAVE_Tracking.h"
#include "SLAVE_DCMotorMiniwatt/SLAVE_DCMotorMiniwatt.h"
//#include "SLAVE_SteeringEngine/SLAVE_SteeringEngine.h"
//#include "SLAVE_SteppingMotor/SLAVE_SteppingMotor.h"
//#include "SLAVE_ExpansionBoardInput/SLAVE_ExpansionBoardInput.h"
//#include "SLAVE_ExpansionBoardOut/SLAVE_ExpansionBoardOut.h"
#include "SLAVE_SteeringEngine_6CH/SLAVE_SteeringEngine_6CH.h"
//#include "SLAVE_BLHDCMotorMiniwatt/SLAVE_BLHDCMotorMiniwatt.h"
//#include "SLAVE_BLDCMotorMiniwatt/SLAVE_BLDCMotorMiniwatt.h"
/* 宏定义 --------------------------------------------------------------*/
#define NR_OF_TX_PG 29//帧个数
#define TX_PGN_USER 0 //帧起始地址


#define DEVICE_ID    1     //装置地址id
#define DEVICE_LIST 0   //装置地址序列

#define PG_TX_FREE      0       // buffer free, no transmission stands on
```

图 7-7　帧数据空间设置

步骤 4：在 app. c 文件添加 UnderpanControl_LinePatrol. h 头文件，如图 7-8 所示。

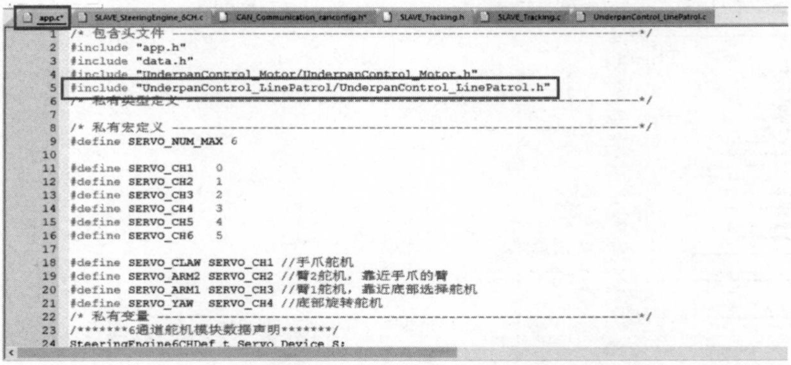

```
/* 包含头文件 ----------------------------------------------------------------*/
#include "app.h"
#include "data.h"
#include "UnderpanControl_Motor/UnderpanControl_Motor.h"
#include "UnderpanControl_LinePatrol/UnderpanControl_LinePatrol.h"
/* 私有类型定义 --------------------------------------------------------------*/

/* 私有宏定义 ----------------------------------------------------------------*/
#define SERVO_NUM_MAX 6

#define SERVO_CH1    0
#define SERVO_CH2    1
#define SERVO_CH3    2
#define SERVO_CH4    3
#define SERVO_CH5    4
#define SERVO_CH6    5

#define SERVO_CLAW SERVO_CH1 //手爪舵机
#define SERVO_ARM2 SERVO_CH2 //臂2舵机，靠近手爪的臂
#define SERVO_ARM1 SERVO_CH3 //臂1舵机，靠近底部选择舵机
#define SERVO_YAW  SERVO_CH4 //底部旋转舵机
/* 私有变量 ------------------------------------------------------------------*/
/*******6通道舵机模块数据声明*******/
SteeringEngine6CHDef_t Servo_Device_S;
```

图 7-8　添加循迹运动控制对应头文件

同时根据循迹模块安装方向（接插件朝向小车外部或朝向小车内部）需对 UnderpanControl_LinePatrol. h 头文件中的联合体结构进行修改，修改如表 7-1 所示。

表 7-1　修改头文件中的联合体

接口朝外	接口朝内

typedef union//接口朝外
{
    uint8_t byte;
    struct
    {
        uint8_t ls8 : 1;
        uint8_t ls7 : 1;
        uint8_t ls6 : 1;
        uint8_t ls5 : 1;
        uint8_t ls4 : 1;
        uint8_t ls3 : 1;
        uint8_t ls2 : 1;
        uint8_t ls1 : 1;
    }bit;
}SignalDef_u;
	typedef union//接口朝内
	{
	    uint8_t byte;
	    struct
	    {
	        uint8_t ls1 : 1;
	        uint8_t ls2 : 1;
	        uint8_t ls3 : 1;
	        uint8_t ls4 : 1;
	        uint8_t ls5 : 1;
	        uint8_t ls6 : 1;
	        uint8_t ls7 : 1;
	        uint8_t ls8 : 1;
	    }bit;
	}SignalDef_u;

步骤 5：在 app. c 文件中定义 4 个循迹模块相关数据结构，如图 7-9 所示。

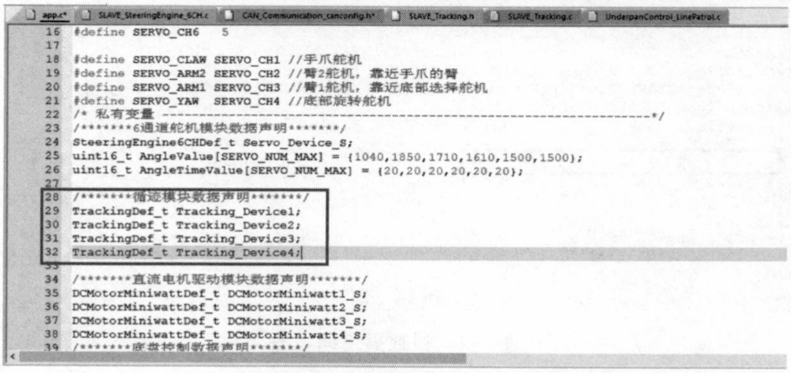

```
#define SERVO_CH6    5

#define SERVO_CLAW SERVO_CH1 //手爪舵机
#define SERVO_ARM2 SERVO_CH2 //臂2舵机，靠近手爪的臂
#define SERVO_ARM1 SERVO_CH3 //臂1舵机，靠近底部选择舵机
#define SERVO_YAW  SERVO_CH4 //底部旋转舵机
/* 私有变量 ------------------------------------------------------------------*/
/*******6通道舵机模块数据声明*******/
SteeringEngine6CHDef_t Servo_Device_S;
uint16_t AngleValue[SERVO_NUM_MAX] = {1040,1850,1710,1610,1500,1500};
uint16_t AngleTimeValue[SERVO_NUM_MAX] = {20,20,20,20,20,20};

/*******循迹模块数据声明*******/
TrackingDef_t Tracking_Device1;
TrackingDef_t Tracking_Device2;
TrackingDef_t Tracking_Device3;
TrackingDef_t Tracking_Device4;

/*******直流电机驱动模块数据声明*******/
DCMotorMiniwattDef_t DCMotorMiniwatt1_S;
DCMotorMiniwattDef_t DCMotorMiniwatt2_S;
DCMotorMiniwattDef_t DCMotorMiniwatt3_S;
DCMotorMiniwattDef_t DCMotorMiniwatt4_S;
/*******底盘控制数据声明*******/
```

图 7-9　添加循迹模块相关数据结构

循迹模块相关数据结构具体说明如表 7-2 所示。

表 7-2　循迹模块相关数据结构具体说明

<table>
<tr><td>类型名</td><td>TrackingDef_t</td></tr>
<tr><td>类型定义</td><td><pre>
typedef struct Tracking_T
{
    uint8_t CAN_Number;
    uint8_t AdcModeEnable;

    union
    {
        #define PG_SETPATROLPLATEADCDATA_LEN 2
        uint8_t Datum[PG_SETPATROLPLATEADCDATA_LEN];
        struct{
            uint8_t mode;
            uint8_t list;
        }DATE;
    }Tracking_ModeAndSerialNumber;   //模式和序号修改

    union
    {
        #define PG_ACKPATROLPLATEADCDATA_LEN 8
        uint8_t Datum[PG_ACKPATROLPLATEADCDATA_LEN];
        struct{
            uint8_t adc_val[PG_ACKPATROLPLATEADCDATA_LEN];
        }DATE;
    }Tracking_UploadADCData;   //巡线板 ADC 数据响应结构体

    union
    {
        #define PG_TXPATROLPLATEDATA_LEN 4
        uint8_t Datum[PG_TXPATROLPLATEDATA_LEN];
        struct{
            uint8_t SignalData;
            uint8_t mode;
            uint16_t Fault;
        }DATE;
    }Tracking_UploadData;   //巡线板数据上传结构体

    struct Tracking_T * next;
} TrackingDef_t;
</pre></td></tr>
<tr><td>类型描述</td><td>用于与循迹传感器模块通信数据的结构体</td></tr>
<tr><td>取值说明</td><td>CAN_Number：对应循迹传感器模块的 ID 号
AdcModeEnable：（目前没用）
Tracking_ModeAndSerialNumber：模式修改和 ID 号修改数据的联合体
Tracking_UploadADCData：循迹模块 ADC 上传数据的联合体
Tracking_UploadData：循迹模块数据上传的联合体
next：指向下一个链表节点的指针</td></tr>
<tr><td>备注</td><td></td></tr>
</table>

步骤 6：在 app.c 文件的“ApplicationProgram_Iint()”函数中添加循迹模块对应结构体数据初始化，如图 7-10 所示。

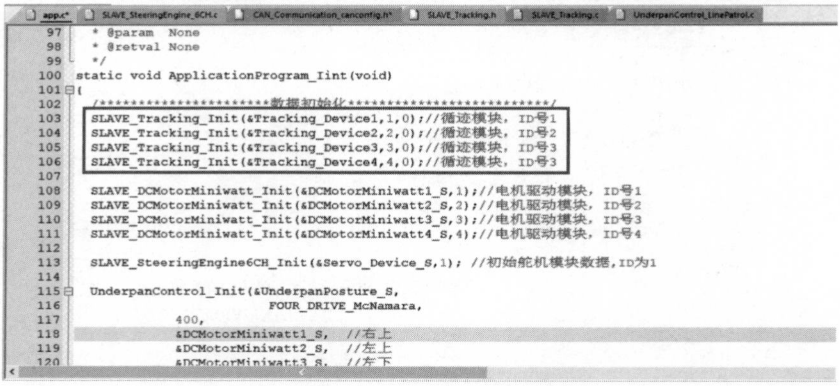

```
app.c*  SLAVE_SteeringEngine_6CH.c  CAN_Communication_canconfig.h*  SLAVE_Tracking.h  SLAVE_Tracking.c  UnderpanControl_LinePatrol.c
  * @param  None
  * @retval None
  */
static void ApplicationProgram_Iint(void)
{
  /**********************数据初始化*************************/
  SLAVE_Tracking_Init(&Tracking_Device1,1,0);//循迹模块, ID号1
  SLAVE_Tracking_Init(&Tracking_Device2,2,0);//循迹模块, ID号2
  SLAVE_Tracking_Init(&Tracking_Device3,3,0);//循迹模块, ID号3
  SLAVE_Tracking_Init(&Tracking_Device4,4,0);//循迹模块, ID号3

  SLAVE_DCMotorMiniwatt_Init(&DCMotorMiniwatt1_S,1);//电机驱动模块, ID号1
  SLAVE_DCMotorMiniwatt_Init(&DCMotorMiniwatt2_S,2);//电机驱动模块, ID号2
  SLAVE_DCMotorMiniwatt_Init(&DCMotorMiniwatt3_S,3);//电机驱动模块, ID号3
  SLAVE_DCMotorMiniwatt_Init(&DCMotorMiniwatt4_S,4);//电机驱动模块, ID号4

  SLAVE_SteeringEngine6CH_Init(&Servo_Device_S,1); //初始舵机模块数据,ID为1

  UnderpanControl_Init(&UnderpanPosture_S,
                        FOUR_DRIVE_McNamara,
            400,
            &DCMotorMiniwatt1_S,  //右上
            &DCMotorMiniwatt2_S,  //左上
            &DCMotorMiniwatt3_S,  //左下
```

图 7-10　循迹模块应用初始化程序

SLAVE_Tracking_Init(TrackingDef_t * handle，uint8_t list，uint8_t signalinit)函数具体说明如表 7-3 所示。

表 7-3　SLAVE_Tracking_Init()函数具体说明

函数原型	uint8_t SLAVE_Tracking_Init(TrackingDef_t * handle, uint8_t list, uint8_t signalinit)
功能概述	声明并初始化循迹模块通信数据
参数说明	handle：指向循迹模块通信数据指针 list：循迹模块对应 ID 号 signalinit：布尔信号初始值
返回值	1：成功 0：失败(数据已经声明过)

步骤 7：在 app.c 文件的“ApplicationProgram_Iint()”函数中添加底盘循迹运动数据初始化，如图 7-11 所示。

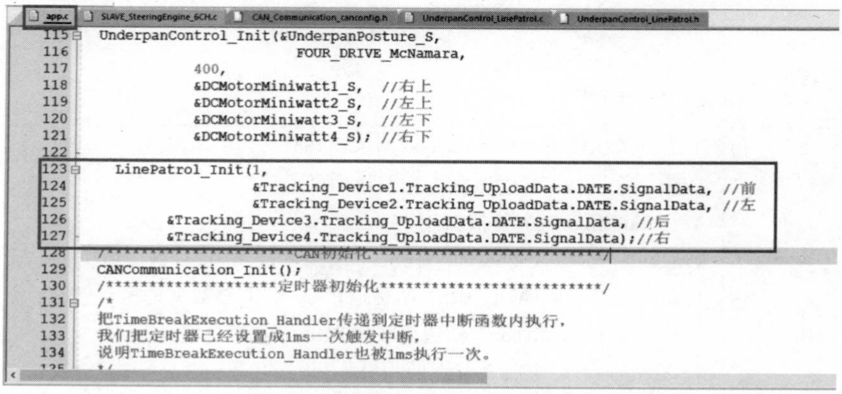

```
app.c  SLAVE_SteeringEngine_6CH.c  CAN_Communication_canconfig.h  UnderpanControl_LinePatrol.c  UnderpanControl_LinePatrol.h
  UnderpanControl_Init(&UnderpanPosture_S,
                        FOUR_DRIVE_McNamara,
            400,
            &DCMotorMiniwatt1_S,  //右上
            &DCMotorMiniwatt2_S,  //左上
            &DCMotorMiniwatt3_S,  //左下
            &DCMotorMiniwatt4_S); //右下

    LinePatrol_Init(1,
                &Tracking_Device1.Tracking_UploadData.DATE.SignalData, //前
                &Tracking_Device2.Tracking_UploadData.DATE.SignalData, //左
        &Tracking_Device3.Tracking_UploadData.DATE.SignalData, //后
        &Tracking_Device4.Tracking_UploadData.DATE.SignalData);//右
  /**********************CAN初始化*************************/
  CANCommunication_Init();
  /*********************定时器初始化*************************/
  /*
  把TimeBreakExecution_Handler传递到定时器中断函数内执行,
  我们把定时器已经设置成1ms一次触发中断,
  说明TimeBreakExecution_Handler也被1ms执行一次。
  */
```

图 7-11　底盘循迹数据初始化

LinePatrol_Init(uint8_t active_level, uint8_t * Signal1q, uint8_t * Signal2q, uint8_t * Signal3q, uint8_t * Signal4q)函数具体说明如表 7-4 所示：

表 7-4　LinePatrol_Init()函数具体说明

函数原型	void LinePatrol_Init(uint8_t active_level, uint8_t * Signal1q, uint8_t * Signal2q, uint8_t * Signal3q, uint8_t * Signal4q)
功能概述	初始化底盘巡线控制数据
参数说明	active_level：有效电平值，1 或 0 Signal1q：小车头巡线条数据句柄 Signal2q：小车左巡线条数据句柄 Signal3q：小车后巡线条数据句柄 Signal4q：小车右巡线条数据句柄
返回值	无

步骤 8：在 app. c 文件的 TIM3 更新中断处理 static void TimeBreakExecution_Handler(void)函数中，添加循迹模块数据相关的局部变量及扫描函数，并通过循迹模块返回数据控制底盘运动，如图 7-12 所示。

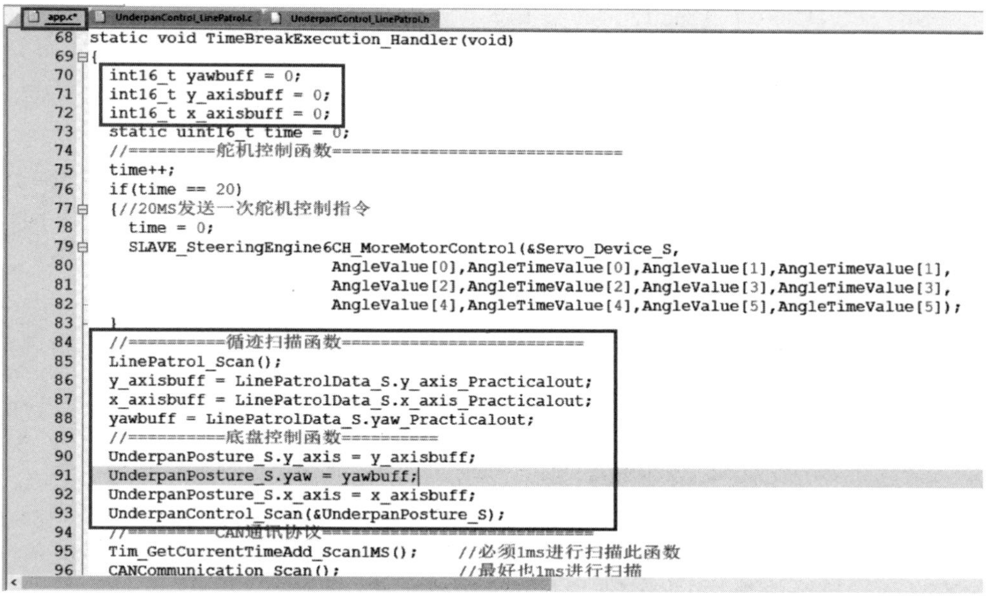

```
app.c*    UnderpanControl_LinePatrol.c    UnderpanControl_LinePatrol.h
static void TimeBreakExecution_Handler(void)
{
  int16_t yawbuff = 0;
  int16_t y_axisbuff = 0;
  int16_t x_axisbuff = 0;
  static uint16_t time = 0;
  //=========舵机控制函数==============================
  time++;
  if(time == 20)
  {//20MS发送一次舵机控制指令
    time = 0;
    SLAVE_SteeringEngine6CH_MoreMotorControl(&Servo_Device_S,
                          AngleValue[0],AngleTimeValue[0],AngleValue[1],AngleTimeValue[1],
                          AngleValue[2],AngleTimeValue[2],AngleValue[3],AngleTimeValue[3],
                          AngleValue[4],AngleTimeValue[4],AngleValue[5],AngleTimeValue[5]);
  }
  //==========循迹扫描函数==========================
  LinePatrol_Scan();
  y_axisbuff = LinePatrolData_S.y_axis_Practicalout;
  x_axisbuff = LinePatrolData_S.x_axis_Practicalout;
  yawbuff = LinePatrolData_S.yaw_Practicalout;
  //==========底盘控制函数==========
  UnderpanPosture_S.y_axis = y_axisbuff;
  UnderpanPosture_S.yaw = yawbuff;
  UnderpanPosture_S.x_axis = x_axisbuff;
  UnderpanControl_Scan(&UnderpanPosture_S);
  //=========CAN通讯协议================================
  Tim_GetCurrentTimeAdd_Scan1MS();     //必须1ms进行扫描此函数
  CANCommunication_Scan();             //最好也1ms进行扫描
```

图 7-12　循迹模块处理程序

步骤 9：完成以上步骤后底盘循迹控制的程序移植核心工作基本完成，最后可通过将控制底盘循迹的子程序“Execute_LinePatrol(DirectionDef_e Car_Direction, uint16_t spd, uint8_t wirenum, uint8_t mode)”加入“ApplicationProgram_main()”程序，从而实现底盘的循迹控制，如图 7-13 所示。

```
140    把TimeBreakExecution_Handler传递到定时器中断函数内执行，
141    我们把定时器已经设置成1ms一次触发中断，
142    说明TimeBreakExecution_Handler也被1ms执行一次。
143    */
144      Timer_SetHandler(TimeBreakExecution_Handler);//1ms
145  }
146
147
148  void ApplicationProgram_main(void)
149  {
150      ApplicationProgram_Iint();
151    while(KEY_4() == 1) //等待KEY4按键按下
152    {
153      HAL_Delay(10);
154    }
155      while(1)
156    {
157      Execute_LinePatrol(CarDirection_Head,100,3,1);//向前循迹3根横线
158      WaitForTheCarToStop();//等待小车循迹完成
159      Execute_LinePatrol(CarDirection_Right,100,3,1);//向右循迹3根横线
160      WaitForTheCarToStop();//等待小车循迹完成
161      Execute_LinePatrol(CarDirection_Tail,100,3,1);//向后循迹3根横线
162      WaitForTheCarToStop();//等待小车循迹完成
163      Execute_LinePatrol(CarDirection_Left,100,3,1);//向左循迹3根横线
164      WaitForTheCarToStop();//等待小车循迹完成
165    }
166  }
167
```

图 7-13　循迹功能例程

Execute_LinePatrol(DirectionDef_e Car_Direction，uint16_t spd，uint8_t wirenum，uint8_t mode)函数具体说明如表 7-5 所示。

表 7-5　Execute_LinePatrol()函数具体说明

函数原型	void Execute_LinePatrol(DirectionDef_e Car_Direction, uint16_t spd, uint8_t wirenum, uint8_t mode)
功能概述	直线循迹，以巡到线的条数为停止条件
参数说明	Car_Direction：可输入 CarDirection_Head：以车头为前进方向 CarDirection_Tail：以车尾为前进方向 CarDirection_Left：以车左为前进方向 CarDirection_Right：以车右为前进方向 spd：小车前进速度，可输入范围为 50～250 wirenum：小车循迹横线条数，为停止的条件，可输入范围为 1～255 mode：写入 1 为小车停在十字交叉点，写入 0 时，小车停止位置的判定条件为：前进方向的循迹传感器处于横向轨迹条正上方
返回值	无

图 7-13 中的 151～154 行程序主要用于实现系统上电后等待 KEY4 按钮按下，157～164 行程序用于实现小车底盘在方格棋盘地图上，进行沿 3×3 的正方形持续循迹运行。

7.3　机械臂动作调试

机械臂的控制主要通过控制机械臂上的 4 个舵机实现，具体的舵机控制程序编写已经在第 5 章中做了较为详细的说明。因此通过第 5 章中的舵机控制可以实现机械臂的具体动作控制，但在具体使用机械臂的过程中往往需要将机械臂快速调整到某个姿态，而想要快速实现此功能可借助上位机软件进行动作设置。

上位机软件具体应用需要注意 Windows 7 及以上版本的操作系统需要.NET 4.5.2 及以上运行环境。由于上位机软件只是对舵机模块进行参数设置，具体的舵机控制还是由舵机模块来实现，因此在使用上位机软件时，需要通过 USB 转串口模块实现上位机软件与舵机驱动模块的通信，具体的硬件连接方式如图 7-14 所示（由于舵机与舵机驱动板的连接已经在第 4 章做了说明，此处不再赘述）。

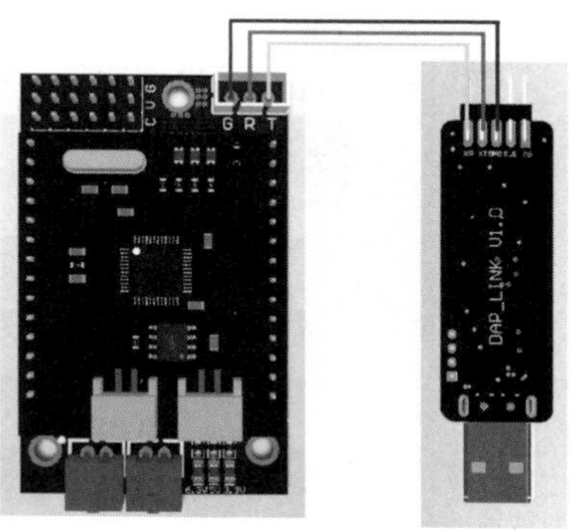

图 7-14　上位机软件硬件连线

图 7-14 中的 USB 转串口模块可以使用 DAP-LINK 下载/仿真器，该下载器不但具备下载/仿真功能，还具备 USB 转 TTL 串口功能。然后将 DAP-LINK 的 USB 口插入计算机，此时便可进行上位机的机械臂动作调试、设置操作，具体操作步骤如下。

步骤 1：打开上位机软件，如图 7-15 所示。

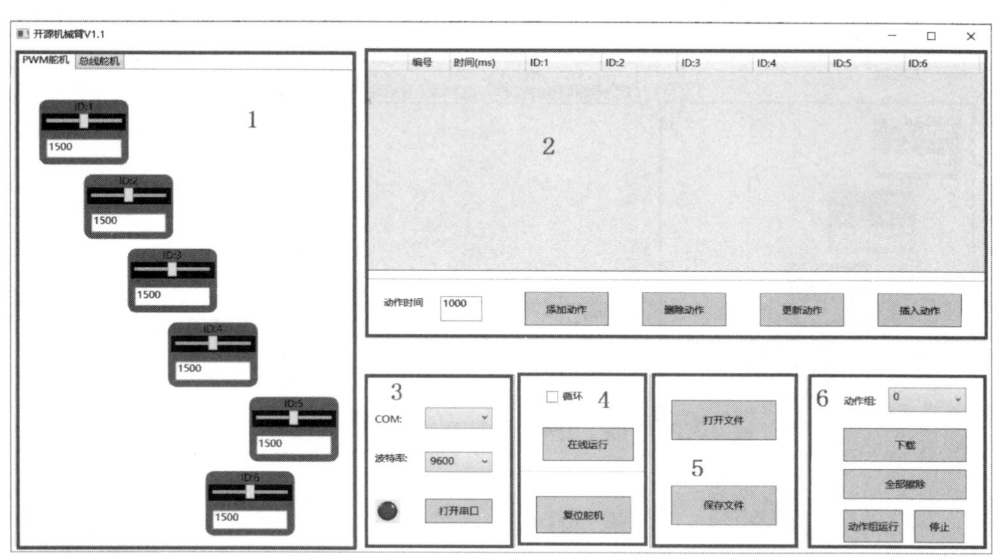

图 7-15　开源机械臂上位机软件

上位机软件中的区域 1 为舵机角度控制区域；区域 2 为动作编辑区域；区域 3 为串口

通信设置区域；区域 4 为动作在线运行与复位区域；区域 5 为动作文件操作区域；区域 6 为动作组下载、擦除、运行区域。

步骤 2：选择对应串口号，串口波特率设定为 9600，然后单击打开串口，根据具体舵机种类进行选择，如图 7-16 所示。

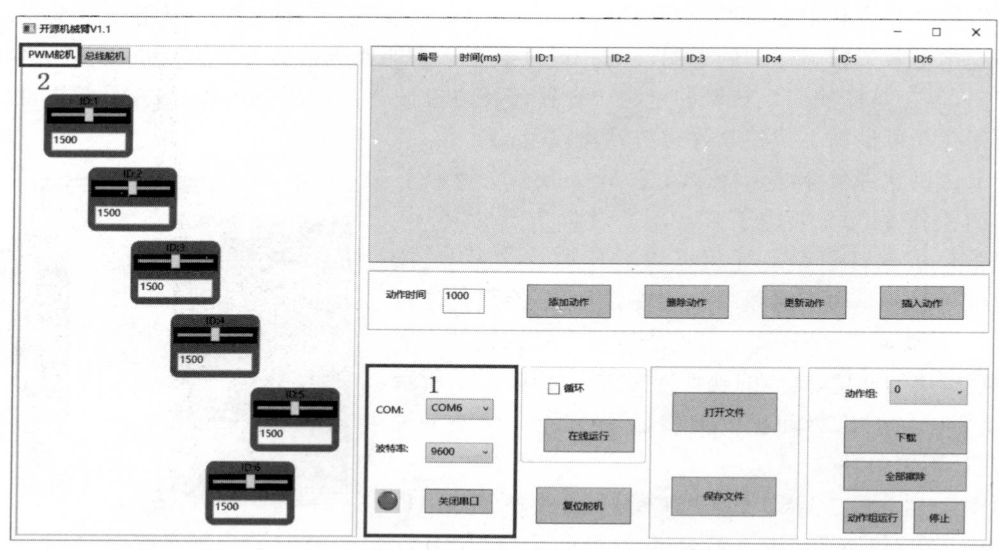

图 7-16　串口设置与舵机种类选择

步骤 3：拖动 ID1～ID4 号的拖动条，并观察机械臂对应关节的姿态，等机械臂到达目标姿态后，设置“动作时间”用于调节机械臂的动作速度，最后单击“添加动作”，完成一个动作的设置，如图 7-17 所示。

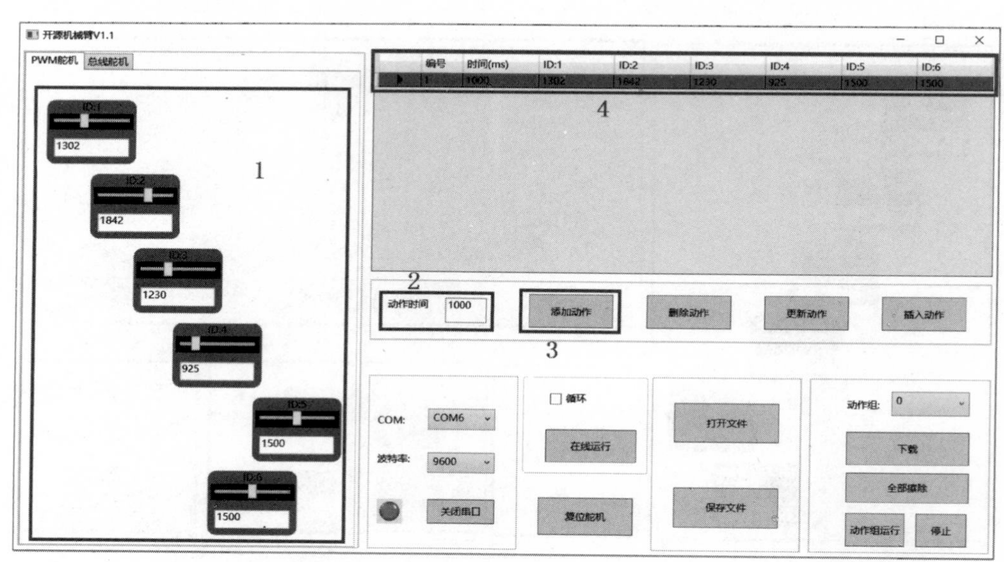

图 7-17　机械臂动作的设置与添加

步骤 3 可重复进行，从而实现多个动作的设置。对于错误动作可通过选中该动作参数，并单击"删除动作"进行动作删除。如要对某一个设置完毕的动作参数进行修改，选中该动作，然后直接拖动拖动条修改参数，最后单击"更新动作"即可。如需要在两个动作之间插入一个新的动作，设置参数后可使用"插入动作"实现。

多个动作设置完毕后，软件界面如图 7-18 所示。

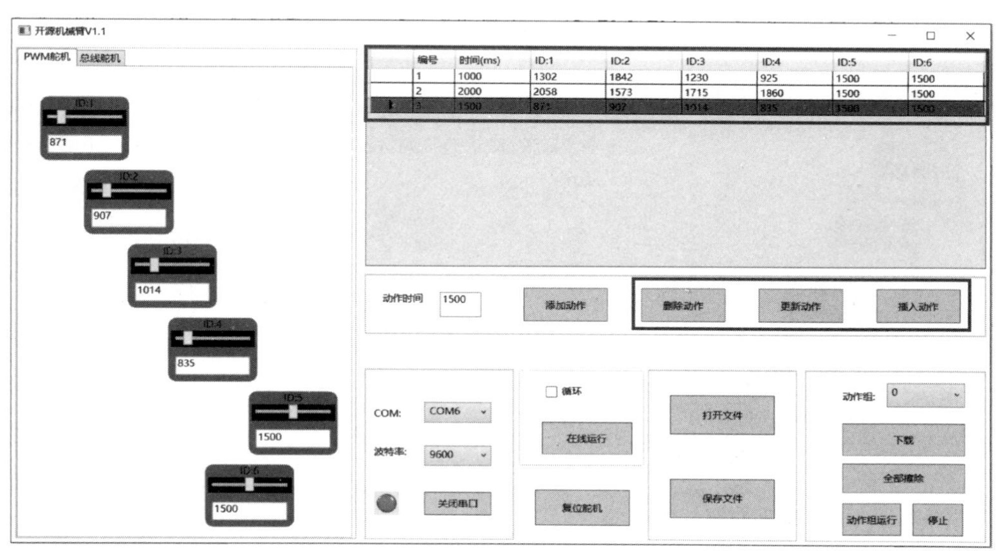

图 7-18　多动作设置

步骤 4：动作设置完毕，单击在线运行，实时查看机械臂动作是否与目标动作一致，所有的动作执行完毕，会弹出"运行结束"的弹窗，如图 7-19 所示。也可以勾选"循环"选项从而让机械臂持续运行动作组。

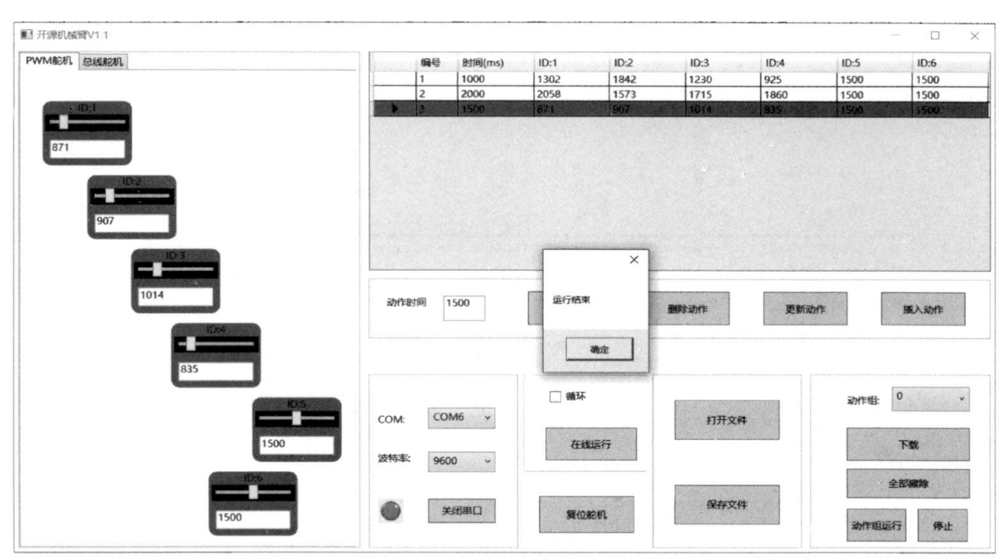

图 7-19　动作组在线执行完毕

步骤 5：单击"保存文件"，将本次动作组设置以文件形式保存，也可以单击"打开文件"

将原来的动作组文件打开。

步骤6：在动作组下载、擦除、运行区域选择动作组编号，并单击“下载”将对应的动作组下载到舵机驱动模块中。也可通过“全部删除”功能将舵机驱动模块上现有的动作组全部删除。“动作组运行”功能可以让控制板运行相应编号的动作组。“停止”功能则会让控制板停止运行动作组。具体功能如图 7-20 所示。

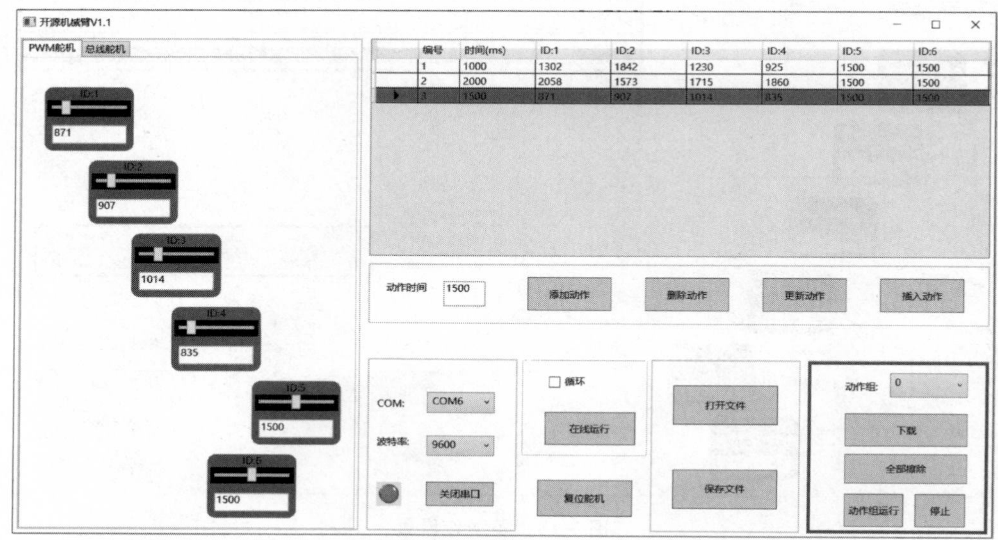

图 7-20　动作组下载、擦除、运行区域

步骤7：将舵机模块运行总动作组的子程序添加至程序中从而实现机械臂动作的控制，如图 7-21 所示。

```
void ApplicationProgram_main(void)
{
    ApplicationProgram_Iint();
   while(KEY_4() == 1)  //等待KEY4按键按下
  {
    HAL_Delay(10);
  }
    while(1)
  {
    SLAVE_SteeringEngine6CH_FullActRun(&Servo_Device_S,0);//舵机模块执行0号动作组
    HAL_Delay(2000);
    Execute_LinePatrol(CarDirection_Head,100,3,1);//向前循迹3根横线
    WaitForTheCarToStop();//等待小车循迹完成
    Execute_LinePatrol(CarDirection_Right,100,3,1);//向右循迹3根横线
    WaitForTheCarToStop();//等待小车循迹完成
    Execute_LinePatrol(CarDirection_Tail,100,3,1);//向后循迹3根横线
    WaitForTheCarToStop();//等待小车循迹完成
    Execute_LinePatrol(CarDirection_Left,100,3,1);//向左循迹3根横线
    WaitForTheCarToStop();//等待小车循迹完成
  }
}
```

图 7-21　机械臂动作组程序实现

图 7-21 中的程序可实现在底盘循迹运动之前实现机械臂按照动作组 0 的动作设置执

行相应动作。

机械臂动作组控制相关的子程序主要有两个，第一个为控制机械臂执行设置动作组动作的 SLAVE_SteeringEngine6CH_FullActRun 子程序，其具体说明如表 7-6 所示：

表 7-6　SLAVE_SteeringEngine6CH_FullActRun 子程序具体说明

函数原型	void SLAVE_SteeringEngine6CH_FullActRun (SteeringEngine6CHDef_t * handle, uint8_t actFullnum)
功能概述	让对应舵机模块运行动作组
参数说明	handle：指向舵机模块通信数据指针 actFullnum：动作组编号
返回值	无

第二个为控制机械臂停止执行动作组的 SLAVE_SteeringEngine6CH_FullActStop 子程序，其具体说明如表 7-7 所示。

表 7-7　SLAVE_SteeringEngine6CH_FullActStop 子程序具体说明

函数原型	void SLAVE_SteeringEngine6CH_FullActStop (SteeringEngine6CHDef_t * handle)
功能概述	让对应舵机模块停止动作组
参数说明	handle：指向舵机模块通信数据指针
返回值	无

附　录　1

ASCII 值	控制字符	ASCII 值	控制字符	ASCII 值	控制字符	ASCII 值	控制字符
0	NUT	32	(space)	64	@	96	、
1	SOH	33	!	65	A	97	a
2	STX	34	”	66	B	98	b
3	ETX	35	#	67	C	99	c
4	EOT	36	$	68	D	100	d
5	ENQ	37	%	69	E	101	e
6	ACK	38	&	70	F	102	f
7	BEL	39	,	71	G	103	g
8	BS	40	(	72	H	104	h
9	HT	41	)	73	I	105	i
10	LF	42	*	74	J	106	j
11	VT	43	+	75	K	107	k
12	FF	44	,	76	L	108	l
13	CR	45	—	77	M	109	m
14	SO	46	.	78	N	110	n
15	SI	47	/	79	O	111	o
16	DLE	48	0	80	P	112	p
17	DC1	49	1	81	Q	113	q
18	DC2	50	2	82	R	114	r
19	DC3	51	3	83	S	115	s
20	DC4	52	4	84	T	116	t
21	NAK	53	5	85	U	117	u
22	SYN	54	6	86	V	118	v
23	TB	55	7	87	W	119	w
24	CAN	56	8	88	X	120	x
25	EM	57	9	89	Y	121	y
26	SUB	58	:	90	Z	122	z
27	ESC	59	;	91	[	123	{
28	FS	60	<	92	/	124	|
29	GS	61	=	93	]	125	}
30	RS	62	>	94	^	126	~
31	US	63	?	95	—	127	DEL

参考文献

[1] 曹泓浩.工业机器人的应用现状及发展趋势[J].科技风,2019(5):145.

[2] 高志强,代云凯,赵海茹,等.智能探路小车的设计[J].内燃机与配件,2020(2):219-222.

[3] 关鹏.工业机器人在智能制造中的运用[J].冶金与材料,2019,39(3):163-164.

[4] 韩雪,吴金文,石瑶.移动机器人实时避障策略研究及实例仿真[J].工业设计,2017(9):121-122,129.

[5] 李立宗.OpenCV轻松入门:面向Python[M].北京:电子工业出版社,2019.

[6] 刘金琨.先进PID控制MATLAB仿真[M].北京:电子工业出版社,2016.

[7] 陆琦.后疫情时期工业机器人发展趋势研究[J].科技视界,2021(6):182-183.

[8] 滕勇,曹颖.工业机器人和汽车行业领跑中国智能制造崛起[J].中国战略新兴产业,2016(19):43-45.

[9] 田野,陈宏巍,王法胜,等.室内移动机器人的SLAM算法综述[J].计算机科学,2021,48(9):223-234.

[10] 王浩吉,杨永帅,赵彦微.重载AGV的应用现状及发展趋势[J].机器人技术与应用,2019(5):20-24.

[11] 王丽苹.机器人技术变迁及产业发展战略研究——以天津市为例[D].天津:天津大学,2015.

[12] 文生平,黄培辉.激光导航移动机器人嵌入式控制系统设计[J].自动化与仪表,2018,33(2):25-28.

[13] 谢嘉,桑成松,王世明,等.智能跟随移动机器人的研究与应用前景综述[J].制造业自动化,2020,42(10):49-55.

[14] 徐晓兰.中国机器人产业战略研究及西部发展机遇[J].中国发展,2015,15(5):61-65.

[15] 钟晓茹.移动机器人在医疗场景的研究与应用进展[J].中国医疗设备,2021,36(2):155-159.

[16] 张大志,刘万辉,缪存孝,等.全向移动机器人动态避障方法[J].北京航空航天大学学报,2021,47(6):1115-1123.

[17] 中华人民共和国国务院公报.国务院关于印发《中国制造2025》的通知[EB].2015-05-19.

[18] 黄群慧,黄阳华,邓洲."机器人革命",引领全球制造业新发展[J].科技智囊,2014(9):80-85.

[19] 中国电子学会.迈向机器人时代的中国选择[M].北京:中国科学技术出版社,2015.

[20] 互联网.智能制造时代的工业机器人发展新趋势[J].机床与液压,2017,45(16):142.